꼭 필요할 때 쓰는
우리 약초 쓰임새 도감

우리 약초
쓰임새 도감

초판인쇄 : 2019년 1월 10일
초판발행 : 2019년 1월 17일

지 은 이 ｜ 오찬진 · 오득실 · 조지웅 · 정지우
펴 낸 이 ｜ 고명흠
펴 낸 곳 ｜ 푸른행복

출판등록 ｜ 2010년 1월 22일 제312-2010-000007호
주   소 ｜ 경기도 고양시 덕양구 통일로 140(동산동)
           삼송테크노밸리 B동 329호
전   화 ｜ (02)3216-8401 / FAX (02) 3216-8404
E-MAIL   ｜ munyei21@hanmail.net
홈페이지 ｜ www.munyei.com

ISBN 979-11-5637-097-0 (13510)

※ 이 책의 내용을 저작권자의 허락 없이 복제, 복사, 인용, 무단전재하는 행위는
   법으로 금지되어 있습니다.

※ 이 도서의 국립중앙도서관 출판예정도서목록(CIP)은 서지정보유통지원시스템
   홈페이지(http://seoji.nl.go.kr)와 국가자료공동목록시스템(http://www.nl.go.kr/
   kolisnet)에서 이용하실 수 있습니다. (CIP제어번호: CIP2018041142)

꼭 필요할 때 쓰는
우리 약초 쓰임새 도감

오찬진·오득실·조지웅·정지우 공저

푸른행복

일러두기

- 이 책은 우리나라에 분포하고 있는 식물 중 약용으로 가치가 높은 200종을 수록하였습니다.
- 식물마다 약초로 사용할 수 있는 부위와 함께 생약명, 쓰임새, 효능 등 개괄적인 내용을 포함하였으며, 고문헌 등 참고문헌을 토대로 작성하였으나 식품의약품안전처 기준 식품원료목록과는 다소 차이가 있을 수 있으므로 참고 자료로 이용하시기 바랍니다.
- 식품의약품안전처 제공 식품안전정보포털 식품안전나라(www.foodsafetykorea.go.kr)에서 제공하는 식품원료목록〈식품의 기준 및 규격〉(제2017-102호, 2017.12.15.)에 준하여 식품에 사용 가능하거나 제한적으로 사용 가능한 식물은 별도 표기하였습니다.
- 사진은 식물의 잎, 꽃, 열매, 나무껍질 등을 중심으로 배열하여 식물의 특징을 관찰할 수 있도록 하였으며, 학명과 국명은 국가생물종지식정보시스템을 기준으로 하였습니다.
- 식물종의 배열은 쉽게 찾아볼 수 있도록 과(科), 종(種)별 가나다순으로 하였습니다.

preface

책을 펴내며

　생물다양성협약(CBD)과 나고야의정서(ABS) 발효 등 국제적으로 생물종 다양성에 대한 관심과 중요성이 강조되는 시점입니다. 이에 우리나라에 분포하고 있는 식물자원에 대한 기본 정보와 더불어 이용법을 담은 《우리 약초 쓰임새 도감》을 발간하게 되었습니다.

　기후변화가 환경·산림 분야에서 핵심 키워드로 부각됨에 따라 최근 식물에 대한 기초적인 연구가 활발히 진행되고 있으나, 자원의 이용에 대한 정보는 부족한 실정입니다. 이 책에는 우리나라에 분포하고 있는 산림자원 중 약용식물로서 가치가 높은 식물 200종을 선정하여 식물의 활용을 위한 생육 특성, 성분, 쓰임새, 사용 부위 등을 수록하였습니다. 식물의 생태적 특성은 〈국가생물종지식정보시스템〉과 〈국가표준식물목록〉 등 기존 문헌과 저자들의 현지 확인 결과를 토대로 기록하였습니다. 식품의약품안전처 기준 식품에 사용 가능하거나 제한적으로 사용 가능한 식물은 별도 표기하였습니다. 또한 우리가 혼동하기 쉬운 산나물과 독초를 사진과 함께 부록으로 실어 활용도를 높였습니다.

　생물다양성 보전과 자원 확보 경쟁, 생물주권 강화 등 산림에 대한 관심과 역할이 강조되면서 토종자원의 중요성이 더욱 대두되고 있습니다. 우리나라에 자생하는 귀중한 유전자원 식물에 관심을 갖고 희귀한 식물, 약성이 있는 식물의 남획을 금하는 한편, 토종식물의 보호와 보존 및 활용을 위한 연구가 이루어져야 할 것입니다.

　우리 주변에서 흔히 볼 수 있어 무심코 지나쳤던 풀 한 포기, 나무 한 그루에도 이름이 있고 쓰임새가 있으며 예부터 식용 및 약용으로 널리 활용되어 왔습니다. 현대의학의 발전에도 불구하고 현대인들은 원인을 모르거나 아직 치료되지 않은 다양한 질병에 대하여 민간요법으로 건강을 되찾고자 하는 일이 많습니다. 그러나 막상 약용식물에 대해 공부하고자 하여도 내용을 알지 못하거나 쓰임새를 알지 못해 힘들어하는 경우가 많습니다. 이 책이 그런 이들에게 조금이나마 도움이 되기를 바랍니다.

2019년 1월
저자 일동

차례

- 일러두기 · 4
- 책을 펴내며 · 5

가래나무과 (Juglandaceae)
가래나무 · 12
호두나무 · 14

가지과 (Solanaceae)
구기자나무 · 16
까마중 · 18

갈매나무과 (Rhamnaceae)
헛개나무 · 20

감나무과 (Ebenaceae)
감나무 · 22

감탕나무과 (Aquifoliaceae)
호랑가시나무 · 24

겨우살이과 (Loranthaceae)
동백나무겨우살이 · 26

고란초과 (Polypodiaceae)
세뿔석위 · 28

괭이밥과 (Oxalidaceae)
괭이밥 · 30

국화과 (Compositae)
감국 · 32
고들빼기 · 34
구절초 · 36
머위 · 38
미역취 · 40
민들레 · 42
산국 · 44
삽주 · 46
수리취 · 48
쑥부쟁이 · 50
엉겅퀴 · 52
왕고들빼기 · 54
이고들빼기 · 56
지칭개 · 58
진득찰 · 60

참취 · 62
털머위 · 64
한련초 · 66

굴거리나무과 (Daphniphyllaceae)
굴거리나무 · 68

꼭두서니과 (Rubiaceae)
계요등 · 70
치자나무 · 72

꿀풀과 (Labiatae)
광대나물 · 74
꽃향유 · 76
꿀풀 · 78
배암차즈기 · 80
배초향 · 82
석잠풀 · 84
익모초 · 86

난초과 (Orchidaceae)
보춘화 · 88

노루발과 (Pyrolaceae)
노루발 · 90

노박덩굴과 (Celastraceae)
노박덩굴 · 92
사철나무 · 94
화살나무 · 96

녹나무과 (Lauraceae)
녹나무 · 98
생강나무 · 100
생달나무 · 102
후박나무 · 104

느릅나무과 (Ulmaceae)
참느릅나무 · 106

다래나무과 (Actinidiaceae)
개다래 · 108
다래 · 110

닭의장풀과 (Commelinaceae)
닭의장풀 · 112

대극과 (Euphorbiaceae)
개감수 · 114
등대풀 · 116
예덕나무 · 118

돈나무과 (Pittosporaceae)
돈나무 · 120

돌나물과 (Crassulaceae)
바위솔 · 122

두릅나무과 (Araliaceae)
두릅나무 · 124
송악 · 126
오갈피나무 · 128
음나무 · 130
황칠나무 · 132

두충과 (Eucommiaceae)
두충 · 134

마디풀과 (Polygonaceae)
이삭여뀌 · 136
하수오 · 138

마타리과 (Valerianaceae)
마타리 · 140

마편초과 (Verbenaceae)
누리장나무 · 142
순비기나무 · 144

멀구슬나무과 (Meliaceae)
멀구슬나무 · 146

메꽃과 (Convolvulaceae)
메꽃 · 148
실새삼 · 150

면마과 (Dryopteridaceae)
관중 · 152

목련과 (Magnoliaceae)
목련 · 154
함박꽃나무 · 156

무환자나무과 (Sapindaceae)
모감주나무 · 158
무환자나무 · 160

물푸레나무과 (Oleaceae)
개나리 · 162
광나무 · 164
물푸레나무 · 166
쥐똥나무 · 168

미나리아재비과 (Ranunculaceae)
개구리발톱 · 170
노루귀 · 172
복수초 · 174
사위질빵 · 176
할미꽃 · 178

박과 (Cucurbitaceae)
하늘타리 · 180

박주가리과 (Asclepiadaceae)
- 박주가리 · 182
- 큰조롱 · 184

방기과 (Menispermaceae)
- 댕댕이덩굴 · 186

백합과 (Liliaceae)
- 둥굴레 · 188
- 말나리 · 190
- 맥문동 · 192
- 무릇 · 194
- 비비추 · 196
- 산자고 · 198
- 얼레지 · 200
- 원추리 · 202
- 은방울꽃 · 204
- 참나리 · 206
- 천문동 · 208
- 청미래덩굴 · 210

번행초과 (Aizoaceae)
- 번행초 · 212

범의귀과 (Saxifragaceae)
- 노루오줌 · 214
- 바위떡풀 · 216
- 산수국 · 218

벼과 (Gramineae)
- 억새 · 220
- 조릿대 · 222

보리수나무과 (Elaeagnaceae)
- 보리수나무 · 224

부들과 (Typhaceae)
- 부들 · 226

부처손과 (Selaginellaceae)
- 바위손 · 228

붓꽃과 (Iridaceae)
- 붓꽃 · 230

비름과 (Amaranthaceae)
- 쇠무릎 · 232

뽕나무과 (Moraceae)
- 꾸지뽕나무 · 234
- 닥나무 · 236
- 무화과나무 · 238
- 뽕나무 · 240
- 천선과나무 · 242

산형과 (Umbelliferae)
- 갯기름나물 · 244
- 갯방풍 · 246
- 구릿대 · 248
- 궁궁이 · 250
- 시호 · 252
- 어수리 · 254
- 참나물 · 256

석류나무과 (Punicaceae)
- 석류나무 · 258

석죽과 (Caryophyllaceae)
- 패랭이꽃 · 260

소나무과 (Pinaceae)
- 소나무 · 262

소태나무과 (Simaroubaceae)
- 가죽나무 · 264
- 소태나무 · 266

속새과 (Equisetaceae)
- 쇠뜨기 · 268

쇠비름과 (Portulacaceae)
- 쇠비름 · 270

수련과 (Nymphaeaceae)
- 연꽃 · 272

앵초과 (Primulaceae)
- 큰까치수염 · 274

양귀비과 (Papaveraceae)
- 애기똥풀 · 276

오미자과 (Schisandraceae)
오미자 · 278

옻나무과 (Anacardiaceae)
붉나무 · 280
옻나무 · 282

용담과 (Gentianaceae)
쓴풀 · 284
용담 · 286

운향과 (Rutaceae)
산초나무 · 288
상산 · 290
유자나무 · 292
초피나무 · 294
탱자나무 · 296

으름덩굴과 (Lardizabalaceae)
멀꿀 · 298
으름덩굴 · 300

은행나무과 (Ginkgoaceae)
은행나무 · 302

인동과 (Caprifoliaceae)
딱총나무 · 304
인동덩굴 · 306

자작나무과 (Betulaceae)
개암나무 · 308

작약과 (Paeoniaceae)
모란 · 310
작약 · 312

잔고사리과 (Dennstaedtiaceae)
산일엽초 · 314

장미과 (Rosaceae)
돌배나무 · 316
마가목 · 318
모과나무 · 320
복분자딸기 · 322
비파나무 · 324
산복사나무 · 326
산사나무 · 328
산오이풀 · 330
양지꽃 · 332
오이풀 · 334
짚신나물 · 336
찔레꽃 · 338
해당화 · 340

제비꽃과 (Violaceae)
제비꽃 · 342

주목과 (Taxaceae)
비자나무 · 344

쥐방울덩굴과 (Aristolochiaceae)
족도리풀 · 346

쥐손이풀과 (Geraniaceae)
이질풀 · 348
쥐손이풀 · 350

진달래과 (Ericaceae)
진달래 · 352

질경이과 (Plantaginaceae)
질경이 · 354

차나무과 (Theaceae)
노각나무 · 356
동백나무 · 358
차나무 · 360

참나무과 (Fagaceae)
구실잣밤나무 · 362
붉가시나무 · 364
상수리나무 · 366
참가시나무 · 368

천남성과 (Araceae)
반하 · 370
석창포 · 372
창포 · 374
천남성 · 376

초롱꽃과 (Campanulaceae)
더덕 · 378
도라지 · 380
잔대 · 382

층층나무과
(Cornaceae)
산수유 · 384

택사과
(Alismataceae)
택사 · 400

현호색과
(Fumariaceae)
산괴불주머니 · 406
현호색 · 408

콩과
(Leguminosae)
고삼 · 386
골담초 · 388
비수리 · 390
싸리 · 392
자귀나무 · 394
칡 · 396
회화나무 · 398

포도과
(Vitaceae)
담쟁이덩굴 · 402

협죽도과
(Apocynaceae)
마삭줄 · 410

현삼과
(Scrophulariaceae)
오동나무 · 404

【부 록】 아는 만큼 보이는 산나물과 독초 · 412

■ 국명으로 찾아보기 · 421
■ 학명으로 찾아보기 · 425
■ 참고문헌 · 431

10

약용으로 가치가 높은
우리 약초
200종

가래나무과

가래나무
Juglans mandshurica Maxim.

식품안전정보포털		
사용부위	가능	제한
열매	○	×

- **이 명** : 가래추나무, 산추나무, 산추자나무, 핵도추(核桃楸), 호도추(胡桃楸)
- **생 약 명** : 핵도추과(核桃楸果), 핵도추피(核桃楸皮)
- **사용 부위** : 열매, 열매껍질, 나무껍질
- **개 화 기** : 4~5월
- **채취 시기** : 덜 익은 열매나 열매껍질은 9~10월, 나무껍질은 봄·가을에 채취한다.

열매껍질 (약재)

나무껍질 (약재)

생육특성 가래나무는 중부 이북에 분포하고 남부지방에도 심어 가꾸는 낙엽활엽교목으로, 키는 20m 내외이다. 줄기가 곧게 자라고 **나무껍질**은 회색에 세로로 갈라지며 일년생 가지에는 샘털이 있다. **잎**은 어긋나고, 9~17개의 잔잎으로 된 홀수깃꼴겹잎이다. 잔잎은 잎끝이 뾰족하며 잔톱니가 있고, 표면에는 털이 없으나 뒷면 맥 위에는 갈색 털이 빽빽이 나 있다. **꽃**은 단성화로 4~5월에 피고, **열매**는 핵과이며 9~10월에 익는다.

암꽃

수꽃

성분 열매에는 유지, 단백질, 당류, 비타민 C 등이 함유되어 있다. 나무껍질에는 배당체류, 타닌 등이 함유되어 있다.

쓰임새 덜 익은 열매나 열매껍질은 생약명이 핵도추과(核桃楸果)이며 수렴작용이 있고 위염, 복통, 위·십이지장 궤양을 치료한다. 가지껍질과 나무껍질은 생약명이 핵도추피(核桃楸皮)이며 청열, 해독, 명목 등의 효능이 있고 이질, 백대하, 적목 등을 치료한다. 특히 뿌리껍질 추출물은 항암효과가 있다.

잎

열매

종자

가래나무과

호두나무
Juglans regia L.

식품안전정보포털		
사용부위	가능	제한
견과	○	×

- **이 명** : 호두나무, 핵도수(核桃樹), 당추자(唐楸子), 호두
- **생 약 명** : 호도인(胡桃仁), 호도수피, 호도엽, 호도근, 호도청피
- **사용 부위** : 종인, 나무껍질, 잎, 뿌리, 뿌리껍질, 덜 익은 열매껍질
- **개 화 기** : 5월
- **채취 시기** : 종인은 열매가 익었을 때인 10월, 나무껍질은 봄, 잎은 봄·여름, 뿌리와 뿌리껍질은 연중 수시, 열매껍질은 9~10월에 덜 익은 것을 채취한다.

나무껍질 (약재)

종인 (약재)

생육특성

호두나무는 전국의 산기슭 및 산골마을 근처에서 자라는 낙엽활엽교목으로, 키는 20m 내외이다. **나무껍질**은 회백색으로 밋밋하지만 점차 깊게 갈라지며, 일년생가지는 털이 없고 윤채가 있다. **잎**은 어긋나고 1회 홀수깃꼴겹잎이며 잔잎은 달걀 모양으로 가장자리에 잔톱니가 있다. **꽃**은 암수한그루이며 5월에 미상꽃차례로 달린다. **열매**는 둥글고 털이 없으며, 핵은 거꿀달걀 모양에 연한 갈색으로 주름살과 파인 골이 있다.

암꽃

성분

종인에는 지방유, 단백질, 탄수화물, 칼슘, 인, 철, 카로틴, 비타민 B_2, 나무껍질에는 β-시토스테롤, 베툴린(betulin), 피로갈롤(pyrogallol), 타닌과 소량의 배당체, 무기염, 칼슘, 마그네슘, 칼륨, 나트륨, 철, 인 등이 함유되어 있다. 뿌리 및 뿌리껍질에서는 시토스테롤, 바닐린, 4,8-디하이드록시테트랄론(4,8-dihydroxytetralone)을 분리 확인했다. 덜 익은 열매껍질에는 α-디하이드로주글론(α-dihydrojuglone), β-디하이드로주글론이 함유되어 있다.

수꽃

열매

쓰임새

종인은 생약명이 호도인(胡桃仁)이며 자양강장, 진해, 거담, 보신고정(補身固精), 윤장(潤腸) 등의 효능이 있고 천식, 요통, 유정, 빈뇨, 변비 등을 치료한다. 나무껍질은 생약명이 호도수피(胡桃樹皮)이며 살충제로 쓰이고 수양성 하리(水樣性下痢), 피부염, 가려움증 등을 치료한다. 잎은 생약명이 호도엽(胡桃葉)이며 살충, 해독의 효능이 있고 대하증, 가려움증 등을 치료한다. 뿌리와 뿌리껍질은 생약명이 호도근(胡桃根)이며 살충, 보기(補氣)의 효능이 있고 치통, 변비를 치료한다. 덜 익은 열매껍질은 생약명이 호도청피(胡桃靑皮)이며 위통, 복통, 설사, 가려움증, 종기독 등을 치료한다. 호도 추출물은 발모촉진과 천식 치료에 사용한다.

종자

가지과

구기자나무
Lycium chinense Mill.

식품안전정보포털		
사용부위	가능	제한
뿌리, 잎, 열매	○	×

- **이 명**: 감채자(甘菜子), 구기자(拘杞子), 구기근(拘杞根), 구기근피(拘杞根皮), 지선묘(地仙苗), 천정초(天庭草), 구기묘(拘杞苗), 감채(甘菜)
- **생 약 명**: 구기자(拘杞子), 지골피(地骨皮), 구기엽(拘杞葉)
- **사용 부위**: 열매, 뿌리껍질, 잎
- **개 화 기**: 6~9월
- **채취 시기**: 열매는 가을에 열매가 익었을 때, 뿌리껍질은 이른 봄, 잎은 봄·여름에 채취한다.

뿌리껍질 (약재)

열매 (약재)

생육특성

구기자나무는 전국의 울타리나 인가 근처 또는 밭둑에서 자라거나 재배하는 낙엽활엽관목으로, 키는 1~2m인데 다른 물체에 기대어 3~4m 이상 자라는 것도 있다. **줄기**는 비스듬하게 뻗어나가고 가지가 많이 갈라지며 끝이 밑으로 처지고 가시가 나 있다. **잎**은 어긋나거나 2~4장이 짧은 가지에 모여나며, 넓은 달걀 모양 또는 달걀상 피침 모양에 가장자리가 밋밋하다. **꽃**은 보라색으로 6~9월에 1~4개씩 단생하거나 잎겨드랑이에서 핀다. **열매**는 타원형의 장과이며 7~10월에 선홍색으로 익는다.

성분

열매에 카로틴, 리놀레산(linoleic acid), 비타민 $B_1 \cdot B_2 \cdot C$, β-시토스테롤(β-sitosterol), 뿌리껍질에는 계피산 및 다량의 페놀류 물질, 베타인(betaine), β-시토스테롤, 멜리스산(melissic acid), 리놀레산, 리놀렌산(linolenic acid) 등이 함유되어 있다.

쓰임새

열매는 생약명이 구기자(拘杞子)이며 간장, 신장을 보하고 정력을 돋워주는 효능이 있어 허로(虛勞: 몸과 마음이 허약하고 피로함)를 치료한다. 그리고 음위증과 유정(遺精), 관절통, 몸이 지끈지끈 아픈 증상, 신경쇠약, 당뇨병, 기침, 가래 등을 치료한다. 구기자 농축액은 피부미용, 고지혈증, 고콜레스테롤증, 기억력 향상 등에 효과가 있는 것으로 밝혀졌다. 뿌리껍질은 생약명이 지골피(地骨皮)이며 땀과 습기를 다스리고 열을 내리게 하며 소염, 해열, 자양강장, 신경통, 타박상, 고혈압, 당뇨병, 폐결핵 등에 효과적이다.

잎

꽃

줄기

열매

가지과

까마중
Solanum nigrum L.

식품안전정보포털		
사용부위	가능	제한
잎, 순, 줄기	×	○

- **이　　명** : 가마중, 강태, 깜푸라지, 먹딸기, 먹때꽐, 까마종
- **생 약 명** : 용규(龍葵)
- **사용 부위** : 전초
- **개 화 기** : 5~7월
- **채취 시기** : 가을에 전초를 채취하여 햇볕에 말린다.

전초
(채취품)

전초
(약재)

생육특성

까마중은 밭이나 길가의 양지와 반그늘에서 자라는 한해살이풀로, 키는 20~90cm이다. 원줄기는 능선이 약간 나타나며 가지가 옆으로 많이 퍼진다. **잎**은 어긋나고 가장자리가 밋밋하거나 물결 모양의 톱니가 있다. **꽃**은 5~7월에 흰색으로 피는데, 꽃자루가 있는 꽃이 산형으로 3~8개 달린다. **열매**는 둥근 장과이며 9~11월에 검게 익는다.

성분

솔라닌(solanine), 솔라소닌(solasonine), 솔라마진(solamargine), 디오스게닌(diosgenin), 티고네닌(tigonenin), 팔미트산(palmitic acid), 스테아르산(stearic acid), 올레산(oleic acid), 리놀레산(linoleic acid), 2-아미노아디픽산(2-aminoadipic acid), 12-베타-하이드록시솔라소딘(12-beta-hydroxysolasodine), 클로로겐산(chlorogenic acid), 데스갈락토티고닌(desgalactotigonin), 이소히페로시드(Isohyperoside), 이소퀘르세틴(Isoquercitrin), n-메틸솔라소딘(n-methylsolasodine), 퀘르세틴(quercetin), 사카로핀(saccharopine), 솔라노캅신(solanocapsine), 솔라소딘(solasodine), 토마티데놀(tomatidenol) 등이 함유되어 있다.

쓰임새

《대한민국약전외한약(생약)규격집》에는 전초를 '용규'로 수재하고 있으나 전초(용규), 뿌리(용규근), 열매(용규자)를 구분하기도 한다. 전초는 청열, 해독, 활혈, 소종의 효능이 있으며 기혈의 순환이 나빠 피부나 근육에 국부적으로 생기는 부스럼이나 종기인 옹종, 화상과 같이 피부가 벌겋게 되면서 화끈거리고 열이 나는 단독(丹毒), 타박염좌(打撲捻挫), 만성 기관지염, 급성 신염을 치료한다. 뿌리는 이질, 임탁(淋濁), 백대(白帶), 타박상, 옹저종독(癰疽腫毒: 피부화농증, 즉 종기로 인한 독성)을 치료한다. 열매는 급성 편도염을 치료하며, 눈을 밝게 한다.

꽃

열매

뿌리

갈매나무과

헛개나무
Hovenia dulcis Thunb.

식품안전정보포털		
사용부위	가능	제한
줄기, 잎, 열매	○	×

- **이　　명** : 홋개나무, 호리깨나무, 볼게나무, 고려호리깨나무, 민헛개나무, 지구(枳椇), 범호리깨나무, 이조수(李棗樹), 금조이(金釣梨)
- **생 약 명** : 지구자(枳椇子), 지구근(枳椇根), 지구목피(枳椇木皮), 지구목즙(枳椇木汁)
- **사용 부위** : 열매, 뿌리, 나무껍질, 줄기목즙
- **개 화 기** : 6~7월
- **채취 시기** : 열매는 10월, 뿌리는 9~10월, 나무껍질과 줄기목즙은 연중 수시 채취한다.

나무껍질 (약재)　　열매 (약재)

생육특성

헛개나무는 전국 산 중턱이나 숲속에 분포하는 낙엽활엽교목으로, 키는 10m 정도이며 **나무껍질**은 흑갈색이다. **잎**은 어긋나며 넓은 달걀 모양으로 아랫부분에 3개의 큰 맥이 있고 가장자리에는 둔한 톱니가 있다. 잎의 표면은 털이 없으며 뒷면에는 털이 나 있거나 없는 것도 있다. **꽃**은 6~7월에 황록색으로 피는데, 잎겨드랑이 또는 가지 끝의 취산꽃차례에 달린다. **열매**는 둥글고 9~10월에 홍갈색으로 익는다.

잎

성분

열매에는 다량의 포도당, 사과산, 칼슘이 함유되어 있다. 뿌리 및 나무껍질에는 펩타이드알칼로이드(peptidealkaloid)인, 프란굴라닌(frangulanine), 호베닌(hovenine), 호베노시드(hovenoside)가 함유되어 있다. 목즙(木汁)에는 트리테르페노이드(triterpenoid)의 호벤산(hovenic acid)이 함유되어 있다.

꽃

쓰임새

열매는 생약명이 지구자(枳椇子)이며 주독을 풀어주고 대변과 소변을 잘 나오게 하며 번열, 구갈, 구토, 사지마비 등을 치료한다. 뿌리는 생약명이 지구근(枳椇根)이며 관절통, 근골통, 타박상을 치료한다. 나무껍질은 생약명이 지구목피(枳椇木皮)이며 오치를 다스리고 오장을 조화롭게 한다. 목즙(木汁)은 생약명이 지구목즙(枳椇木汁)이며 겨드랑이 액취증을 치료한다. 헛개나무의 열매 추출물은 항염, 간기능 개선의 효능이 있고 헛개나무의 추출물은 비만의 예방 및 치료에 효과가 있다.

열매

나무껍질

뿌리

감나무과

감나무
Diospyros kaki Thunb.

식품안전정보포털		
사용부위	가능	제한
잎, 열매	○	×

- **이　　명** : 돌감나무, 산감나무, 똘감나무, 과체(果蒂), 시화(柿花)
- **생 약 명** : 시자(柿子), 시체(柿蒂), 시근(柿根), 시목피(柿木皮), 시엽(柿葉)
- **사용 부위** : 열매, 열매꼭지, 뿌리, 나무껍질, 잎
- **개 화 기** : 5~6월
- **채취 시기** : 열매와 열매꼭지는 가을, 뿌리는 9~10월, 나무껍질은 연중 수시, 잎은 5~7월에 채취한다.

열매 (채취품)

열매꼭지 (약재)

| 잎 | 꽃 | 열매 |

생육특성 감나무는 중부와 남부지방에 분포하는 낙엽활엽교목으로, 키는 15m 내외이다. **나무껍질**은 코르크화되며 잘게 갈라지고 일년생가지에 갈색 털이 있다. **잎**은 어긋나며 타원형 또는 거꿀달걀 모양으로 가장자리에 톱니가 없고 두껍다. **꽃**은 황색의 암수한꽃 또는 암수딴꽃으로 5~6월에 피며, 잎겨드랑이에 취산꽃차례로 달린다. 꽃부리는 종 모양이며 4개로 갈라지고, 수꽃에는 수술이 16개, 양성화에는 8~16개, 암꽃에는 퇴화된 수술이 8개 있다. **열매**는 달걀 모양의 장과로 9~10월에 등황색으로 익는다.

성분 열매에는 타닌, 포도당, 서당, 과당 등이 함유되어 있다. 열매꼭지에는 하이드록시트리테르펜산(hydroxytriterpenic acid), 베툴산(betulic acid), 올레아놀산(oleanolic acid), 우르솔산(ursolic acid), 타닌, 포도당, 과당, 헤미셀룰로오스 등이 함유되어 있다. 뿌리에는 강심 배당체, 안트라퀴논(anthraquinone) 배당체, 사포닌, 타닌, 플럼바긴(plumbagin), 디오스피롤(diospyrol), 디오스피린(diospyrin) 등이 함유되어 있다. 잎에는 플라보노이드 배당체, 타닌, 케놀류, 올레아놀산, 베툴산, 우르솔산 등이 함유되어 있다.

쓰임새 열매는 생약명이 시자(柿子)이며 청열, 피로해소, 지혈, 지갈, 지사, 건위 등의 효능이 있고 궤양, 염증, 습진, 해수, 구창(口瘡), 주독 등을 치료한다. 열매꼭지는 생약명이 시체(柿蒂)이며 딸꾹질을 진정시키며 구토를 멎게 한다. 뿌리는 생약명이 시근(柿根)이며 양혈, 지혈의 효능이 있고 혈붕, 혈리(血痢), 치창(痔瘡)을 치료한다. 나무껍질은 생약명이 시목피(柿木皮)이며 출혈 및 화상을 치료한다. 잎은 생약명이 시엽(柿葉)이며 고혈압, 천식, 폐기종 등을 치료한다. 열매 추출물은 타닌을 유효성분으로 한 면역질환 치료제로 사용되는데 아토피, 천식, 비염, 스트레스에 의한 염증 치료에 효과적이다.

감탕나무과

호랑가시나무
Ilex cornuta Lindl. & Paxton

- **이   명** : 묘아자나무, 둥근잎호랑가시, 호랑이가시나무, 범의발나무, 공로자(功勞子), 노호자(老虎刺)
- **생 약 명** : 묘아자(猫兒子), 구골엽(枸骨葉), 구골근(枸骨根), 구골수피(枸骨樹皮)
- **사용 부위** : 열매, 잎, 뿌리, 나무껍질
- **개 화 기** : 4~5월
- **채취 시기** : 열매는 9~10월, 잎은 8~10월, 뿌리는 연중 수시, 나무껍질은 봄·여름에 채취한다.

나무껍질 (약재)

잎 (약재)

생육특성

호랑가시나무는 남부지방에 분포하는 상록활엽관목으로, 키는 2~3m이다. 밑부분에서 가지가 많이 갈라지고 털이 없다. **잎**은 어긋나고, 가죽질에 타원상 육각형으로 각점(角點)이 가시로 되고 짙은 녹색을 띠며 윤이 난다. **꽃**은 암수딴그루 또는 잡성주로 4~5월에 흰색으로 피는데, 산형꽃차례에 5~6개씩 달리며 향기가 있다. **열매**는 둥근 핵과로 9~10월에 붉게 익으며 종자가 4개씩 들어 있다.

암꽃

성분

열매에는 알칼로이드, 사포닌, 타닌, 고미질 등이 함유되어 있고, 잎에는 카페인, 사포닌, 타닌, 고미질 등이 함유되어 있으며, 뿌리에는 사포닌, 타닌 등이 함유되어 있다. 나무껍질에는 카페인, 사포닌, 타닌, 고미질, 전분 등이 함유되어 있다.

수꽃

쓰임새

열매는 생약명이 묘아자(猫兒子)이며 자양강장, 혈액순환 개선, 수렴 등의 효능이 있어 양기 부족이나 신체 허약증에 도움을 주고 유정, 두통, 근골통, 타박상, 어혈 등을 치료한다. 잎은 생약명이 구골엽(枸骨葉)이며 거풍, 강장 등의 효능이 있고 요통, 신경통, 중풍으로 인한 저림과 통증, 결핵성의 기침, 가래 등을 치료한다. 뿌리는 생약명이 구골근(枸骨根)이며 보간(補肝), 보신, 청열, 수렴 등의 효능이 있고 요슬통, 관절통, 두풍, 안적, 치통 등을 치료한다. 나무껍질은 생약명이 구골수피(枸骨樹皮)이며 보간, 보신과 신체허약을 도와준다.

열매

종자

겨우살이과

동백나무겨우살이
Korthalsella japonica (Thunb.) Engl.

- 이   명 : 동백겨우살이
- 생 약 명 : 영기생(柃寄生), 백기생(柏寄生)
- 사용 부위 : 줄기, 열매
- 개 화 기 : 4~5월
- 채취 시기 : 11월부터 이듬해 3월까지 낙엽이 지고 새순이 나기 전에 채취한다.

줄기
(약재)

동백나무에 기생하는 모습

생육특성 동백나무겨우살이는 상록성 기생소관목으로, 키는 5~30cm이다. **가지**는 녹색으로 털이 없고 마디가 많이 갈라진다. **잎**은 퇴화하여 작고 마디 위쪽 끝에 돌기처럼 달려 있다. **꽃**은 일가화로 4~7월에 황록색으로 피고, **열매**는 넓은 타원형의 장과로 10월에 익으며 1개의 종자가 들어 있다.

성분 플라보노이드(flavonoid)계의 퀘르세틴(quercetin), 아비쿨라린(avicularin)과 트리테르페노이드(triterpenoid)가 함유되어 있다.

줄기

쓰임새 동백나무겨우살이는 동백나무나 광나무에 자란 것이 약효가 높고 사스레피나무에 자란 것은 약으로 쓰지 않는다. 통경(通經)의 효능이 있고 요통(腰痛), 고혈압의 치료에 사용하며 신부전증 같은 신장 관련 질병에 탁월한 효과를 보인다. 이 외에도 간경화, 심장병, 위궤양, 당뇨병 등 각종 질병에 매우 뛰어난 효과가 있다. 맛이 담담하고 독성이 전혀 없으므로 누구라도 안심하고 먹을 수 있는 이상적인 약초이다.

고란초과

세불석위
Pyrrosia hastata (Thunb.) Ching

- **이 명** : 석피(石皮), 석위(石韋), 금성초(金星草)
- **생 약 명** : 석위(石韋)
- **사용 부위** : 전초
- **개 화 기** : 포자번식
- **채취 시기** : 연중 전초를 채취하여 뿌리줄기를 제거하고 햇볕에 잘 말린다. 사용 전에 잎 뒷면의 비늘을 깨끗이 닦아내고 잘게 썬다.

잎
(약재)

생육특성 세뿔석위는 제주, 전남, 전북, 경남의 공중습도가 높은 반그늘 또는 양지 바위틈에서 자라는 상록 여러해살이풀이다. **잎**은 쌍날칼을 꽂은 창 모양으로 3~5갈래 갈라지고, 중앙의 조각이 가장 길어 길이 7~10cm, 너비 2~3cm로 두꺼우며, 표면은 녹색이고 뒷면에는 붉은빛을 띠는 갈색 털이 빽빽하게 나 있다. 토양이 마르거나 주변 습도가 높지 않으면 가장자리가 뒤로 말린다. 포자낭군은 잎 뒷면 모든 부분에 붙는다.

성분 트리테르페노이드(triterpenoid)인 호판(hopane)계의 디플로프텐(diploptene)이 함유되어 있다.

쓰임새 소변을 잘 내보내는 이뇨, 폐의 기운을 맑게 하는 청폐(淸肺), 종기를 삭이는 소종 등의 효능이 있어서 임질, 요로결석, 신장염, 요혈, 자궁출혈, 폐열로 인한 여러 가지 기침병, 기관지염, 화농성 피부종양 등을 치료하는 데 사용한다.

잎

잎(채취품)

지상부

괭이밥과

괭이밥
Oxalis corniculata L.

식품안전정보포털		
사용부위	가능	제한
잎	○	×

- **이   명** : 괭이밥풀, 선괭이밥, 선괭이밥풀, 눈괭이밥, 덤불괭이밥, 시금초, 선시금초, 괴싱이, 외풀
- **생 약 명** : 초장초(醋漿草), 작장초(昨漿草)
- **사용 부위** : 전초
- **개 화 기** : 5~8월
- **채취 시기** : 7~8월에 전초를 채취하여 햇볕에 말린다.

전초(약재)

생육특성 괭이밥은 각지의 햇빛이 잘 들어오는 들이나 밭에 흔히 나는 여러해살이풀로, 키는 10~30cm이다. **줄기**는 비스듬히 자라며 가지가 많이 갈라진다. **잎**은 어긋나고 긴 잎자루 끝에 3개의 잔잎이 옆으로 펼쳐지며, 빛이 없으면 오므라든다. 잎의 가장자리와 뒷면에는 털이 약간 있다. **꽃**은 5~8월에 황색으로 피며, 잎겨드랑이에서 나온 꽃줄기 끝에 1~8개의 꽃이 산형꽃차례로 달린다. **열매**는 원주형의 삭과로 9월경에 결실하고, 안에는 많은 종자가 들어 있다.

성분 줄기와 잎에는 숙신산(succinic acid), 시트르산(citric acid), 타르타르산(tartaric acid), 말산(malic acid), 옥살산(oxalic acid) 등이 함유되어 있다.

쓰임새 해열, 이수[利水: 이뇨(利尿)를 이롭게 하고 습사를 잘 나가게 함], 양혈(凉血: 혈분의 열사를 제거하여 피를 맑게 하는 청열법), 소종의 효능이 있어 발열, 이질, 간염, 황달, 토혈, 코피, 임병(淋病: 성전염병), 적백대하(赤白帶下: 여성의 음도에서 흘러나오는 점액성 액체), 마진(痲疹: 병독으로 인하여 생기는 발진성 전염병), 인후종통, 옹종, 개선, 치질, 탈항, 타박상, 화상 등을 치료한다.

잎(앞면) 잎(뒷면)

꽃 열매

국화과

감국

Dendranthema indicum (L.) Des Moul.

- 이   명 : 국화, 들국화, 선감국, 황국
- 생 약 명 : 감국(甘菊), 야국(野菊)
- 사용 부위 : 꽃
- 개 화 기 : 9~11월
- 채취 시기 : 꽃이 피는 9~11월 사이에 꽃을 채취하여 잎자루와 꽃자루를 제거하고 그늘이나 건조기에 말리거나, 훈증한 후 햇볕에 말리기도 한다.

꽃
(약재)

생육특성 감국은 산과 들의 양지나 반그늘의 풀숲에서 자라는 여러해살이풀로, 키는 30~80cm이다. **줄기**는 모여나고 전체에 잔털이 있다. **잎**은 어긋나고 깃꼴로 깊게 갈라지며, 달걀 모양으로 끝이 뾰족하고 가장자리에 톱니가 있다. **꽃**은 9~11월에 노란색으로 피는데, 원줄기와 가지 끝에 두상화가 산방상으로 달린다. **열매**는 수과로 12월경에 달리고, 안에 작은 종자가 많이 들어 있다.

잎

성분 아피게닌글루코시드(apigenin glucoside), 비타민 A와 B_1, 크리산테민(chrysanthemin), 알칼로이드, 사포닌, 아데닌(adenine), 스타키드린(stachydrine), 콜린(choline) 등이 함유되어 있고, 꽃에는 정유, 탄수화물, 아데닌, 콜린 등이 함유되어 있다.

쓰임새 풍사와 열사[熱邪: 병을 일으키는 원인인 열의 속성을 가진 사기(邪氣)]를 흩어지게 하는 소풍산열(消風散熱), 간의 기운을 기르고 눈을 맑게 하는 양간명목(養肝明目), 열을 식히고 해독하는 청열해독(淸熱解毒)의 작용이 있으며, 감기와 풍열[風熱: 풍사(風邪)와 열, 발열과 오한이 나타나는 증상]을 치료한다. 또한 두통과 어지럼증, 눈이 붉게 충혈되고 부어오르면서 아픈 증상, 눈이 침침해지는 증상 및 염증이나 종양으로 인해 피부가 부어오른 종창(腫瘡)과 종독(腫毒: 헌데 또는 종기의 독)을 치료한다.

꽃봉오리

꽃

국화과

고들빼기

Crepidiastrum sonchifolium (Maxim.) Pak & Kawano

식품안전정보포털		
사용부위	가능	제한
뿌리, 잎	○	×

- **이 명** : 참꼬들빽이, 빗치개씀바귀, 씬나물, 좀두메고들빼기, 애기벋줄씀바귀
- **생 약 명** : 포엽고매채(抱葉苦蕒菜), 고매채(苦蕒菜), 고접자(苦蝶子)
- **사용 부위** : 뿌리, 어린순
- **개 화 기** : 7~9월
- **채취 시기** : 이른 봄에 어린순을 채취하고, 가을에 뿌리를 채취한다.

뿌리 (채취품)

전초 (채취품)

생육특성

고들빼기는 전국 산과 들의 양지나 반그늘에 자라는 두해살이풀로, 키는 20~80cm이다. **줄기**는 곧게 자라며 가지가 많이 갈라지고 전체에 털이 없다. **뿌리잎**은 꽃이 필 때까지 남아 있거나 없어지며, **줄기잎**은 어긋나고 밑부분이 넓어져서 줄기를 감싸며, 불규칙한 결각상의 톱니가 있고 위로 올라갈수록 작아진다. **꽃**은 7~9월에 연황색으로 피는데, 가지 끝에서 두상화가 산방상으로 펼쳐진다. **열매**는 편평한 원뿔 모양 수과이며 9~10월에 검은색으로 익고, 갓털은 흰색이다. 이름이 유사한 왕고들빼기(*Lactuca indica*)는 속(屬)이 다른 식물이다.

꽃

성분

당류, 탄수화물, 회분, 지방, 식물 스테롤, 플라보노이드, 아미노산 등이 함유되어 있다.

쓰임새

건위의 효능이 있고 충수염, 장염, 이질, 각종 화농성 염증, 토혈, 비출혈(鼻出血), 치통, 흉통, 복통, 황수창(黃水瘡: 피부에 생기는 일종의 전염성 질병), 치창(痔瘡: 치핵이나 치질) 등의 치료에 사용한다.

잎

지상부

국화과

구절초

Dendranthema zawadskii var. *latilobum* (Maxim.) Kitam.

식품안전정보포털		
사용부위	가능	제한
전초	×	○

- **이 명** : 서흥구절초, 넓은잎구절초, 낙동구절초, 선모초, 찰씨국
- **생 약 명** : 구절초(九折草), 구절초(九節草)
- **사용 부위** : 전초
- **개 화 기** : 9~10월
- **채취 시기** : 구절초(九節草)라는 이름은 9월에 채취해야 약효가 우수하다는 의미에서 붙여진 것이다. 따라서 꽃이 피기 직전에 채취하여 햇볕에 말려 사용하면 좋다.

전초
(약재)

생육특성 구절초는 전국의 산야에서 분포하는 숙근성 여러해살이풀로, 키는 50cm 정도이다. 땅속줄기가 옆으로 길게 뻗으며 번식하고, 줄기는 곧게 서고 가지가 갈라진다. 잎은 어긋나고 깃꼴로 깊게 갈라지며, 갈래조각은 다시 몇 갈래로 갈라지거나 끝이 둔한 톱니 모양으로 갈라진다. 뿌리잎과 밑부분의 잎은 1회 깃꼴로 갈라진다. 꽃은 흰색 또는 연분홍색 두상화로 9~10월에 피는데, 원줄기와 가지 끝에 1개씩 달린다. 열매는 긴 타원형의 수과이며 10~11월에 익는다.

꽃

성분 리나린(linarin), 카페산(caffeic acid), 3,5-디카페오일 퀸산(3,5-dicaffeoyl quinic acid), 4,5-O-디카페오일 퀸산(4,5-O-dicaffeoyl quinic acid) 등이 함유되어 있다.

종자 결실

쓰임새 소화기능을 담당하는 중초(中焦)를 따뜻하게 하는 온중(溫中), 여성의 생리를 조화롭게 하는 조경(調經), 음식물을 잘 삭이는 소화의 효능이 있으며, 월경불순, 자궁냉증, 불임증, 위랭(胃冷), 소화불량 등을 치료한다.

잎

뿌리

국화과

머위

Petasites japonicus (Siebold & Zucc.) Maxim.

식품안전정보포털		
사용부위	가능	제한
줄기, 잎	○	×

- 이   명 : 머구, 머웃대, 백채(白菜), 사두초(蛇頭草), 야남과(野南瓜)
- 생 약 명 : 봉두채(蜂斗菜), 봉두화(蜂斗花), 봉두근(蜂斗根)
- 사용 부위 : 전초, 꽃, 뿌리, 뿌리줄기
- 개 화 기 : 4~5월
- 채취 시기 : 가을철에 뿌리줄기 및 뿌리를 채취하여 햇볕에 말려 사용한다.

뿌리 (약재)

잎 (채취품)

생육특성

머위는 중남부지방의 햇빛이 잘 드는 습한 곳에서 자라는 여러해살이풀로, 키는 5~45cm이다. 굵은 땅속줄기가 사방으로 뻗으며 번식하고 줄기 끝에서 잎이 나온다. **잎**은 콩팥 모양으로 잎자루가 길고, 표면에 꼬부라진 털이 있으나 없어지며 가장자리에 불규칙한 치아 모양 톱니가 있다. **꽃**은 4~5월에 여러 송이가 뭉쳐서 피는데, 암꽃은 흰색, 수꽃은 황백색으로 모두 갓털이 있으며 포가 밑부분을 둘러싸고 있다. **열매**는 원통형의 수과로 6월경에 달리며 흰색 갓털이 있다.

성분

뿌리의 정유에는 페타신(petasin) 50~55%와 그 밖에 카린(carene), 크레모필린(cremophilene), 티몰메틸에테르(thymolmethylether), 푸라노에레모필란(furanoeremophilane), 리굴라론(ligularone), 페타살빈(petasalbin) 등이 함유되어 있다. 특히 비타민 A가 많다.

쓰임새

전초를 봉두채, 꽃을 봉두화, 뿌리를 봉두근이라 하여 약재로 사용하고, 잎자루는 식용한다. 어혈을 없애고 독을 풀어 주며 종기를 없애는 등의 효능이 있어 타박상, 인후염, 편도염, 기관지염, 옹종, 암종, 뱀에 물린 상처인 사교상 등에 사용한다. 가을에 잎을 따서 그늘에 말린 것은 항산화 효과가 뛰어나고 꽃봉오리나 잎 모두 식욕증진과 가래를 없애는 데 효과적이다.

잎

꽃

전초

줄기

국화과

미역취
Solidago virgaurea subsp. *asiatica* Kitam. ex H. Hara

식품안전정보포털		
사용부위	가능	제한
잎	○	×

- 이 명 : 돼지나물
- 생 약 명 : 일지황화(一枝黃花), 야황국(野黃菊), 황화세신(黃花細辛), 주금화(酒金花)
- 사용 부위 : 전초
- 개 화 기 : 7~10월
- 채취 시기 : 이른 봄에 어린순을 채취하고, 꽃이 필 때 전초를 채취해 그늘에 말린다.

어린순
(채취품)

잎
(채취품)

생육특성

미역취는 산과 들의 반그늘이나 햇빛이 잘 들어오는 곳에서 자라는 여러해살이 풀로, 키는 30~80cm이다. **줄기**는 윗부분에서 가지가 갈라지며 잔털이 있고, 가는 수염뿌리가 사방으로 뻗으며 자란다. **뿌리잎**은 꽃이 필 때 쓰러지고, **줄기잎**은 위로 올라가면서 점차 작아지며 가장자리에 뾰족한 톱니가 있다. **잎**의 표면은 녹색으로 털이 약간 있으며 뒷면은 엷은 녹색으로 털이 없다. **꽃**은 노란색으로 7~10월에 3~5개가 뭉쳐서 핀다. **열매**는 원통형 수과로 11월에 달리는데, 씨방 끝에 솜털 같은 털이 나 있다.

꽃

성분

페놀, 타닌, 사포닌, 플라보노이드(flavonoid), 카페산(caffeic acid), 퀘르세틴(quercetin), 루틴(rutin), 아스트라갈린(astragalir.), 시아니딘-3-겐티오비오사이드(cyanidin-3-gentiobioside), 클로로겐산(chlorogenic acid), 리모넨(limonen) 등이 함유되어 있다.

쓰임새

열을 식히는 해열, 종기를 삭이는 소종, 기침을 멎게 하는 진해, 독을 풀어주는 해독 등의 효능이 있어 감기, 두통, 인후종통, 백일해, 소아경풍(小兒驚風: 어린아이들의 심한 경기), 간염, 황달, 피부염 등을 치료한다.

잎

종자 결실

국화과

민들레
Taraxacum platycarpum Dahlst.

식품안전정보포털		
사용부위	가능	제한
뿌리, 순, 잎, 전초	○	×

- 이   명 : 안질방이, 부공영(鳧公英), 포공초(蒲公草), 지정(地丁)
- 생 약 명 : 포공영(蒲公英)
- 사용 부위 : 전초
- 개 화 기 : 4~5월
- 채취 시기 : 꽃이 피기 전이나 후인 봄과 여름에 채취해 흙먼지나 이물질을 제거하고 가늘게 썰어 말린 후 사용한다.

전초
(약재)

생육특성 민들레는 전국 각지에 분포하는 여러해살이풀로, 키는 30cm 정도이다. 원줄기 없이 잎이 뿌리에서 모여나 둥글게 퍼지며 대개 땅에 누워서 자란다. 잎은 무 잎처럼 깊게 갈라지고 갈래 조각은 6~8쌍이며 가장자리에 톱니가 있다. 꽃은 노란색으로 4~5월에 피는데(서양민들레는 3~9월에 핀다), 잎과 비슷한 길이의 꽃줄기가 나와서 그 끝에 1개의 꽃이 달리며, 흰색 털로 덮여 있지만 점차 없어지고 꽃 밑에만 밀모가 남는다. 토종 민들레는 꽃받침이 그대로 있지만 서양민들레는 아래로 처진다. 열매는 수과로 5~6월에 맺히며, 꽃이 시든 자리에서 종자의 갓털이 돋아나 하얗고 둥글게 부푼다. 종자는 공처럼 둥글게 뭉쳐 있다가 바람에 날려 사방으로 퍼져 번식한다. 뿌리는 육질로 길고 포공영이라 하며 약용한다. 생명력이 강해 뿌리를 잘게 잘라도 다시 살아난다.

잎

꽃

성분 전초에는 타락사스테롤(taraxasterol), 타락사롤(taraxarol), 타락세롤(taraxerol), 잎에는 루테인(rutein), 비올라크산틴(violaxanthin), 플라스토퀴논(plastoquinone), 꽃에는 아르니디올(arnidiol), 루테인, 플라보크산틴(flavoxanthin)이 함유되어 있다.

종자 결실

쓰임새 열을 내리고 독을 푸는 청열해독, 종기를 없애고 기가 뭉친 것을 흩어지게 하는 소종산결(消腫散結), 소변을 잘 나가게 하는 이뇨 등의 효능이 있고 종기 또는 배가 그득하게 차오르는 종창, 유옹(乳癰), 연주창, 눈이 충혈되고 아픈 목적(目赤), 목구멍의 통증, 폐의 농양, 장의 농양, 습열황달(濕熱黃疸) 등을 치료한다.

전초

국화과

산국
Dendranthema boreale (Makino) Ling ex Kitam.

식품안전정보포털		
사용부위	가능	제한
순, 꽃	○	×

- **이　　명** : 감국, 개국화, 나는개국화, 들국
- **생 약 명** : 산국(山菊), 야국(野菊)
- **사용 부위** : 어린순, 전초
- **개 화 기** : 9~10월
- **채취 시기** : 이른 봄에 어린순을 채취하고, 가을에 전초를 채취하여 햇볕에 말린다.

전초
(약재)

잎　　　　　　　　　　　꽃

꽃(채취품)　　　　　　　　지상부

생육특성 산국은 산지의 비옥한 반그늘에서 자라는 여러해살이풀로, 키는 1~1.5m이다. **줄기**는 가지가 많이 갈라지며 전체에 짧은 흰색 털이 많다. **잎**은 어긋나고 깃꼴로 깊게 갈라지며, 갈래조각은 긴 타원형으로 가장자리에 날카로운 톱니가 있다. **꽃**은 9~10월에 노란색으로 피는데, 두상화가 원줄기와 가지 끝에 산형 비슷하게 달린다. **열매**는 거꿀달걀 모양의 수과이며 11~12월에 익는다.

성분 아카시인(acaciin), 아르테미시아-트랜스-스피로케탈레노에테르폴린(artemisia-trans-spiroketalenoether polyne), 디하이드로마트리카리아(dehydromatricaria), 폰티카에폭시드(ponticaepoxide), 타나세틴(tanacetin) 등이 함유되어 있다.

쓰임새 열을 식혀주고 진정시키며, 독성을 풀어주고 종기를 삭이는 효능이 있어서 감기로 인한 발열, 폐렴, 기관지염, 두통, 고혈압, 위염, 장염, 구내염, 눈에 핏발이 서는 목적(目赤), 림프샘염, 옹종, 정창, 두훈 등을 치료한다.

국화과

삽주
Atractylodes ovata (Thunb.) DC.

식품안전정보포털		
사용부위	가능	제한
뿌리줄기, 주피를 제거한 뿌리줄기	×	○

- **이　　명** : 산계(山薊), 출(朮), 산개(山芥), 천계(天薊), 산강(山薑)
- **생 약 명** : 백출(白朮: 큰삽주), 창출(蒼朮: 삽주)
- **사용 부위** : 뿌리줄기
- **개 화 기** : 7~10월
- **채취 시기** : 상강(霜降) 무렵부터 입동(立冬) 사이에 뿌리줄기를 채취하여 줄기와 잎의 흙과 모래 등을 제거하고 건조한 후 다시 이물질을 제거하고 저장한다.

뿌리 (채취품)

뿌리줄기 (약재)

생육특성

《대한민국약전》에 따르면, 백출은 백출(*Atractylodes macrocephala*)과 삽주(*A. japonica*)를 기원으로 하고 창출은 가는잎삽주(=모창출, *A. lancea* D.C.) 또는 만주삽주(=북창출, 당삽주, *A. chinensis* D.C.)의 뿌리줄기로 되어 있으나 본서에서는 국립수목원 '국가생물종지식정보시스템'에 따라 큰삽주(*A. ovata*)는 백출로, 삽주(*A. japonica*)는 창출로 정리하였다. 일반인들이 가장 쉽게 식물체를 분류할 수 있는 특징은, 백출 기원의 큰삽주와 백출은 잎자루가 있으나 창출 기원의 모창출과 북창출은 모창출의 신초 잎을 제외하고는 잎자루가 없다는 점이다. 이를 주의하여 관찰하면 쉽게 구분할 수 있다. 삽주는 여러해살이풀로 키가 30~100cm이고, 줄기 윗부분에서 가지가 갈라진다. **뿌리잎**과 밑부분의 잎은 꽃이 필 때 없어지고, **줄기잎**은 가장자리에 짧은 바늘 같은 가시가 있으며 잎자루가 거의 없다. **꽃**은 암수딴그루이며, 7~10월에 흰색 두상화가 원줄기 끝에 달린다. **열매**는 긴 타원형 수과로 갈색 갓털이 있고 9~10월에 익는다. 뿌리줄기를 창출(蒼朮)이라 하며 약용하는데, 섬유질이 많고 백출에 비하여 분성이 적다. 불규칙한 연주상 또는 결절상의 둥근기둥 모양으로 약간 구부러졌으며 분지된 것도 있다. 표면은 회갈색으로 주름과 수염뿌리가 남아 있고, 정단에는 줄기의 흔적이 있다. 질은 견실하고, 단면은 황백색 또는 회백색으로 여러 개의 등황색 또는 갈홍색의 유실(油室)이 흩어져 있다.

잎

꽃

성분

뿌리줄기에는 아트락틸롤(atractylol), 아트락틸론(atractylon), 푸르푸랄(furfural), 3β-아세톡시아트락틸론(3β-acetoxyatractylon), 셀리나-4(14)-7(11)-디엔-8-원[selina-4(14)-7(11)-diene-8-one], 아트락틸레놀리(atractylenolie) Ⅰ~Ⅲ 등이 함유되어 있다.

쓰임새

습사를 말리고 비(脾)를 튼튼하게 하는 조습건비(燥濕健脾), 풍사와 습사를 제거하는 거풍습(祛風濕), 눈을 밝게 하는 명목(明目) 등의 효능이 있어서 식욕부진, 구토설사, 각기, 풍한사에 의한 감기 등을 치료하는 데 사용된다.

국화과

수리취
Synurus deltoides (Aiton) Nakai

식품안전정보포털		
사용부위	가능	제한
잎	○	×

- **이   명** : 개취, 조선수리취, 다후리아수리취
- **생 약 명** : 산우방(山牛蒡)
- **사용 부위** : 어린잎, 전초
- **개 화 기** : 9~10월
- **채취 시기** : 이른 봄에 어린순을 채취하고, 가을에 전초를 채취하여 햇볕에 말린다.

어린잎 (채취품)

전초 (채취품)

잎 꽃

종자 결실 뿌리 지상부

생육특성 수리취는 전국 높은 산의 물 빠짐이 좋고 비옥한 양지 또는 반그늘에서 자라는 여러해살이풀로, 키는 40~100cm이다. **줄기**는 자줏빛을 띠고 능선이 지며 흰 털이 빽빽이 난다. 윗부분에서 2~3개의 가지가 갈라진다. **잎**은 어긋나고 긴 타원형으로 끝이 뾰족하며 가장자리에 결각상의 톱니가 있다. 잎의 표면에는 꼬불꼬불한 털이 있고 뒷면에는 흰색 털이 촘촘히 나 있다. **꽃**은 9~10월에 자주색으로 피는데, 원줄기 끝이나 가지 끝에서 두상화가 옆을 향하여 달린다. 총포는 종 모양이고 거미줄 같은 흰 털로 덮여 있다. **열매**는 수과로 11월에 익으며 갈색의 갓털이 있다.

성분 칼륨(K), 칼슘(Ca), 마그네슘(Mg), 인(P), 나트륨(Na), 철(Fe), 망간(Mg), 아연(Zn), 구리(Cu) 등이 함유되어 있다.

쓰임새 열을 내리고 독을 풀어주는 청열해독, 출혈을 멈추는 지혈, 소변을 잘 나가게 하고 대변을 잘 통하게 하는 이뇨통변의 효능이 있어서 부종, 토혈, 고혈압, 변비, 당뇨병을 치료하며 종기를 삭이고 균을 억제하는 데 사용한다. 또한 기침, 감기, 홍역, 인후종통, 두드러기, 피부병, 폐렴, 폐결핵, 기관지염, 류머티즘, 위염, 위·십이지장궤양 등을 치료하는 약재로 쓰인다.

국화과

쑥부쟁이

Aster yomena (Kitam.) Honda

식품안전정보포털		
사용부위	가능	제한
잎	○	×

- **이 명** : 권영초
- **생 약 명** : 산백국(山白菊)
- **사용 부위** : 어린순, 전초
- **개 화 기** : 7~10월
- **채취 시기** : 이른 봄에 어린순을 채취하여 식용하고, 여름부터 가을에 걸쳐 전초를 채취하여 신선한 것으로 사용하거나 햇볕에 말려 사용한다.

어린순
(채취품)

전초
(약재)

생육특성 쑥부쟁이는 산과 들의 반그늘이나 양지에서 자라는 여러해살이풀로, 키는 35~50cm이다. **줄기**는 곧게 서고 녹색 바탕에 자줏빛을 띠며, 윗부분에서 가지를 친다. **잎**은 어긋나고 달걀상 긴 타원형으로 끝이 뾰족하며 밑은 좁아져 잎자루처럼 된다. 잎의 표면은 녹색이고 윤이 나며 거친 거치가 있고 위로 갈수록 크기가 작아진다. **꽃**은 두상화로 7~10월에 원줄기와 가지 끝에 산방상으로 달리는데, 혀꽃은 연한 자색이고 대롱꽃은 노란색이다. **열매**는 달걀 모양 수과이며 10~11월에 익는다.

잎

꽃

성분 켐페롤(kaempferol), 퀘르세틴(quercetin), 퀘르세틴람노시드(quercetin rhamnoside), 퀘르세틴글루코시드(quercetin glucoside), 퀘르세틴글루코람노시드(quercetin glucorhamnoside), 켐페롤-3-글루코람노시드(kaempferol-3-glucorhamnoside) 등이 함유되어 있다.

종자 결실

쓰임새 해열, 진해, 거담, 소염, 해독 등의 효능이 있어서 기침, 감기, 발열, 기관지염, 편도염, 유선염, 종기나 부스럼 등을 치료하며 뱀이나 벌레에 물린 상처를 치료하기도 한다.

지상부

국화과

엉겅퀴
Cirsium japonicum var. *maackii* (Maxim.) Matsum.

식품안전정보포털		
사용부위	가능	제한
순, 잎, 전초	○	×

- 이 명 : 가시엉겅퀴, 가시나물, 항가새
- 생 약 명 : 대계(大薊)
- 사용 부위 : 뿌리, 어린순, 잎
- 개 화 기 : 6~8월
- 채취 시기 : 이른 봄이나 가을에 잎을 채취하고, 가을에 뿌리를 채취하여 햇볕에 말린다.

뿌리 (약재)

잎 (채취품)

생육 특성

엉겅퀴는 산과 들의 물 빠짐이 좋은 양지에서 자라는 여러해살이풀로, 키는 50~100cm이다. **줄기**는 곧게 서고 가지가 갈라지며 전체에 거미줄 같은 털이 있다. **뿌리잎**은 꽃이 필 때까지 남아 있으며, 타원형 또는 피침상 타원형에 6~7쌍의 깃꼴로 갈라지고 가장자리에 결각상의 톱니와 가시가 있다. **줄기잎**은 피침상 타원형이며 원줄기를 감싸고 깃꼴로 갈라진 가장자리가 다시 갈라진다. **꽃**은 관상화로 6~8월에 피는데, 원줄기와 가지 끝에 1개씩 달리며 꽃부리는 자주색 또는 적색이다. **열매**는 수과로 9~10월에 달리며 갓털은 흰색이다.

성분

리나린(linarin), 타락사스테릴(taraxasteryl), 아세테이트(acetate), 스티그마스테롤(stigmasterol), α-아미린(α-amyrin) 등이 함유되어 있다.

쓰임새

혈분의 열을 식혀주는 양혈, 출혈을 멎게 하는 지혈, 열을 내리는 해열, 종기를 삭이는 소종의 효능이 있어서 감기, 백일해, 고혈압, 장염, 신장염, 토혈, 혈뇨, 혈변, 산후출혈 등 자궁출혈이 멎지 않고 지속되는 병증, 대하증, 종기를 치료하는 데 사용한다.

잎   꽃

종자 결실   뿌리   전초

국화과

왕고들빼기
Lactuca indica L.

식품안전정보포털		
사용부위	가능	제한
잎	○	×

- **이　　명** : 고채(苦菜), 백룡두(白龍頭)
- **생 약 명** : 산와거(山萵苣)
- **사용 부위** : 전초
- **개 화 기** : 7~9월
- **채취 시기** : 이른 봄부터 여름까지 어린순과 잎을 채취하여 식용하고, 전초를 채취하여 신선한 것을 먹거나 햇볕에 말려 약재로 사용한다.

전초
(채취품)

생육 특성 왕고들빼기는 전국 산야의 반그늘이나 양지에 자라는 한두해살이풀로, 키는 1~2m이다. **줄기**는 곧게 서며 위부분에서 가지를 치고 털이 있거나 거의 없다. **뿌리잎**은 꽃이 필 때 없어지며, **줄기잎**은 어긋나고 피침 모양으로 끝이 뾰족하며 가장자리가 결각상이거나 뒤로 젖혀진 깃꼴로 갈라진다. 갈래조각에는 톱니가 드문드문 있다. **꽃**은 7~9월에 연황색으로 피는데, 작은 두상화가 원추꽃차례에 달린다. **열매**는 수과로 9월에 검게 익으며, 갓털은 흰색이다.

성분 β-아미린(β-amyrin), 타락사스테롤(taraxasterol), 게르마니콜(germanicol) 등의 트리테르페노이드(triterpenoid) 및 스티그마스테롤(stigmasterol), β-시토스테롤(β-sitosterol)이 함유되어 있다.

쓰임새 봄부터 여름 사이에 뿌리를 달여 마시면 열을 내리게 하고 감기, 편도염, 인후염, 유선염, 자궁염, 산후출혈, 종기 등의 치료에 효능을 발휘한다. 동양의학에서는 건위(健胃), 소화제, 해열제로 쓰였다. 생즙은 진정작용과 마취작용이 있으며, 줄기와 잎을 달여서 마시면 해열의 효능이 있다.

잎

꽃봉오리와 꽃

종자 결실

국화과

이고들빼기
Crepidiastrum denticulatum (Houtt.) Pak & Kawano

식품안전정보포털		
사용부위	가능	제한
뿌리, 잎	○	×

- **이   명** : 고들빼기, 고들빽이, 강화고들빼기, 깃고들빼기, 꽃고들빼기
- **생 약 명** : 고매채(苦蕒菜)
- **사용 부위** : 뿌리, 어린순
- **개 화 기** : 8~9월
- **채취 시기** : 봄부터 가을까지 잎을 채취하고, 가을에 뿌리를 채취한다.

전초
(채취품)

생육특성 이고들빼기는 전국 산과 들의 반그늘 또는 양지에 자라는 한두해살이 풀로, 키는 30~70cm이다. **줄기**는 곧게 서고 흔히 자줏빛을 띠며 윗부분에서 많은 가지가 갈라진다. **뿌리잎**은 꽃이 필 때 없어지고 **줄기잎**은 어긋나며 가장자리에 불규칙한 톱니가 있다. **꽃**은 8~9월에 노란색으로 피는데, 가지 끝과 원줄기 끝에 두상화가 산형 비슷하게 달리며 꽃자루는 꽃이 필 때 곧게 서지만 핀 다음에는 처진다. **열매**는 수과로 10~11월에 갈색 또는 흑색으로 익으며 12개의 능선이 있고 갓털은 흰색이다.

성분 정유 성분인 프로판올(propanol) 등을 포함한 알콜류 10종, 에스테르류 2종, 헥산알(hexanal) 등을 포함한 알데히드류 6종, 케톤류 5종, 탄화수소류 3종, 산(酸)류 2종 외에 α-아미린(α-amyrin), β-아미린(β-amyrin), 루페닐아세테이트(lupenyl acetate) 등이 함유되어 있다.

쓰임새 열을 식히는 청열, 독을 풀어주는 해독, 고름을 배출하는 배농(排膿), 통증을 멈추는 지통의 효능이 있어서 충수염, 장염, 이질, 화농성 염증, 흉통(胸痛), 치질을 치료한다.

잎

꽃

지상부

국화과

지칭개
Hemistepta lyrata Bunge

식품안전정보포털		
사용부위	가능	제한
순, 잎	○	×

- **이　　　명** : 지칭개나물
- **생 약 명** : 이호채(泥胡菜)
- **사용 부위** : 어린순, 전초
- **개 화 기** : 5~7월
- **채취 시기** : 이른 봄에 어린순을, 가을에 전초를 채취하여 햇볕에 말린다.

전초 (채취품)

생육특성   지칭개는 중부 이남 산과 들의 건조한 양지 또는 반그늘에서 자라는 두해살이풀로, 키는 60~80cm이다. **줄기**는 곧게 서고 속이 비어 있으며 가지가 갈라진다. **뿌리잎**은 꽃이 필 때 없어지고, 밑부분의 잎은 거꿀피침 모양 또는 피침상 긴 타원형으로 끝이 뾰족하며 뒷면에는 흰 털이 빽빽하고 나 있다. **꽃**은 관상화이며 5~7월에 자주색으로 피고, 가지와 줄기 끝에 1개씩 위를 향해 달린다. 총포조각은 많고 둥글며 거미줄 같은 흰색 털이 있다. **열매**는 긴 타원형의 수과이며 8~10월에 갈색으로 익는다. 갓털은 흰색이고 깃 모양이며 2줄이다.

성분   항암물질인 헤미스텝신(hemistepsin) B가 함유되어 있다.

쓰임새   열을 식히는 청열, 독성을 풀어주는 해독, 종기를 삭이는 소종, 어혈을 제거하는 거어(祛瘀)의 효능이 있어서 치루, 종기와 부스럼, 외상출혈, 골절을 치료하는 데 사용한다.

잎

종자 결실

꽃봉오리와 꽃

국화과

진득찰
Sigesbeckia glabrescens (Makino) Makino

식품안전정보포털		
사용부위	가능	제한
순, 잎	○	×

- **이 명** : 민진득찰, 진둥찰, 찐득찰, 화렴, 호렴, 점호채, 풍습초
- **생 약 명** : 희렴(豨薟), 희첨(豨簽)
- **사용 부위** : 전초
- **개 화 기** : 8~9월
- **채취 시기** : 꽃이 피기 시작할 때 전초를 채취하여 그늘에서 말린다. 돼지 분변 냄새가 나기 때문에 술을 뿌려서 시루에 찌고 말리는 과정을 반복하여 냄새를 제거하고 사용한다.

전초
(약재)

생육특성

진득찰은 전국의 들이나 밭둑 근처에서 자라는 한해살이풀로, 키는 40~100cm이다. 원줄기는 곧게 서고 가지가 마주 갈라지며 전체에 부드러운 털이 나 있다. **잎**은 마주나고 달걀상 삼각형으로 끝이 뾰족하며 가장자리에 불규칙한 톱니가 있다. 위로 올라갈수록 잎이 작아져서 긴 타원형 또는 선형으로 되며 잎자루가 없어진다. **꽃**은 노란색 두상화로, 8~9월에 가지 끝과 원줄기 끝에서 산방꽃차례로 달린다. **열매**는 수과이며 10월경에 결실한다.

잎

성분

다루틴-비테르(darutin-bitter), 알칼로이드(alkaloid), 키레놀(kirenol), 17-디하이드록시-16α-(-)카우란-19-oic산[17-hydroxy-16α-(-)kauran-19-oic acid], 각종 에스테르(ester)도 함유되어 있다.

꽃

쓰임새

풍사와 습사를 제거하는 거풍습(祛風濕), 통증을 가라앉히는 진통, 혈압강하, 소종 등의 효능이 있어서 풍습진통(風濕鎭痛), 사지마비, 허리와 무릎의 냉통, 허리와 무릎의 무력증, 류머티즘성 관절염, 고혈압, 간염, 황달, 창종, 반신불수 등에 사용하는데 일반적으로 습열에 의해서 발생하는 병증에는 생용(生用)하고, 사지마비, 반신불수 등에는 술로 포제하는 주제(酒製)하여 사용한다.

종자 결실

국화과

참취
Aster scaber Thunb.

식품안전정보포털		
사용부위	가능	제한
잎	○	×

- **이　　명**: 나물취, 취, 암취, 작은참취, 선백초(仙白草), 산백채(山白菜)
- **생 약 명**: 동풍채(東風菜), 동풍채근(東風菜根)
- **사용 부위**: 전초, 뿌리
- **개 화 기**: 8~10월
- **채취 시기**: 싹이 트기 전인 가을부터 이듬해 봄 사이에 뿌리를 채취하여 햇볕에 말린다. 봄에 연한 잎을 채취하여 나물로 식용한다.

잎(채취품)

잎   꽃

종자 결실   뿌리   지상부

생육특성 참취는 전국 각지의 산과 들에 자생하거나 재배하는 여러해살이풀로, 키는 1~1.5m이다. **줄기**는 곧게 자라며, 뿌리줄기 끝에서 가지가 산방상으로 갈라지고 전체가 거칠거칠하다. **뿌리잎**은 꽃이 필 때쯤 없어지고 잎자루가 길다. **줄기잎**은 어긋나고 밑부분의 것은 날개가 있는 긴 잎자루가 있으며 심장모양이다. 중앙부의 잎은 달걀상 삼각형이고 끝이 뾰족하며 가장자리에 톱니가 있다. **꽃**은 흰색으로 8~10월에 가지 끝과 원줄기 끝에서 편평꽃차례로 핀다. **열매**는 수과이며 11월에 결실한다.

성분 뿌리에는 스쿠알렌(squalene), 프리델린(friedelin), 프리델린-3β-올(friedelin-3β-ol), α-스피나스테롤(α-spinasterol) 등이 함유되어 있으며, 지상부에는 쿠마린(coumarin)이 다량 함유되어 있다.

쓰임새 통증을 멈추는 진통, 혈액순환이 잘되게 하는 활혈, 기의 순환을 돕는 행기(行氣), 독을 풀어주는 해독 등의 효능이 있어서 근육과 뼈가 쑤시고 아픈 근골동통(筋骨疼痛), 두통, 요통, 장염복통(腸炎腹痛), 타박상, 뱀에 물린 상처인 사교상 등에 응용할 수 있다.

국화과

털머위
Farfugium japonicum (L.) Kitam.

- 이　　　명 : 갯머위, 말곰취, 넓은잎말곰취
- 생 약 명 : 연봉초(蓮蓬草)
- 사용 부위 : 전초
- 개 화 기 : 9~10월
- 채취 시기 : 여름부터 가을에 걸쳐 전초를 채취하여 햇볕에 말리거나 신선한 것을 사용한다.

전초
(약재)

잎 · 꽃 · 종자 결실 · 지상부

생육특성

털머위는 남부와 제주도, 울릉도 해안에 분포하는 상록 여러해살이풀로, 양지나 반그늘의 따뜻하고 물 빠짐이 좋은 곳에서 자란다. 키는 30~50cm이고, **줄기** 전체에 연한 갈색 솜털이 있으며 짧고 굵은 뿌리줄기 끝에서 잔뿌리가 사방으로 퍼져 나간다. **잎**은 모여나고 잎자루가 길며, 콩팥 모양으로 두껍고 광택이 많이 난다. **꽃**은 9~10월에 노란색으로 피는데, 가지 끝에 두상화가 1송이씩 달려 전체가 산방상으로 된다. **열매**는 수과이며 11~12월에 달리고 흑갈색 갓털이 있다. 털머위는 식물 전체를 약용하거나 식용할 수 있는 머위와 생김새가 비슷하나 독성이 있으므로 주의를 요한다. 머위는 이른 봄에 꽃이 먼저 피며 잎에 털이 나 있고 부드러운 반면, 털머위는 잎이 짙은 녹색으로 두껍고 표면에 윤채가 나며 상록성으로 갈색 털이 많이 나 있다.

성분

뿌리와 잎에는 피롤리디딘(pyrrolididine=azocine)형 알칼로이드의 센키르킨(senkirkine)이 함유되어 있으며, 뿌리에는 푸라노세스퀴테르펜(furano sesquiterpenes), 뿌리줄기에는 푸라노세스퀴오테르(furano sesqioter)가 함유되어 있다.

쓰임새

열을 식히고 독을 풀어주며 혈행을 좋게 하는 효능이 있어서 풍사와 열사로 인한 풍열감기, 인후부가 붓고 아픈 인후종통, 종기, 연주창, 타박상 등을 치료한다. 잎은 생선 중독 또는 부스럼에 사용한다.

국화과

한련초
Eclipta prostrata (L.) L.

식품안전정보포털		
사용부위	가능	제한
잎	×	○

- 이　　　명 : 하년초, 할년초, 한련풀, 묵초, 묵채, 금릉초(金陵草)
- 생 약 명 : 한련초(旱蓮草), 묵한련(墨旱蓮)
- 사용 부위 : 전초
- 개 화 기 : 8~9월
- 채취 시기 : 여름과 가을에 전초를 채취하여 햇볕이나 그늘에 말린다. 생으로 사용하거나 건조하여 절단해서 사용한다.

전초
(약재)

잎

꽃   지상부

생육특성   한련초는 경기도 이남의 논이나 습윤한 곳에서 자생하는 한해살이풀로, 키는 10~60cm이다. **줄기**는 곧게 자라며 전체에 센 털이 있고, 가지는 마주나는 잎겨드랑이에서 나온다. **잎**은 마주나고 잎자루가 거의 없으며, 피침 모양으로 끝이 뾰족하고 가장자리에 톱니가 있다. 잎의 양면에는 굳센 털이 있다. **꽃**은 흰색 두상화로 8~9월에 피며, 원줄기와 가지 끝에 1개씩 달려 산방꽃차례를 이룬다. **열매**는 납작한 타원형 수과이며 9~10월에 검은색으로 익는다. 참고로, 한련(*Tropaeolum majus* L.)은 한련과의 덩굴성 한해살이풀로 페루가 원산지이며, 한련초와는 전혀 다른 종이다.

성분   전초에는 사포닌, 타닌(tannin), 니코틴, 비타민 A, 에클립틴(ecliptine)과 여러 가지 티오펜(thiophene) 화합물들이 함유되어 있다.

쓰임새   신을 보하고 음기를 더하며 양혈지혈(凉血止血)하는 효능이 있어서, 송곳니가 아픈 증상을 치료하고 머리가 빨리 희어지는 증상인 수발조백(鬚髮早白), 어지럼증과 이명현상, 허리와 무릎이 시리고 아픈 증상, 음허혈열(陰虛血熱), 토혈, 육혈(衄血: 코피), 요혈(尿血: 피오줌), 혈리(血痢: 피똥), 붕루하혈, 외상출혈 등을 치료한다.

굴거리나무과

굴거리나무
Daphniphyllum macropodum Miq.

- **이 명** : 굴거리, 만병초, 청대동
- **생 약 명** : 교양목(交讓木)
- **사용 부위** : 잎, 열매
- **개 화 기** : 4~5월
- **채취 시기** : 잎은 여름, 열매는 가을·겨울에 채취한다.

종자
(약재)

생육 특성

굴거리나무는 상록활엽소교목 또는 관목으로, 키는 10m 정도이다. 작은 **가지**는 녹색이지만 어릴 때에는 붉은빛을 띤다. **잎**은 어긋나고 긴 타원형으로 두꺼우며, 표면은 녹색, 뒷면은 회백색을 띠고 잎자루는 연한 붉은색을 띤다. **꽃**은 암수한그루로 4~5월에 피는데, 녹색을 띠고 꽃덮이가 없으며 잎겨드랑이에서 나온 총상꽃차례에 달린다. **열매**는 긴 타원형의 핵과이며, 10~11월에 짙은 푸른색으로 익는다.

암꽃

성분

잎과 열매에는 루틴(rutin), 퀘르세틴(quercetin), 다프니마크린(daphnimacrin), 다프니필린(daphniphylline) 등이 함유되어 있다.

수꽃

쓰임새

소화가 안 되어 속이 불편하거나 식욕이 없을 때에는 굴거리나무의 잎이나 열매를 열탕으로 달여 먹는다. 민간요법으로는 회충 등 기생충의 구충에 사용하는데, 구더기의 살충 효과도 있어 잎과 나무줄기를 잘라 재래식 화장실에 넣어두기도 했다.

잎

열매

나무껍질

꼭두서니과

계요등
Paederia scandens (Lour.) Merr.

- **이   명** : 계뇨등, 구렁내덩굴, 산지과(山地瓜), 계각등(鷄脚藤)
- **생 약 명** : 계시등(鷄屎藤)
- **사용 부위** : 줄기(뿌리 포함), 잎
- **개 화 기** : 7~8월
- **채취 시기** : 여름부터 가을에 걸쳐 채취한다.

줄기
(약재)

생육특성 계요등은 중부와 남부지방의 산기슭 및 해안가에서 자생하는 낙엽덩굴성 목본으로, 덩굴 길이는 5~7m이다. 윗부분은 겨울에 죽으며, 일년생가지는 잔털로 덮여 있고 독특한 냄새가 난다. **잎**은 마주나고 달걀 모양 또는 달걀상 피침 모양으로 잎자루가 있으며, 잎끝은 날카롭고 가장자리는 밋밋하며 양면에 흰색 털이 있다. **꽃**은 흰색에 자주색 반점이 있으며 7~8월에 줄기 끝이나 잎겨드랑이에 원추꽃차례 또는 취산꽃차례로 달린다. **열매**는 구형의 핵과이며 9~10월에 황색으로 익는다.

성분 잎과 줄기에는 이리도이드(iridoid) 배당체, 올레아놀산(oleanolic acid), β-시토스테롤, 알부틴(albutin), 정유, 파에데로시드(paederoside) 등이 함유되어 있다.

지상부

쓰임새 뿌리를 포함한 줄기는 생약명이 계시등(鷄屎藤)이며 진통의 효능이 있고 종기, 만성 위장질환과 식적(食積: 음식이 잘 소화되지 않고 뭉쳐 생기는 증상), 이질, 황달, 무월경 등을 치료한다.

잎

줄기

꽃봉오리와 꽃

꼭두서니과

치자나무
Gardenia jasminoides J. Ellis

식품안전정보포털		
사용부위	가능	제한
열매	×	○

- **이   명** : 치자, 좀치자, 겹치자나무, 산치자(山梔子), 황치화(黃梔花), 치자수(梔子樹), 산치(山梔), 치자화(梔子花), 황치자(黃梔子)
- **생 약 명** : 치자(梔子), 치자화근(梔子花根)
- **사용 부위** : 열매, 뿌리
- **개 화 기** : 6~7월
- **채취 시기** : 열매는 10~11월, 뿌리는 연중 수시 채취한다.

뿌리(약재)

열매(약재)

| 잎과 꽃 | 열매 | 종자 |

생육특성 치자나무는 제주도를 비롯한 남부지방에 자생하거나 식재하는 상록활엽관목으로, 키는 1~2m이다. 일년생가지에는 먼지 같은 털이 있다. **잎**은 마주나거나 3잎이 돌려나고 잎자루가 짧으며, 가죽질에 타원상 피침 모양으로 잎끝이 급하게 뾰족해지고 가장자리가 밋밋하다. **꽃**은 유백색으로 6~7월에 가지 끝이나 잎겨드랑이에서 1송이가 피는데 강한 향기가 난다. **열매**는 거꿀달걀 모양의 삭과이며, 세로로 6~7개의 능각이 있고 10~11월에 황색으로 익으며 끝에는 꽃받침이 남아 있다.

성분 열매에는 플라보노이드의 가르데닌(gardenin), 펙틴(pectin), 타닌, 크로신(crocin), 크로세틴(crocetin), d-만니톨(d-mannitol), 노나코산(nonacosane), β-시토스테롤 이외에 여러 종류의 이리도이드(iridoide) 골격의 배당체, 즉 가르데노시드(gardenoside), 게니포시드(geniposide)와 소량의 샨지시드(shanzhiside)도 함유되어 있고 또 가르도시드(gardoside), 스칸도시드메틸에스테르(scandoside methyl ester), 콜린(choline) 및 우르솔산(ursolic acid)이 함유되어 있다. 뿌리에는 갈데노시드가 함유되어 있다.

쓰임새 가을에 잘 익은 열매를 채취하여 솥에 넣고 황금색이 되도록 볶아 처방에 맞게 사용한다. 열매는 생약명이 치자(梔子)이며 청열, 해독, 진정, 혈압강하, 지혈, 이담작용이 있고 황달, 불면, 소갈, 결막염, 임병, 열독, 창양, 좌상통, 타박상을 치료한다. 뿌리는 생약명이 치자화근(梔子花根)이며 청열, 해독, 양혈의 효능이 있고 감기고열, 황달형 간염, 토혈, 비출혈, 이질, 임병, 신염수종(腎炎水腫), 종독 등을 치료한다. 치자의 추출물은 알레르기질환과 우울증의 예방, 치료에 사용할 수 있다.

꿀풀과

광대나물
Lamium amplexicaule L.

식품안전정보포털		
사용부위	가능	제한
순, 잎	○	×

- **이   명** : 작은잎꽃수염풀, 긴잎광대수염
- **생 약 명** : 보개초(寶蓋草)
- **사용 부위** : 전초
- **개 화 기** : 4~5월
- **채취 시기** : 이른 봄부터 여름에 걸쳐 전초를 채취한다.

전초
(채취품)

생육특성 광대나물은 밭이나 길가 양지쪽에 자라는 두해살이풀이다. 키는 10~30cm이고, **줄기**는 네모지고 기부에서 가지가 많이 갈라져 뭉쳐나며 자주빛을 띤다. **잎**은 마주나고, 밑부분의 것은 잎자루가 긴 원형, 윗부분의 것은 잎자루가 없는 반원형으로 줄기를 완전히 둘러싸며 가장자리에 톱니가 있다. **꽃**은 4~5월에 붉은색으로 피며, 잎겨드랑이에서 여러 개가 돌려난 것처럼 보인다. **열매**는 달걀 모양이며 전체에 흰 반점이 있고 7~8월에 익는다.

잎과 줄기

성분 잎에는 이리도이드(iridoid)계 성분인 라미오사이드(lamioside), 라미올(lamiol), 라마이드(lamide), 이포라마이드(ipolamide)가 함유되어 있다.

꽃

쓰임새 풍사(風邪)를 없애 풍을 치료하는 거풍(祛風), 경락을 통하게 하는 통락(通絡), 종기를 삭이는 소종, 통증을 멎게 하는 지통(止痛)의 효능이 있어서 신경통, 관절염, 반신불수, 근육과 뼈가 쑤시고 아픈 근골동통(筋骨疼痛), 팔다리가 마비되는 사지마목(四肢麻木), 타박상, 인후염 등을 치료한다.

무리

꿀풀과

꽃향유
Elsholtzia splendens Nakai ex F. Maek.

- **이 명** : 붉은향유
- **생 약 명** : 향유(香薷)
- **사용 부위** : 전초
- **개 화 기** : 9~10월
- **채취 시기** : 여름부터 가을에 걸쳐 종자가 익으면 지상부를 베어 햇볕이나 그늘에서 말린다.

전초
(약재)

생육특성 꽃향유는 중부 이남 양지 또는 반그늘의 습기가 많은 풀숲에서 자생하는 한해살이풀로, 키는 50cm 정도이다. 원줄기는 사각형이며 잎줄기와 더불어 굽은 털이 줄지어 나 있다. **잎**은 마주나고 달걀 모양이며 양면에 털이 드물게 있고 가장자리에 치아 모양 톱니가 있다. **꽃**은 분홍빛을 띤 자주색으로 9~10월에 줄기 한쪽 방향으로만 빽빽이 달려 이삭꽃차례를 이룬다. **열매**는 11월에 맺히는데, 꽃이 진 자리에 소견과가 많이 달린다.

꽃

성분 엘숄치디올(elsholtzidiol), 엘숄치아케톤(elsholtzia ketone), 나기나타케톤(naginataketone), α-피넨(α-pinene), 시네올(cineole), p-시멘(p-cymene), 이소발레르산(isovaleric acid), 이소부틸-이소발레레이트(isobutyl-isovalerate), α-β-나기나틴(α-β-naginatene), 리날올(linalool), 캄퍼(camphor), 게라니올(geraniol), n-카프로산(n-caproic acid), 이소카프로산(isocaproic acid), 올레산(oleic acid), 리놀레산(linoleic acid), α-테르피네올(α-terpineol), β-비사볼렌(β-bisabolene). 카르바크롤(carvacrol), γ-테르피넨(γ-terpinene), 티몰(thymol) 등이 함유되어 있다.

쓰임새 발한, 해열, 이수, 위를 편안하게 하는 안위(安胃), 풍을 치료하는 구풍(驅風) 등의 효능이 있고 감기, 오한발열, 두통, 무한(無汗: 땀이 나지 않는 증상), 복통, 구토, 설사, 전신부종, 각기, 창독(瘡毒) 등을 치료한다.

잎   종자 결실

꿀풀과

꿀풀

Prunella vulgaris var. *lilacina* Nakai

식품안전정보포털		
사용부위	가능	제한
순, 잎, 꽃대	○	×

- **이　　명** : 꿀방망이, 가지골나물, 가지래기꽃, 석구(夕句), 내동(乃東)
- **생 약 명** : 하고초(夏枯草)
- **사용 부위** : 이삭
- **개 화 기** : 5~7월
- **채취 시기** : 여름철 이삭이 반쯤 말라 홍갈색을 띨 때[이런 특성 때문에 하고초(夏枯草)라는 이름이 붙여졌다]에 이삭을 채취하는데 이물질을 제거하고 잘게 썰어 말린 다음 사용한다.

이삭
(약재)

생육특성

꿀풀은 산기슭이나 산과 들의 양지바른 곳에서 자라는 여러해살이풀로, 키는 20~30cm이다. **줄기**는 네모지고 모여나며 가지가 갈라진다. 전체에 짧은 흰색 털이 나 있다. 꽃이 지면 원줄기에서 기는 가지가 나와 옆으로 뻗어 새로운 개체를 만든다. **잎**은 마주나고 긴 타원상 피침 모양이며 거치가 있거나 없다. **꽃**은 5~7월에 적자색으로 피는데, 줄기 위 이삭꽃차례에 조밀하게 달린다. 앞으로 나온 꽃잎은 입술 모양이다. **열매**는 분과이며 7~8월에 황갈색으로 익는데, 꼬투리는 가을까지 마른 채 남아 있다. 유사종으로 흰꿀풀, 붉은꿀풀, 두메꿀풀이 있다.

꽃

성분

전초에는 트리테르페노이드계 성분으로 올레아놀산(oleanolic acid), 우르솔산(ursolic acid) 등이 있고, 플라보노이드계 성분으로 루틴(rutin), 히페로사이드(hyperoside) 등이 함유되어 있다. 꽃이삭에는 안토시아닌(anthocyanin)인 델피니딘(delphinidin)과 시아니딘(cyanidin), d-캄퍼(d-camphor), d-펜촌(d-fenchone), 우르솔산이 함유되어 있다.

쓰임새

간을 깨끗하게 하는 청간(淸肝), 맺힌 기를 흩어지게 하는 산결(散結)의 효능이 있으며, 나력(瘰癧), 영류(癭瘤: 혹), 유옹(乳癰), 유방암 등을 치료한다. 그 밖에 안구 통증, 두통과 어지럼증, 구안와사(口眼喎斜: 풍사로 인하여 눈과 입이 한쪽으로 틀어지는 증상), 근육과 뼈의 통증인 근골동통(筋骨疼痛), 폐결핵, 급성 황달형 전염성 간염, 여성의 혈붕, 대하 등을 치료한다.

잎

열매

말린 전초

꿀풀과

배암차즈기
Salvia plebeia R. Br.

식품안전정보포털		
사용부위	가능	제한
잎	○	×

- **이 명** : 배암차즈키, 뱀차조기, 배암배추, 뱀배추, 곰보배추
- **생 약 명** : 여지초(荔枝草)
- **사용 부위** : 어린순, 전초
- **개 화 기** : 5~7월
- **채취 시기** : 어린순은 이른 봄에, 전초는 3~5월에, 뿌리는 4~6월에 채취해 햇볕에 말린다.

전초 (채취품)

전초 (약재)

생육특성 배암차즈기는 산과 들의 습지에서 자라는 두해살이풀로, 키는 30~70cm이다. 원줄기는 네모지며 곧게 서고 아래를 향한 잔털이 빽빽이 나 있다. 겨울 동안에 줄기잎보다 큰 **뿌리잎**이 모여나 지면으로 퍼지지만 꽃이 필 때 없어진다. **줄기잎**은 긴 타원형으로 끝이 둔하며 양면에 잔털이 드문드문 있고 가장자리에 둔한 톱니가 있다. **꽃**은 연한 보라색으로 5~7월에 줄기 윗부분과 잎 사이에서 총상꽃차례로 핀다. **열매**는 4개의 분과로 넓은 타원형이며 짙은 갈색으로 익는다.

성분 호모플란타기닌(homoplantaginin), 유파폴린(eupafolin), 히스피둘린(hispidulin), 유파폴린-7-글루코시드(eupafolin-7-glucoside)가 함유되어 있다.

쓰임새 피를 맑게 하는 양혈, 수습을 다스리는 이수 또는 이뇨, 독을 풀어주는 해독, 기생충을 구제하는 구충 등의 효능이 있어 해혈(咳血), 토혈, 혈뇨, 자궁출혈, 자궁염, 생리불순, 냉증 등의 여성질환과 치질, 기침, 가래, 편도염, 감기, 국부적인 종기, 타박상, 피부병, 복수(腹水), 백탁(白濁: 뿌연 오줌, 단백뇨), 목구멍이 붓고 아픈 증상을 치료한다.

잎

꽃

종자 결실

꿀풀과

배초향
Agastache rugosa (Fisch. & Mey.) Kuntze

식품안전정보포털		
사용부위	가능	제한
잎	○	×
지상부	×	○

- **이   명** : 방앳잎, 토곽향(土藿香), 두루자향(兜婁姿香)
- **생 약 명** : 곽향(藿香)
- **사용 부위** : 꽃, 전초
- **개 화 기** : 7~9월
- **채취 시기** : 꽃이 피기 직전부터 막 피었을 때까지인 6~7월에 꽃을 포함한 전초를 채취해 햇볕이나 그늘에서 말려 보관한다. 약재로 쓸 때에는 이물질을 제거하고 윤투(潤透: 습기를 약간 주어 부스러지지 않도록 하는 과정)시킨 다음 잘게 썰어 사용한다.

전초
(약재)

생육특성

배초향은 전국 산야의 부엽질이 풍부한 양지 또는 반그늘에서 자라는 여러해살이풀로, 키는 40~100cm이다. **줄기**는 네모지고 윗부분에서 가지가 갈라지며, 표면은 황록색 또는 회황색으로 잔털이 적거나 없고 단면의 중앙에는 흰색의 부드러운 속심이 있다. **잎**은 마주나고 달걀상 심장 모양이며 끝이 뾰족하고 가장자리에 둔한 톱니가 있다. **꽃**은 자주색으로 7~9월에 가지 끝의 윤산꽃차례에 입술 모양 꽃이 촘촘하게 모여 핀다. **열매**는 10~11월에 달리는데 거꿀달걀상 타원형의 분과이며, 짙은 갈색 씨방에 미세한 종자가 많이 들어 있다. 비슷한 이름으로 꿀풀과의 여러해살이풀인 광곽향[廣藿香, *Pogostemon cablin* (Blanco.) Benth.]이 있으나 식물 기원이 전혀 다르고 정유 성분 또한 다르기 때문에 혼용 또는 오용하지 않도록 한다.

성분

전초에는 정유 성분이 들어 있는데, 주성분은 메틸카비콜(methyl chavicol)이고, 그 밖에도 아네톨(anethole), 아니스알데하이드(anisaldehyde), δ-리모넨(δ-limonene), p-메톡시신남알데하이드(p-methoxycinnamaldehyde), δ-피넨(δ-pinene) 등이 함유되어 있다.

쓰임새

방향화습(芳香化濕: 방향성 향기가 있어 습사를 말려줌)의 효능이 있고 중초를 조화롭게 하며 구토를 멈추게 한다. 또한 표사(表邪)를 흩어지게 하고 더위 먹은 것을 풀어준다.

잎

꽃

종자 결실

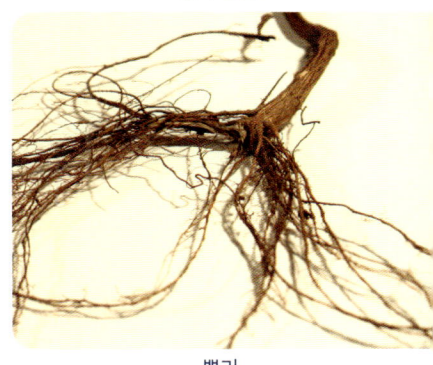

뿌리

꿀풀과

석잠풀
Stachys japonica Miq.

식품안전정보포털		
사용부위	가능	제한
잎	○	×

- **이　　명** : 배암배추, 뱀배추, 민석잠풀
- **생 약 명** : 초석잠(草石蠶), 광엽수소(廣葉水蘇)
- **사용 부위** : 어린순, 전초
- **개 화 기** : 6~9월
- **채취 시기** : 4~5월에 어린순을 채취해 식용하고, 봄부터 초겨울에 걸쳐 전초를 채취하여 햇볕에 말린다.

전초
(채취품)

잎 　　　　　꽃 　　　　　종자 결실

뿌리 　　　　　뿌리(약재)

생육특성　석잠풀은 물 빠짐이 좋은 양지에서 자라는 숙근성 여러해살이풀로, 키는 30~60cm이다. **줄기**는 곧게 서고 단면이 사각형이며 모서리를 따라 밑을 향한 센털이 있다. **잎**은 마주나고 피침 모양으로 끝이 뾰족하며 가장자리에 톱니가 있다. **꽃**은 연한 홍색으로 6~9월에 줄기와 잎 사이에서 층층이 돌려 피어 윤산꽃차례를 이룬다. **열매**는 둥근 수과이며 10월경에 달린다. 뿌리의 형태가 누에 번데기처럼 생겨서 초석잠(草石蠶)이라 부른다.

성분　카페산(caffeic acid), 클로로겐산(chorogenic acid), 사포닌 및 3종의 플라보노이드인 7-메톡시바이칼레인(7-methoxy baicalein), 팔루스트린(palustrine), 팔루스트리노사이드(palustrinoside) 등이 함유되어 있다.

쓰임새　땀을 잘 나가게 하며 가래를 가라앉히고, 출혈을 멈추며 종기를 삭게 하고 항균의 효능이 있어서 감기, 두통, 인후염, 기관지염, 폐농양, 백일해, 대상포진, 코피, 토혈, 요혈(尿血), 변혈, 월경과다, 월경불순, 자궁염 등을 치료하는 데 사용한다.

꿀풀과

익모초

Leonurus japonicus Houtt.

식품안전정보포털		
사용부위	가능	제한
지상부	×	○

- **이   명** : 임모초, 개방아, 충울(茺蔚), 익명(益明), 익모(益母)
- **생 약 명** : 익모초(益母草), 충울자(茺蔚子)
- **사용 부위** : 잎, 줄기, 종자
- **개 화 기** : 7~8월
- **채취 시기** : 줄기잎이 무성하고 꽃이 피기 전인 여름철에 채취하여 이물질을 제거하고 절단하여 그늘에서 말려서 사용한다.

전초 (약재)

종자 (약재)

생육 특성 익모초는 전국 각지에서 자생하는 두해살이풀로, 키는 1~2m이다. 줄기는 모가 지고 곧게 서며 흰색 털이 있어 전체가 백록색을 띤다. 잎은 마주나고 잎자루가 길다. 뿌리잎은 달걀상 원형이고 가장자리가 결각상이거나 둔한 톱니가 있으며 꽃이 필 때 없어진다. 줄기잎은 3개로 갈라지고 갈래조각이 다시 2~3개로 갈라진다. 꽃은 홍자색으로 7~8월에 피며, 잎겨드랑이에서 층층이 윤산꽃차례를 이루고 꽃받침은 5갈래로 갈라진다. 열매는 달걀 모양의 분과이며 8~9월에 익는다. 종자는 3개의 능각이 있어 단면이 삼각형처럼 보인다. 부인병을 치료하는 데 효과가 있어 익모초(益母草)라는 이름이 붙었으며, 약용작물로 재배하거나 관상용으로 재배하기도 한다.

꽃(확대)

종자 결실

성분 레오누린(leonurine), 스타키드린(stachydrine), 레오누리딘(leonuridine), 레오누리닌(leonurinine), 루테인(rutein), 안식향산, 라우르산(lauric acid), 스테롤, 비타민 A, 아르기닌(arginine), 스타키오스(stachyose) 등이 함유되어 있다.

뿌리

쓰임새 어혈을 풀어주고 월경을 조화롭게 하며, 혈의 순환을 돕고 수도를 이롭게 하며 자궁을 수축하는 등의 효능이 있어서 월경불순, 출산 시 후산이 잘 안 되는 오로불하(惡露不下)와 어혈복통(瘀血腹痛), 월경통, 붕루, 타박상, 소화불량, 급성 신염, 소변불리, 혈뇨, 식욕부진 등을 치료하는 데 유용하다.

전초

난초과

보춘화

Cymbidium goeringii (Rchb. f.) Rchb. f.

- **이 명** : 춘란, 보춘란
- **생 약 명** : 건란화(建蘭花), 건란근(建蘭根), 건란엽(建蘭葉)
- **사용 부위** : 꽃, 뿌리, 잎
- **개 화 기** : 3~4월
- **채취 시기** : 전초는 연중 채취해 신선한 것을 그대로 쓰거나 햇볕에 말린다.

뿌리 (채취품)

꽃

종자 결실

생육특성

보춘화는 남부와 중남부 해안의 삼림에서 자라는 여러해살이풀로, 생육 환경 조건에 따라 잎과 꽃의 변이가 많이 일어나는 품종이다. 자생하는 소나무가 많은 곳에서 집단적으로 자라는데 최근에는 내륙에서도 많은 자생지가 관찰된다. **줄기**가 짧고 꽃대의 높이는 10~25cm이며, 수염 같은 흰 뿌리가 사방으로 뻗는다. **잎**은 뿌리에서 모여나고 가죽질에 짙은 녹색을 띠며, 줄 모양으로 끝이 뾰족하고 가장자리에는 미세한 톱니가 있으며 뒤로 젖혀진다. **꽃**은 1경 1화로 3~4월에 피고, 입술모양꽃부리는 흰색 바탕에 짙은 홍자색 반점이 있으며 안쪽은 울퉁불퉁하고 끝이 3개로 갈라진다. **열매**는 6~7월에 달리고, 안에는 먼지 같은 종자가 무수히 들어 있다.

성분

카로틴(carotene), 안토시안(anthocyan), 플라보노이드(flavonoid) 등이 함유되어 있다.

쓰임새

음기를 자양하고 폐의 기운을 깨끗하게 해주는 자음청폐(滋陰淸肺), 담을 없애고 기침을 멎게 하는 화담지해(化痰止咳)의 효능이 있어 백일해, 폐결핵으로 인한 기침, 각혈, 신경쇠약, 요로감염, 백대(白帶) 등을 치료한다. 부위별로 나타내는 효능은 다음과 같다. 꽃은 기를 잘 통하게 하고 기가 울체된 것을 풀어주며 눈을 밝게 하는 명목(明目), 정서적 억울로 기가 막힌 것을 잘 통하게 하는 관중(寬中)의 효능이 있어 구해(久咳: 오래된 기침), 복사(腹瀉: 대변이 묽고 횟수가 많은 증상), 청맹내장(靑盲內障: 시력저하로 시작하여 점차 실명에 이르게 되는 내장질환)을 치료한다. 뿌리는 기의 순환과 혈액순환을 돕고 습사를 배출시키며 종기를 삭이는 효능이 있어 해수토혈(咳嗽吐血), 장풍하혈, 자궁출혈, 임질, 백탁(白濁: 뿌연 오줌, 단백뇨), 백대(白帶), 타박상, 국부적인 종기를 치료한다. 잎은 열을 식히고 피를 맑게 하며 기를 잘 통하게 하고 습사를 배출시키는 효능이 있어 각종 기침과 각혈, 폐옹(肺癰), 백탁, 백대, 부스럼과 종기를 치료한다.

노루발과

노루발

Pyrola japonica Klenze ex Alef.

- **이   명** : 노루발풀, 녹포초(鹿飽草), 녹수초(鹿壽草), 녹함초(鹿含草)
- **생 약 명** : 녹제초(鹿蹄草)
- **사용 부위** : 전초
- **개 화 기** : 6~7월
- **채취 시기** : 연중 채취가 가능하지만 꽃이 피는 6~7월에 채취하는 것이 가장 좋다. 채취한 잎을 연하고 부드럽고 꼬들꼬들할 정도로 햇볕에서 60~80%로 말려 쌓아두고 잎의 양면이 자홍색이나 자갈색으로 변하면 다시 햇볕에 완전히 말려 보관한다.

전초
(채취품)

| 꽃 | 종자 결실 | 지상부 |

생육특성 노루발은 전국 산지의 반그늘 낙엽수 아래에서 자라는 여러해살이풀로, 키는 26cm 내외이다. 뿌리줄기는 옆으로 길게 뻗으며 가는 땅속줄기가 있다. 잎은 밑동에서 뭉쳐나며 넓은 타원형으로 광택이 나고 한겨울에도 고사하지 않다. 꽃은 6~7월에 흰색으로 피는데, 길이 15~30cm의 꽃대 윗부분에 2~12개가 총상으로 달린다. 꽃대는 능선이 있고 1~2장의 비늘 같은 잎이 있다. 열매는 편평한 구형의 삭과이며 9~10월에 흑갈색으로 익어 이듬해까지 남아 있다.

성분 피롤라틴(pirolatin), 알부틴(arbutin), 퀘르세틴(quercetin), 키마필린(chimaphilin), 모노트로페인(monotropein), 우르솔산(ursolic acid), 헨트리아콘탄(hentriacontane), 올레아놀산(oleanolic acid) 등이 함유되어 있다.

쓰임새 몸을 튼튼하게 하는 강장, 신장의 기운을 돕는 보신, 습사를 이롭게 하는 이습(利濕), 통증을 멈추는 진통, 혈액을 깨끗하게 해주는 양혈, 독성을 풀어주는 해독 등의 효능이 있다. 양도(陽道: 남자의 성기)가 위축되는 양위(陽萎), 경계(驚悸: 놀라서 가슴이 두근거리거나 가슴이 두근거리면서 놀라는 증세로서 심계보다는 경한 증상), 고혈압, 요도염, 음낭습(陰囊濕), 월경과다, 타박상, 뱀에 물린 상처 등을 치료한다. 특히 거풍제습(祛風除濕), 강근건골(强筋健骨) 등의 효능이 뛰어나므로 풍습성 관절통을 비롯하여 각종 신경성 동통(疼痛: 심한 통증), 근육과 뼈가 위축되고 약해지는 근골위연(筋骨萎軟), 신장 기능이 허약하여 오는 요통, 발목과 무릎의 무력증세 등을 다스리는 데 유용하다.

노박덩굴과

노박덩굴
Celastrus orbiculatus Thunb.

식품안전정보포털		
사용부위	가능	제한
잎	○	×

- **이   명** : 놉방구덩굴, 노파위나무, 노랑꽃나무, 노박따위나무, 노방패너울, 노팡개나무, 노팡개더울, 금홍수(金紅樹), 지남사(地南蛇)
- **생 약 명** : 남사등(南蛇藤), 남사등근(南蛇藤根), 남사등엽(南蛇藤葉)
- **사용 부위** : 덩굴줄기, 뿌리, 잎
- **개 화 기** : 5~6월
- **채취 시기** : 덩굴줄기는 가을·겨울, 뿌리는 8~10월, 잎은 여름에 채취한다.

뿌리 (채취품)

줄기 (약재)

생육특성 노박덩굴은 전국 산야의 계곡이나 인가 근처 울타리에서 자라는 낙엽활엽 덩굴나무로, 다른 물체를 감으며 10m 내외로 뻗어나간다. **나무껍질**은 갈색 또는 회갈색이며 털이 없다. **잎**은 어긋나고 타원형으로 잎끝이 갑자기 뾰족해지며 가장자리에 둔한 톱니가 있다. **꽃**은 암수딴그루 또는 잡성화(雜性花)로 5~6월에 황록색으로 피는데, 잎겨드랑이의 취산꽃차례에 1~20개가 달리며 꽃받침조각과 꽃잎은 각각 5개이다. 수꽃에 5개의 긴 수술이 있으며, 암꽃에는 5개의 짧은 수술과 1개의 암술이 있다. **열매**는 구형의 삭과이고 10~11월에 황색으로 익으면 3개로 갈라지며, 종자는 황적색 껍질에 싸여 있다.

잎

꽃

성분 덩굴줄기에는 셀라판올(celaphanol), 셀라스트롤(celastrol), 뿌리에는 셀라스트롤, 잎에는 5종류의 플라보노이드(flavonoid) 배당체, 켐페롤(kaempferol), 퀘르세틴(quercetin), 종자에는 지방유가 함유되어 있다.

쓰임새 덩굴줄기는 생약명이 남사등(南蛇藤)이며 거풍습, 활혈의 효능이 있고 근골동통, 사지마비, 소아경기, 콜레라, 장티푸스, 이질, 치통, 구토를 치료한다. 최근에는 항염, 면역질환, 항암, 피부미백 등에 효과가 있는 것으로 밝혀져 활용이 기대된다. 뿌리는 생약명이 남사등근(南蛇藤根)이며 소종, 해독, 거풍의 효능이 있고 류머티즘에 의한 근골통, 타박상, 구토, 복통, 종독을 치료한다. 뿌리껍질을 추출한 붉은색 결정이 시험관 내에서 고초균, 황색포도상구균, 보통 변형균, 대장균 등을 억제하는 효과가 있는 것으로 밝혀졌다.

열매

노박덩굴과

사철나무
Euonymus japonicus Thunb.

- **이   명** : 들쭉나무, 개동굴나무, 겨우사리나무, 긴잎사철나무, 넓은잎사철나무, 동청목, 들축나무, 무른나무, 무른사철나무, 푸른나무, 동청위모(冬靑葦矛), 정목(正木), 팔목(八木), 동청(冬靑)
- **생 약 명** : 화두충(和杜沖), 조경초(調經草)
- **사용 부위** : 뿌리, 나무껍질
- **개 화 기** : 6~7월
- **채취 시기** : 뿌리, 나무껍질을 연중 수시 채취한다.

뿌리
(약재)

생육특성

사철나무는 전국의 마을 부근이나 정원에 많이 심어 가꾸는 상록활엽관목으로, 키는 3m 정도이다. **나무껍질**은 회흑색이며, **가지**에는 흰색의 껍질눈이 있다. **잎**은 마주나고 두꺼운 거꿀달걀 모양 또는 타원형으로 가장자리에 둔한 톱니가 있으며, 잎의 표면은 심녹색으로 윤이 나고 뒷면은 엷은 색이다. **꽃**은 양성화이며 6~7월에 연한 황록색으로 피는데, 잎겨드랑이의 취산꽃차례에 달린다. **열매**는 둥근 삭과이며, 9~10월에 붉은색으로 익으면 가종피가 벌어져 갈색의 종의에 싸인 종자가 각 열매마다 2개씩 나온다.

성분

트리테르페노이드(triterpenoid)인 프리델린(friedelin), 에피프리델라놀(epifriedelanol), 프리델라놀, 플라보노이드가 함유되어 있다.

쓰임새

뿌리와 나무껍질은 생약명이 화두충(和杜沖) 또는 조경초(調經草)이며 여성의 생리적인 경도(經度)를 조절해주고 어혈을 풀어주며 월경불순, 월경통, 신경통, 소변불리 등을 치료한다.

잎 / 꽃 / 열매 / 나무껍질

노박덩굴과

화살나무
Euonymus alatus (Thunb.) Siebold

식품안전정보포털		
사용부위	가능	제한
잎	○	×

- **이 명** : 흔립나무, 홋잎나무, 참빗나무, 참빗살나무, 챔빗나무, 위모(衛矛), 귀전(鬼箭), 사능수(四綾樹), 파능압자(巴綾鴨子)
- **생 약 명** : 귀전우(鬼箭羽)
- **사용 부위** : 가지의 날개
- **개 화 기** : 5~6월
- **채취 시기** : 가지의 날개를 연중 수시 채취한다.

가지 (약재)

생육특성 화살나무는 전국 산야에 분포하는 낙엽활엽관목으로, 키는 3m 내외이다. **가지**가 많이 갈라지며 작은 가지는 보통 네모지고 녹색을 띤다. 줄기와 가지에는 납작하고 가느다란 코르크질의 날개가 2줄 붙어 있는데, 넓이가 1cm 정도이며 다갈색이다. **잎**은 마주나고 잎자루가 짧으며 거꿀달걀 모양 또는 타원형으로 양 끝이 뾰족하고 가장자리에 예리한 잔톱니가 있다. **꽃**은 양성화이며 5월에 담황록색으로 피고, 잎겨드랑이에 취산꽃차례를 이루며 달린다. **열매**는 타원형 삭과이며 9~10월에 담갈색으로 익으면 열매껍질이 벌어지고 그 속에서 빨간 종자가 나온다.

꽃

열매

성분 잎에는 플라보노이드로 류코시아니딘(leucocyanidin), 류코델피니딘(leucodelphinidin), 퀘르세틴(quercetin), 켐페롤(kaempferol), 에피프리델라놀(epifriedelanol), 프리델린(friedelin), 둘시톨(dulcitol) 등이 함유되어 있다. 열매에는 알칼로이드로 에보닌(evonine), 네오에보닌(neoevonin), 알라타민(alatamine), 윌포르딘(wilfordine), 네오알라타민(neoalatamine) 등이 함유되어 있다. 그 외 카르데놀리드로서 아코베노시게닌(acovenosigenin) A, 에우오니모시드(euonymoside) A, 에우오니무소시드(euonymusoside) A 등이 함유되어 있다. 가지의 날개에 들어 있는 카르데놀리드계 성분인 아코베노시게닌 A, 3-O-α-L-람노피라노사이드(3-O-α-L-rhamnopyranoside)와 에우오니모시드 A, 에우오니무소시드 A는 몇 종류의 암세포주에 대해서 세포독성을 나타낸다.

쓰임새 가지에 달린 날개 모양 코르크질은 생약명이 귀전우(鬼箭羽)이며 항암, 통경의 효능이 있고 산후어혈, 충적복통, 피부병, 대하증, 심통, 당뇨병, 자궁출혈 등을 치료한다. 화살나무의 추출물은 항암활성 및 항암제 보조용으로 사용한다.

녹나무과

녹나무
Cinnamomum camphora (L.) J. Presl

- **이　　명** : 장뇌수(樟腦樹), 장뇌목(樟腦木), 향장수(香樟樹), 향장목(香樟木), 장목자(樟木子)
- **생 약 명** : 장목(樟木), 장뇌(樟腦), 향장근(香樟根), 장수엽(樟樹葉)
- **사용 부위** : 목재, 장뇌, 뿌리, 잎, 열매
- **개 화 기** : 5~6월
- **채취 시기** : 목재는 겨울, 장뇌는 봄부터 가을, 뿌리는 2~4월, 잎은 수시로 채취한다.

목재
(약재)

| 잎 | 꽃 | 열매 |

생육특성

녹나무는 제주도나 남부지방의 산기슭 양지에 자생하거나 식재하는 상록활엽교목으로, 키는 20~30m이다. **나무껍질**은 짙은 갈색에 세로로 깊게 패고 일년생가지는 황록색에 윤채가 있다. **잎**은 어긋나고 달걀 모양 또는 달걀상 타원형이며 가장자리에 물결 모양의 톱니가 있다. **꽃**은 5~6월에 새 가지의 잎겨드랑이에서 원추꽃차례로 피어, 흰색에서 노란색으로 된다. **열매**는 둥근 장과이고 10월에 검은색으로 익는다. 가지, 잎, 뿌리에서 장뇌를 얻는다.

성분

목재에는 장뇌와 방향성 정유가 있어 이 정유를 감압증류하면 시네올(cineol), α-피넨(α-pinene), 캄펜, 리모넨, 사프롤(safrol), 테르피네올(terpineole), 카르바크롤(carvacrole), 오이게놀, 카디넨(cadinene), 비사볼렌(bisabolene), α-캄포렌(α-camphorene), 아줄렌(azulene) 등의 성분이 나타난다. 장뇌(樟腦)에는 캄펜, 펠란드렌(phellandrene), α-피넨, 사프롤, 뿌리에는 라우로리트신(laurolitsine), 레티쿨린(reticulin), 나무껍질에는 프로피온산, 길초산, 카프로산, 카프릴산, 카프르산, 라우르산, 올레산, 잎과 열매에는 정유가 함유되어 있다.

쓰임새

목재는 생약명이 장목(樟木)이며 거풍, 거습의 효능이 있고 심복통(心腹痛), 곽란, 각기, 통풍, 개선, 타박상을 치료한다. 뿌리, 목재, 가지, 잎 등을 증류하여 얻은 과립 결정체는 생약명이 장뇌(樟腦)이며 국소 자극, 방부작용, 중추신경 흥분작용과 살충, 진통의 효능이 있고 곽란, 치통, 타박상 등을 치료한다. 뿌리는 생약명이 향장근(香樟根)이며 진통, 거풍습, 활혈의 효능이 있고 종기, 구토, 하리(下痢), 심복장통(心腹脹痛: 심복부가 부풀어오르는 통증), 개선 진양을 치료한다. 잎은 생약명이 장수엽(樟樹葉)이며 거풍, 제습, 진통, 살충, 화담(火痰), 살균의 효능이 있고 위통, 구토, 하리, 사지마비, 개선 등을 치료한다. 최근의 연구 결과에 의하면 당뇨병의 예방 및 치료에도 사용할 수 있는 것으로 밝혀졌다. 녹나무의 추출물은 탈모방지 및 발모촉진, 피부 보습과 미백용으로도 사용한다.

녹나무과

생강나무
Lindera obtusiloba Blume

식품안전정보포털		
사용부위	가능	제한
잎	○	×

- **이 명** : 아귀나무, 동백나무, 아구사리, 개동백나무, 삼각풍(三角楓), 향려목(香麗木), 단향매(檀香梅)
- **생 약 명** : 삼찬풍(三鑽風), 황매목(黃梅木)
- **사용 부위** : 나무껍질
- **개 화 기** : 3월
- **채취 시기** : 나무껍질을 연중 수시 채취한다.

나무껍질 (약재)

| 잎 | 암꽃 | 수꽃 |
| 열매 | 나무껍질 | 줄기(약재) |

생육특성

생강나무는 전국의 산기슭 계곡에서 자라는 낙엽활엽관목으로, 키는 3m 정도이고 가지가 많이 갈라진다. 잎은 어긋나고 달걀 모양 또는 넓은 달걀 모양으로 윗부분이 3~5개로 갈라지며 가장자리는 밋밋하다. 꽃은 암수딴그루로 피는데, 3월에 노란색 꽃이 잎보다 먼저 피어 꽃줄기 없이 산형 꽃차례에 많이 달린다. 꽃덮이는 깊게 6갈래로 갈라진다. 열매는 둥근 장과이며 9~10월에 검은색으로 익는다. 잎과 가지는 방향성의 독특한 정유 성분을 함유하고 있어 상처가 나면 생강 냄새가 나므로 생강나무라 한다.

성분

나무껍질에는 시토스테롤(sitosterol), 스티그마스테롤(stigmasterol), 캄페스테롤(campesterol), 가지와 잎에는 방향유가 함유되어 있으며 주성분은 린데롤(linderol), 즉 l-보르네올(l-borneol)이다. 종자유에는 카프르산(capric acid), 라우르산(lauric acid), 미리스트산(myristic acid), 린데르산(linderic acid), 동백산, 추주산(tsuzuic acid), 올레산, 리놀레산 등이 함유되어 있다.

쓰임새

나무껍질은 생약명이 삼찬풍(三鑽風)이며 소종, 진통, 활혈의 효능이 있고 타박상, 어혈종통(瘀血腫痛), 신경통, 염좌를 치료한다. 생강나무의 추출물은 아토피, 염증, 알레르기, 심혈관질환의 치료 효과와 혈액순환, 피부미백 등의 효능도 있다.

녹나무과

생달나무
Cinnamomum yabunikkei H. Ohba

- **이   명** : 신신무, 토육계(土肉桂)
- **생 약 명** : 계피(桂皮), 계자(桂子)
- **사용 부위** : 나무껍질, 열매
- **개 화 기** : 6~7월
- **채취 시기** : 나무껍질은 가을부터 겨울, 열매는 10~12월에 채취한다.

나무껍질
(약재)

생육특성 생달나무는 제주도 및 남부지방의 산기슭, 해변, 야산에 자생하거나 심어 가꾸는 상록활엽교목으로, 키는 15m 정도이다. **나무껍질**은 검은색이고, 작은 **가지**는 녹색으로 향기가 있으며 털은 없이 매끈하다. **잎**은 어긋나고 긴 타원형으로 잎끝이 뾰족해지다가 둥글게 끝나며 가장자리는 밋밋하다. **꽃**은 양성화이며 6~7월에 황색으로 피고, **열매**는 타원형 핵과이며 10~11월에 흑자색으로 익는다.

잎

성분 나무껍질과 열매에는 정유가 함유되어 있으며 페닐-프로파노이드(phenyl-propanoid)인 신남알데히드(cinnanaldehyde)와 신나밀아세테이트(cinamylacetate), 페닐프로필아세테이트(phenylpropyl acetate), 신남산(cimamic acid), 살리실알데히드(salicylaldehyde) 등이 함유되어 있다. 그 외 디테르페노이드(diterphenoid)와 타닌, 펠란드렌, 오이게놀, 사프롤, 메틸오이게놀이 함유되어 있다.

꽃

쓰임새 나무껍질은 생약명이 계피(桂皮)이며 방향성 건위약으로 식욕부진, 소화불량을 치료한다. 혈맥을 잘 통하게 하고 위와 비장을 따뜻하게 하는 효능이 있으며 찬바람으로 인한 감기몸살과 구토, 하지복통, 하복부 냉감증을 치료한다. 열매는 생약명이 계자(桂子)이며 위를 따뜻하게 해주고 간과 위를 보익하며 한기가 들고 감기가 오는 것을 치료한다. 생달나무의 추출물인 정유는 항균 및 피부염 치료에 효과가 있다.

열매

나무껍질

생달나무 • 103

녹나무과

후박나무
Machilus thunbergii Siebold & Zucc.

- **이   명** : 왕후박나무, 홍남(紅楠), 저각남(猪脚楠), 상피수(橡皮樹), 홍윤남(紅潤楠)
- **생 약 명** : 한후박(韓厚朴), 홍남피(紅楠皮)
- **사용 부위** : 나무껍질, 뿌리껍질
- **개 화 기** : 5~6월
- **채취 시기** : 나무껍질, 뿌리껍질을 여름에 채취한다.

뿌리껍질(약재)　　나무껍질(약재)

생육특성 후박나무는 제주도와 남부 해안지역에서 잘 자라는 상록활엽교목으로, 키는 20m 내외이다. 잎은 어긋나고 거꿀달걀상 타원형에 길이는 7~15cm로 잎끝이 뾰족하고 가장자리는 밋밋하다. 꽃은 5~6월에 잎겨드랑이의 원추꽃차례에 황록색으로 달리고, 열매는 다음 해 7~8월에 흑자색으로 익는다. 이 식물은 생약 후박으로 사용하는 일본목련, 후박, 요엽후박과는 기원이 다른 식물이다.

잎

성분 나무껍질과 뿌리껍질에는 타닌과 수지, 다량의 점액질이 함유되어 있으며 dl-N-노르아메파빈(dl-N-noramepavine), 퀘르세틴(quercetin), N-노르아메파빈, 레티쿨린(reticuline), 리그노세르산(lignoceric acid), dl-카테콜, α-피넨, β-피넨, 캄펜, 카리오필렌(caryophyllene) 등이 함유되어 있다.

쓰임새 나무껍질 및 뿌리껍질은 생약명이 한후박(韓厚朴) 또는 홍남피(紅楠皮)이며 간세포 보호작용과 해독작용으로 간염의 치료에 도움을 주고 정장, 지사, 수렴, 항궤양 효능이 있어 위장병의 복부팽만감, 소화불량, 변비, 습진, 타박상 등을 치료한다.

꽃

열매

종자

종자(확대)

느릅나무과

참느릅나무
Ulmus parvifolia Jacq.

식품안전정보포털		
사용부위	가능	제한
나무껍질, 잎	○	×

- **이 명** : 좀참느릅나무, 둥근참느릅나무, 둥근참느릅, 좀참느릅, 소엽유(小葉楡), 세엽랑유(細葉榔楡)
- **생 약 명** : 낭유피(榔楡皮), 낭유경엽(榔楡莖葉)
- **사용 부위** : 나무껍질, 뿌리껍질, 줄기, 잎
- **개 화 기** : 8~9월
- **채취 시기** : 나무껍질과 뿌리껍질은 가을, 줄기와 잎은 여름·가을에 채취한다.

뿌리껍질(약재)

나무껍질(약재)

잎 꽃

열매 나무껍질

생육특성 참느릅나무는 경기 이남의 산기슭 및 하천 등지에서 자라는 낙엽활엽교목으로, 키는 10m 내외이다. **줄기**는 곧게 자라고 일년생가지에 털이 있으며, **나무껍질**은 회갈색으로 두껍고 잘게 갈라진다. **잎**은 어긋나고 두꺼우며 거꿀달걀상 타원형 또는 거꿀달걀상 피침 모양으로 가장자리에 톱니가 있다. 잎의 표면은 매끄럽고 윤기가 나며 뒷면은 어릴 때 잔털이 나 있으나 자라면서 없어진다. **꽃**은 황갈색으로 8~9월에 잎겨드랑이에서 모여 핀다. **열매**는 타원형 시과이며 10~11월에 담갈색으로 익는데 날개 같은 것이 붙어 있다.

성분 나무껍질과 뿌리껍질에는 전분, 점액질, 타닌, 스티그마스테롤 등의 피토스테롤(phytosterol)이 함유되어 있고 그 밖에 셀룰로오스(cellulose), 헤미셀룰로오스(hemicellulose), 리그닌(lignin), 펙틴, 유지가 들어 있다. 줄기와 잎에는 7-하이드록시카다네랄(7-hydroxycadalenal), 만소논(mansonone) C·G, 시토스테롤이 함유되어 있다.

쓰임새 나무껍질 또는 뿌리껍질은 생약명이 낭유피(榔榆皮)이며 수렴, 지사, 항암 등의 효능이 있고 종기, 궤양, 젖멍울, 위암, 습진 등을 치료한다. 줄기와 잎은 생약명이 낭유경엽(榔榆莖葉)이며 요통, 치통, 창종을 치료한다. 참느릅나무의 나무껍질 추출물은 항염 및 면역억제의 효과가 있다.

다래나무과

개다래

Actinidia polygama (Siebold & Zucc.) Planch. et Maxim.

식품안전정보포털		
사용부위	가능	제한
잎, 가지, 열매	○	×

- **이 명** : 개다래나무, 묵다래나무, 말다래, 쥐다래나무, 개다래덩굴, 천료(天蓼), 등천료(藤天蓼), 천료목(天蓼木)
- **생 약 명** : 목천료(木天蓼), 목천료근(木天蓼根), 목천료자(木天蓼子)
- **사용 부위** : 가지, 잎, 뿌리, 열매
- **개 화 기** : 6~7월
- **채취 시기** : 가지와 잎은 여름, 뿌리는 가을·겨울, 열매는 9~10월에 채취한다.

뿌리 (채취품)

열매 (약재)

| 잎 | 꽃 | 열매와 벌레집 |

생육특성 　개다래는 전국의 깊은 산 계곡 및 산기슭에서 자생하는 낙엽덩굴성 식물로, 길이는 5m 내외이다. 일년생가지는 어릴 때 연갈색 털이 있고 간혹 가시 같은 억센 털이 있으며, 오래된 가지에는 털이 없고 회백색의 작은 껍질눈이 있다. 잎은 어긋나고 막질이며 넓은 달걀 모양 또는 달걀 모양에 잎끝이 날카롭고 밑부분은 둥글거나 일그러진 심장 모양으로 가장자리에는 잔톱니가 있다. 잎의 상단 일부 또는 전체가 흰색이나 황색으로 변하기도 한다. 꽃은 6~7월에 흰색으로 피는데, 잎겨드랑이에 1~3개씩 달리며 향기가 난다. 열매는 타원형 장과이며 9~10월에 귤홍색으로 익는다.

성분 　잎과 열매에는 이리도미르메신(iridomyrmecin), 이소이리도미르메신(isoiridomyrmecin), 디하이드로네페탈락톨(dihydronepetalactol), 마타타비올(matatabiol), 액티니딘, 마타타비락톤(matatabilactone), 네오네페탈락톤(neonepetalactone)이 함유되어 있다. 잎에는 3,4-디메틸벤조니트릴(3,4-dimethylbenzonitrile), 3,4-디메틸벤조산, β-페닐에틸알코올이 함유되어 있고, 벌레집이 있는 열매에는 마타타브산(matatabic acid)이나 이리도디올(iridodiol)의 다종 이성체가 함유되어 있다.

쓰임새 　가지와 잎은 생약명이 목천료(木天蓼)이며 한센병을 치료한다. 또한 배 속이 단단하게 굳은 상태를 풀어주고 진통, 진정, 타액 분비 촉진작용도 한다. 신경통, 통풍의 진통과 소염에도 효과적이다. 뿌리는 생약명이 목천료근(木天蓼根)이며 치통을 치료한다. 벌레집이 붙어 있는 열매는 생약명이 목천료자(木天蓼子)이며 보온, 강장, 거풍 등의 효능이 있고 요통, 류머티즘, 관절염, 타박상, 중풍, 안면 신경마비를 치료하며 복통, 월경불순에도 효과가 있다.

다래나무과

다래
Actinidia arguta (Siebold & Zucc.) Planch. ex Miq.

식품안전정보포털		
사용부위	가능	제한
순, 줄기, 열매, 수액	○	×

- **이 명** : 다래나무, 참다래나무, 다래너출, 다래넝쿨, 참다래, 청다래넌출, 다래넌출, 청다래나무, 조인삼(租人蔘), 미후도(獼猴桃)
- **생 약 명** : 미후리(獼猴梨), 연조자(軟棗子)
- **사용 부위** : 뿌리, 잎, 열매
- **개 화 기** : 5~6월
- **채취 시기** : 뿌리는 가을·겨울, 잎은 여름, 열매는 9~10월에 채취한다.

뿌리 (약재)

열매 (약재)

생육특성

다래는 전국 각지의 산지 계곡에서 자라는 낙엽덩굴성 식물로, 덩굴 길이는 7~10m이다. **일년생가지**에는 잔털이 있으며 껍질눈이 뚜렷하고 **오래된 가지**는 털이 없이 매끄럽다. **잎**은 어긋나고 막질이며 달걀 모양 또는 타원상 달걀 모양에 잎끝이 뾰족하고 가장자리에는 날카로운 톱니가 있다. **꽃**은 암수딴그루로 5~6월에 흰색으로 피는데, 잎겨드랑이에 취산꽃차례를 이루며 3~6개가 달린다. **열매**는 달걀상 원형의 장과이며 10월에 황록색으로 익는다.

암꽃

수꽃

성분

뿌리와 잎에는 액티니딘(actinidine), 열매에는 타닌, 비타민 A·C·P, 점액질, 전분, 서당, 단백질, 유기산 등이 함유되어 있다.

쓰임새

뿌리와 잎은 생약명이 미후리(獼猴梨)이며 건위, 청열, 이습(利濕), 지사, 최유(催乳)의 효능이 있고 간염, 황달, 구토, 소화불량, 류머티즘, 관절통 등을 치료한다. 열매는 생약명이 연조자(軟棗子)이며 당뇨의 소갈증, 번열, 요로결석을 치료한다. 다래의 추출물은 알레르기성 질환과 비알레르기성 염증질환의 예방 및 치료와 탈모 및 지루성 피부염의 예방 및 치료, 개선 등에도 효과가 있다는 연구 결과가 나왔다.

잎

열매

잎(약재)

닭의장풀과

닭의장풀
Commelina communis L.

식품안전정보포털		
사용부위	가능	제한
순	○	×
전초(순 제외)	×	○

- **이   명** : 닭의밑씻개, 닭개비, 계설초(鷄舌草), 죽근채(竹根菜), 압자초(鴨仔草)
- **생 약 명** : 압척초(鴨跖草), 죽엽채(竹葉菜)
- **사용 부위** : 전초
- **개 화 기** : 7~8월
- **채취 시기** : 여름·가을에 지상부를 채취, 이물질을 제거하고 절단하여 햇볕에 말린다.

전초(약재)

생육특성 닭의장풀은 들이나 길가의 양지 또는 반그늘에서 흔히 자라는 한해살이풀로, 키는 15~50cm이다. **줄기**는 세로 주름이 있고 밑부분이 옆으로 비스듬히 자라며 가지가 갈라진다. **잎**은 어긋나고 밑부분의 마디에서 뿌리가 내리며, 달걀상 피침 모양이고 밑부분이 막질의 잎집으로 된다. **꽃**은 7~8월에 하늘색으로 피는데, 잎겨드랑이에서 나온 꽃대 끝의 포에 싸여 핀다. 포는 넓은 심장 모양이며 안으로 접히고 끝이 뾰족해지며 겉에는 털이 있거나 없다. **열매**는 타원형 삭과이며 9~10월에 달리고 마르면 3개로 갈라져 2~4개의 종자가 나온다. 유사종으로 큰닭의장풀, 흰꽃좀닭의장풀, 자주닭개비 등이 있다.

성분 지상부에는 아워바닌(awobanin), 코멜린(commelin), 플라보코멜리틴(flavocommelitin) 등이 함유되어 있다.

쓰임새 소변을 잘 나가게 하는 이뇨, 몸의 열을 식히는 청열, 피를 맑게 하는 양혈, 독을 푸는 해독 등의 효능이 있어 수종과 소변불리, 풍열로 인한 감기, 피부가 붉고 화끈거리면서 열이 나는 단독, 황달간염, 말라리아, 코피, 혈뇨, 심한 하혈인 혈붕, 백대하(白帶下: 냉증), 인후부가 붓고 아픈 인후종통(咽喉腫痛), 옹저(癰疽: 종기나 암종), 종창 등을 치료한다.

잎 꽃봉오리와 꽃 꽃
종자 결실 뿌리

대극과

개감수
Euphorbia sieboldiana Morren & Decne.

- **이   명** : 감수, 능수버들, 산감수, 산개감수, 산참대극, 좀개감수, 참대극
- **생 약 명** : 감수(甘遂)
- **사용 부위** : 뿌리
- **개 화 기** : 4~6월
- **채취 시기** : 늦가을이나 이른 봄에 땅속에 있는 굵은 뿌리를 채취하여 그대로 또는 유황으로 훈제 후 햇볕에 말린다.

뿌리
(약재)

생육 특성

개감수는 전국 산야의 양지 또는 반그늘의 토양이 비옥한 곳에서 자라는 여러해살이풀로, 큰 군락을 이룬 곳은 없지만 많이 뭉쳐서 자라는 경우가 쉽게 관찰된다. 키는 30~60cm이고, 줄기는 털이 없고 녹색이지만 홍자색이 돌며 자르면 유액이 나온다. 잎은 어긋나고 잎자루가 없으며, 원줄기 끝에서는 5개의 피침 모양 잎이 돌려나고 그 윗부분에서 5개의 가지가 갈라진다. 꽃은 녹황색으로 4~6월에 한 줄기에 1개의 암꽃이 피고 나머지는 모두 수꽃이다(초본에서 암꽃과 수꽃이 따로 피는 경우는 드문 편이다). 개감수가 다른 식물과 구별되는 가장 큰 특징은 꽃이 잎과 빛깔이 거의 유사하고 생김새가 별 모양이라는 점이다. 열매는 구형의 삭과이며 9월경에 달린다.

잎

꽃봉오리

꽃

성분

수지, 유기산, 녹말, 과당, 엘라그타닌(ellagic tannin), 오이포르본(euphorbon), α-오이포르볼(α-euphorbol), 티루칼롤(tirucallol) 등이 함유되어 있다.

쓰임새

몸 안의 덩어리인 적취를 깨트리는 파적취(破積聚), 대변과 소변을 통하게 하는 통이변(通二便) 등의 효능이 있어서 몸이 붓고 배가 부풀어오르는 수종복만(水腫腹滿), 수종이 쌓여 흩어지지 못하는 증상인 유음(溜飮)과 그로 인해 생기는 병증인 흉곽부와 복부가 부풀어오르고 아픈 결흉(結胸), 전간(癲癎: 간질), 복부에 병 덩어리가 뭉쳐 있는 복부병괴결집(腹部病塊結集), 대소변을 못 보는 이변불통(二便不通) 등을 치료한다.

지상부

대극과

등대풀
Euphorbia helioscopia L.

- 이   명 : 등대대극, 등대초, 유초(乳草), 양산초(凉傘草), 오풍초(五風草)
- 생 약 명 : 택칠(澤漆)
- 사용 부위 : 전초
- 개 화 기 : 5월
- 채취 시기 : 꽃이 피는 5월경에 전초를 채취하여 햇볕에 말린다.

전초
(채취품)

생육특성 등대풀은 경기도 이남에 분포하며 특히 제주도에 많이 자생하는 두해살이풀로, 키는 30cm 정도이다. **줄기**는 곧게 자라고, 전체에 유즙(乳汁)이 들어 있으며 밑부분은 대부분 적자색으로 가지가 많이 갈라진다. **잎**은 어긋나고 거꿀달걀 모양 또는 주걱 모양으로 가장자리에 잔톱니가 있으며, 가지가 갈라지는 끝부분에서는 5개의 잎이 돌려난다. **꽃**은 황록색으로 5월에 피는데, 꼭대기에 술잔 모양의 취산꽃차례로 달린다. **열매**는 삭과로 6월에 결실한다. 유사종으로 두메대극, 암대극, 흰대극 등이 있다.

잎과 줄기

꽃

성분 퀘르세틴(quercetin), 파신(phasin), 티치말린(tithymalin), 헬리스코피올(heliscopiol), 부티르산(butyric acid), 오이포르빈(euphorbine), 사포닌이 함유되어 있다.

쓰임새 소변을 잘 나가게 하는 이수, 가래를 제거하는 거담, 독을 풀어주는 해독, 종기를 삭히는 소종 등의 효능이 있어 수종, 소변불리, 해수, 결핵성 림프샘염, 골수염, 이질, 대장염, 개선(疥癬: 옴) 등을 치료하는 데 사용한다.

뿌리

지상부

대극과

예덕나무
Mallotus japonicus (L. f.) Müll. Arg.

- **이 명** : 꽤잎나무, 비닥나무, 시닥나무, 예닥나무, 야동(野桐), 적아곡(赤芽槲)
- **생 약 명** : 야오동(野梧桐)
- **사용 부위** : 나무껍질
- **개 화 기** : 7~8월
- **채취 시기** : 봄·가을에 나무껍질을 채취한다.

나무껍질
(약재)

생육특성 예덕나무는 제주도 및 남해안 바닷가와 산지에 분포하는 낙엽활엽소교목으로, 키는 10m 정도이다. **나무껍질**은 회백색으로 매끄럽고, **줄기**는 어릴 때 별 모양의 비늘털로 덮여 있다. **잎**은 어긋나고 가지의 끝에 모여나며, 달걀 모양 또는 마름모꼴에 가장자리가 밋밋하거나 3갈래로 갈라진다. 잎의 표면에는 붉은 샘털이 있고 뒷면에는 황갈색의 작은 샘점이 있다. **꽃**은 암수딴그루이며 7~8월에 녹황색 꽃이 가지 끝의 원추꽃차례에 달린다. **열매**는 삼각상 원형의 삭과이며 9~10월에 익어 벌어진다.

성분 나무껍질에는 베르게닌(bergenin)이 함유되어 있고, 잎에는 루틴(rutin), 리놀레산(linoleic acid)이 함유되어 있다.

쓰임새 나무껍질은 생약명이 야오동(野梧桐)이며 위염, 위궤양, 십이지장궤양을 치료하고 위를 편안하게 해준다. 나무껍질 농축액은 간기능을 개선하고, 추출물은 피부노화 방지나 여드름의 예방과 개선에 효과가 있다.

잎　　　　　　　　암꽃　　　　　　　　수꽃

열매　　　　　　　종자　　　　　　　나무껍질

돈나무과

돈나무
Pittosporum tobira (Thunb.) W.T.Aiton

- 이 명 : 갯똥나무, 섬엄나무, 섬음나무, 음나무, 해동(海桐), 해동화(海桐花)
- 생 약 명 : 칠리향(七里香)
- 사용 부위 : 가지와 잎, 나무껍질
- 개 화 기 : 5~6월
- 채취 시기 : 가을부터 겨울 사이에 가지, 잎, 껍질을 채취한다(연중 수시 가능).

나무껍질
(약재)

잎
(채취품)

잎 / 꽃봉오리와 꽃 / 열매 / 가지

생육특성 돈나무는 남부 해안 및 섬지방에서 분포하는 상록활엽관목으로, 키는 2~3m이다. **줄기**는 기부에서 여러 개로 갈라지며 가지에 털이 없다. **잎**은 어긋나지만 가지 끝에 모여 달리며, 표면은 짙은 녹색으로 윤채가 있고 두껍다. 잎 가장자리가 밋밋하며 마르면 가죽질로 되고 뒤로 말린다. 건조하면 더 많이 말린다. **꽃**은 5~6월에 피는데, 가지 끝에 취산꽃차례로 달리며 흰색에서 노란색으로 변하고 향기가 있다. **열매**는 원형 또는 넓은 타원형의 삭과이며 9~10월에 익으면 3갈래로 갈라져서 여러 개의 붉은색 종자가 나온다.

성분 가지와 잎, 나무껍질에는 트리테르페노이드(triterpenoid)류, 왁스, 팔미트산(palmitic acid), 올레산(oleic acid) 등의 지방산, β-시토스테롤(β-sitosterol), 카로티노이드(carotenoid)류, 폴리아세틸렌(polyacetylene)류, 플라보노이드(flavonoid)류, α-피넨(α-pinene) 등의 정유가 함유되어 있다.

쓰임새 가지와 잎, 나무껍질은 생약명이 칠리향(七里香)이며 혈압강하, 활혈, 소종 등의 효능이 있고 고혈압, 동맥경화, 종기, 관절통, 습진, 종독 등을 치료한다.

돌나물과

바위솔

Orostachys japonica (Maxim.) A. Berger

식품안전정보포털		
사용부위	가능	제한
지상부	○	×

- **이 명** : 지붕직이, 와송, 넓은잎지붕지기, 오송, 넓은잎바위솔(북)
- **생 약 명** : 와송(瓦松)
- **사용 부위** : 전초
- **개 화 기** : 9월
- **채취 시기** : 여름부터 가을까지 전초를 채취하여 뿌리와 이물질을 제거하고 햇볕에 말린다.

전초(채취품)

전초(약재)

생육특성 바위솔은 햇빛이 잘 들어오는 바위나 집 주변의 기와에서 자라는 여러해살이풀로, 키는 20~40cm이다. 뿌리잎은 로제트형으로 납작하게 퍼져 자라며 끝이 굳어져 가시처럼 된다. **잎**은 원줄기에 다닥다닥 달리며 잎자루가 없는 피침 모양으로, 주로 녹색이지만 때로 자주색 또는 분백색을 띤다. **꽃**은 9월에 흰색으로 피는데, 길이 6~15cm의 총상꽃차례에 꽃자루가 없는 꽃이 아래에서 위로 올라가며 달린다. 꽃대가 나오면 촘촘하던 잎들은 모두 줄기를 따라 올라가며 느슨해진다. **열매**는 10월에 익으며 잎은 모두 고사한 상태로 남아 있다.

잎 전개되는 모습

성분 수산, 15-메틸헵타데칸산(15-methyl-heptadecanoic acid), 1-헥사코신(1-hexacosene), 아라키드산(arachidic acid), 베헨산(behenic acid), β-아미린(β-amyrin), 프리델린(friedelin), 글루티놀(glutinol), 글루티논(glutinone), 헥사트리아콘타놀(hexatriacontanol), 스테아르산(stearic acid) 등이 함유되어 있다.

꽃

쓰임새 열을 식히는 해열, 종기를 삭이는 소종, 출혈을 멈추게 하는 지혈, 하초의 수습을 오줌으로 나가게 하는 이습 등의 효능이 있어 간염, 습진, 치창, 말라리아, 옹종, 코피, 적리(赤痢)라고도 하는 혈리(血痢: 대변에 피가 섞여 나오는 이질), 화상 등을 치료한다.

지상부

두릅나무과

두릅나무
Aralia elata (Miq.) Seem.

식품안전정보포털		
사용부위	가능	제한
순, 잎	○	×

- **이   명** : 참두릅, 드릅나무, 둥근잎두릅, 둥근잎두릅나무
- **생 약 명** : 총목피(楤木皮)
- **사용 부위** : 뿌리껍질, 나무껍질
- **개 화 기** : 7~8월
- **채취 시기** : 봄에 채취하여 가시는 제거하고 햇볕에 말린다.

뿌리 (약재)

나무껍질 (약재)

| 잎 | 꽃 |
| 열매 | 어린순 | 어린순(채취품) |

생육특성 　두릅나무는 전국의 산기슭 양지 및 인가 부근에서 자라는 낙엽활엽관목으로, 키는 2~4m이다. **가지**에 가시 같은 돌기가 발달하였으며, 털이 많고 굳센 가시가 있다. **잎**은 어긋나고 2~3회 홀수깃꼴겹잎이며, 가지 끝에 여러 개가 모여난다. 잔잎은 달걀 모양 또는 타원상 달걀 모양으로 잎끝이 뾰족하고 가장자리에는 넓은 톱니가 있으며 잎축에 가시가 있다. **꽃**은 흰색으로 7~8월에 피고, **열매**는 장과상 핵과로 둥글며 9~10월에 검은색으로 익는다. 종자는 뒷면에 알갱이 같은 돌기가 약간 있다.

성분 　뿌리껍질, 나무껍질에는 강심 배당체, 사포닌, 정유 및 미량의 알칼로이드, 뿌리에는 올레아놀산(oleanolic acid)의 배당체인 아랄로시드(araloside) A·B·C, 잎에는 사포닌이 들어 있으며 아글리콘[aglycon: 배당체를 구성하는 물질 가운데 당(糖) 이외의 부분]은 헤데라게닌(hederagenin)이다.

쓰임새 　뿌리껍질과 나무껍질은 생약명이 총목피(惣木皮)이며 거풍, 안신(安神: 치료를 위해 정신을 안정하게 함), 보기(補氣), 활혈, 소염, 이뇨의 효능이 있고 어혈, 신경쇠약, 류머티즘에 의한 관절염, 신염, 간경변, 만성 간염, 위장병, 당뇨병 등을 치료한다. 두릅나무의 추출물은 항산화, 혈압강하 작용이 있고 백내장 치료 효과가 있다는 연구 결과가 나왔다.

두릅나무과

송악
Hedera rhombea (Miq.) Siebold & Zucc. ex Bean

- 이　　　명 : 담장나무, 큰잎담장나무, 삼각풍(三角風)
- 생 약 명 : 상춘등(常春藤), 상춘등자(常春藤子)
- 사용 부위 : 줄기, 잎, 열매
- 개 화 기 : 10월
- 채취 시기 : 줄기와 잎은 가을, 열매는 4~5월에 채취한다.

열매
(채취품)

생육특성 송악은 남부와 중부지방에 분포하는 상록활엽 덩굴성 목본으로, 덩굴줄기는 길이 10m 이상 자란다. 줄기와 가지에서 공기뿌리가 나와 다른 물체에 붙고, 일년생가지는 15~20개로 갈라진 별 모양의 비늘털이 있다. **잎**은 어긋나고 달걀 모양에 가죽질로 광택이 있는 짙은 녹색이며, 뻗어 가는 가지의 잎은 삼각형이고 3~5개로 얕게 갈라지며 양끝은 좁다. **꽃**은 10월에 녹색으로 피는데, 1송이 또는 여러 송이의 작은 꽃이 취산상으로 모여 산형꽃차례를 이룬다. **열매**는 둥근 핵과이며 다음 해 4~5월에 검은색으로 익는다.

잎

성분 줄기에는 타닌(tannin), 수지가 함유되어 있고, 잎에는 헤데린(hederin), 이노시톨(inositol), 카로틴(carotene), 타닌, 당류, 열매에는 페트로셀린산(phetrocellinic acid), 팔미트산(palmitic acid), 올레산(oleic acid) 등이 함유되어 있다.

꽃

쓰임새 줄기와 잎은 생약명이 상춘등(常春藤)이며 진정작용과 진균에 대한 억제작용, 거풍, 해독, 보간의 효능이 있고 간염, 황달, 종기, 종독, 관절염, 구안와사, 비출혈, 타박상, 광견교상 등을 치료한다. 열매는 생약명이 상춘등자(常春藤子)이며 빈혈증과 노쇠(老衰)를 치료한다. 송악의 추출물은 멜라닌 생성을 억제하는 효능이 있어 피부미백제로 사용한다.

열매

뿌리줄기

두릅나무과

오갈피나무
Eleutherococcus sessiliflorus (Rupr. & Maxim.) S. Y. Hu

식품안전정보포털		
사용부위	가능	제한
잎, 열매, 뿌리껍질 및 줄기껍질	○	×

- **이 명** : 오갈피, 서울오갈피나무, 서울오갈피, 참오갈피나무, 아관목, 문장초(文章草)
- **생 약 명** : 오가피(五加皮), 오가엽(五加葉)
- **사용 부위** : 나무껍질, 뿌리껍질, 잎
- **개 화 기** : 8~9월
- **채취 시기** : 나무껍질은 가을 이후, 뿌리껍질은 봄부터 초여름, 잎은 봄·여름에 채취한다.

뿌리껍질 (약재)

나무껍질 (약재)

생육특성 　오갈피나무는 전국적으로 분포하는 낙엽활엽관목으로, 키는 3~4m이다. 뿌리 근처에서 가지가 많이 갈라져 사방으로 뻗는데 털이 없고 가시가 드문드문 하나씩 나 있다. **잎**은 어긋나고 손꼴겹잎이며, 잔잎은 3~5개로 거꿀달걀 모양 또는 타원형이고 가장자리에 잔겹톱니가 있다. 잎의 표면은 녹색으로 털이 없으며, 뒷면 맥 위에 잔털이 있다. **꽃**은 8~9월에 자주색으로 피는데, 가지 끝의 산형꽃차례에 취산상으로 배열된다. **열매**는 타원형의 장과로 10~11월에 익는다.

잎

꽃

성분 　나무껍질 및 뿌리껍질에는 아칸토시드(acanthoside) A·B·C·D, 시린가레시놀(syringaresinol), 타닌, 팔미트산(palmitic acid), 강심 배당체, 세사민(sesamin), 사비닌(savinin), 사포닌, 안토시드(antoside), 켐페리트린(kaempferitrin), 다우코스테롤(daucosterol), 글루칸(glucan), 쿠마린(coumarin) 등이 함유되어 있다. 정유 성분으로 4-메틸사일실알데히드(4-methylsailcyl aldehyde)도 함유되어 있다. 잎에는 강심 배당체, 정유, 사포닌 및 여러 종류의 엘레우테로사이드(eleutheroside), 쿠마린 X, β-시토스테린(β-sitosterin), 카페산(caffeic acid), 올레아놀산(oleanolic acid), 콘페릴알데히드(conferylaldehyde), 에틸에스테르, 세사민 등이 함유되어 있다.

열매

쓰임새 　나무껍질, 뿌리껍질은 생약명이 오가피(五加皮)이며 자양강장, 강정, 강심, 항종양, 항염증, 면역증강약으로 독특한 효력을 지니고 있다. 보간, 보신, 진통, 진정의 효능이 있어 신경통, 관절염, 요통, 마비 통증, 타박상, 각기, 불면증 등을 치료하며 간세포 보호작용과 항지간(抗脂肝) 작용도 있다. 잎은 생약명이 오가엽(五加葉)이며 심장병 치료에 효과적이고 피부 풍습이나 피부 가려움증, 타박상, 어혈 등을 치료한다. 오갈피 추출물은 골다공증, 위염, 위궤양, 치매, C형 간염 등에 치료 효과가 있다.

두릅나무과

음나무

Kalopanax septemlobus (Thunb.) Koidz.

식품안전정보포털		
사용부위	가능	제한
나무껍질, 줄기, 잎	○	×

- **이　　명** : 개두릅나무, 당엄나무, 당음나무, 멍구나무, 엉개나무, 엄나무, 해동목(海桐木)
- **생 약 명** : 해동피(海桐皮), 해동수근(海桐樹根)
- **사용 부위** : 나무껍질, 뿌리, 뿌리껍질
- **개 화 기** : 7~8월
- **채취 시기** : 나무껍질은 연중 수시, 뿌리는 늦여름부터 가을에 채취한다.

뿌리 (약재)

나무껍질 (약재)

| 어린순 | 꽃 | 줄기의 가시 |

생육특성 음나무는 전국의 산기슭 양지쪽에 자라는 낙엽활엽교목으로, 키는 20m 내외이다. **나무껍질**은 회갈색이며 불규칙하게 서로 갈라지고 가지에 가시가 많이 나 있다. **잎**은 긴 가지에서는 어긋나고 짧은 가지에서는 모여나며, 손꼴로 5~7갈래 갈라져 잎끝이 길게 뾰족하고 가장자리에는 톱니가 있다. **꽃**은 7~8월에 황록색으로 피는데, 몇 개의 산형꽃차례를 이루며 달린다. **열매**는 둥근 핵과로 9~10월에 익는다.

성분 나무껍질에는 트리테르펜사포닌(triterpene saponin)으로 칼로파낙스사포닌(kalopanaxsaponin) A·B·G·K, 페리카르프사포닌(pericarpsaponin) P13, 헤데라사포닌(hederasaponin) B, 픽토시드(pictoside) A가 함유되어 있고 리그난(lignan)으로 리리오덴드린(liriodendrin)이 함유되어 있으며 페놀 화합물로 코니페린(coniferin), 카로파낙신(kalopanaxin) A·B·C, 기타 폴리아세틸렌 화합물, 타닌, 플라보노이드, 쿠마린(coumarin), 글루코시드, 알칼로이드류, 정유, 레신(resin), 전분 등이 함유되어 있다. 뿌리에는 다당류가 함유되어 있고 가수분해 후에 갈락투론산(galacturonic acid), 글루코오스(glucose), 아라비노오스(arabinose), 갈락토오스(galactose), 글루칸(glucan), 펙틴(pectin)질이 함유되어 있다.

쓰임새 나무껍질은 생약명이 해동피(海桐皮)이며 수렴, 진통약으로 거풍습, 살충, 활혈의 효능이 있고 류머티즘에 의한 근육마비, 근육통, 관절염, 가려움증 등을 치료한다. 또 황산화 작용을 비롯해서 항염, 항진균, 항종양, 혈당강하, 지질저하 작용 등이 있다. 뿌리와 뿌리껍질은 생약명이 해동수근(海桐樹根)이며 거풍, 제습, 양혈, 구어혈의 효능이 있고 장풍치혈(腸風痔血), 타박상, 류머티즘에 의한 골통 등을 치료한다. 음나무 추출물은 HIV증식 억제 활성으로 AIDS(후천성 면역 결핍증), 퇴행성 중추신경계질환 개선 등의 치료 효과가 있다.

두릅나무과

황칠나무
Dendropanax morbiferus H. Lév.

식품안전정보포털		
사용부위	가능	제한
뿌리, 줄기, 잎	×	○

- **이   명** : 황제목(黃帝木), 수삼(樹參), 압각목(鴨脚木), 압장시(鴨掌柴), 노란옻나무, 황칠목(黃漆木), 금계지(金鷄趾)
- **생 약 명** : 풍하이(楓荷梨), 황칠(黃漆)
- **사용 부위** : 뿌리줄기, 수지, 잎
- **개 화 기** : 6월경
- **채취 시기** : 뿌리줄기, 수지(나뭇진), 잎을 가을·겨울에 채취한다.

뿌리줄기
(약재)

생육특성 황칠나무는 제주도를 비롯한 남부지방 해안과 섬지방의 산기슭, 숲속에 자생하거나 재배하는 상록활엽교목으로, 우리나라 특산의 방향성 식물이다. 키는 15m이고 **일년생가지**는 녹색이며 털이 없고 윤기가 난다. **잎**은 어긋나고 달걀 모양 또는 타원형으로 가장자리에 톱니가 없거나 3~5개로 갈라진다. **꽃**은 양성화이며 6월경에 연한 황록색으로 피는데, 가지 끝에 산형꽃차례를 이루며 달린다. **열매**는 타원형의 핵과이고 10월에 흑색으로 익으며 암술대가 남아 있다.

성분 뿌리줄기, 잎, 수지 등에는 정유가 함유되어 있고 정유 중에는 β-엘레멘(β-elemene), β-셀리넨(β-selinene), 게르마크렌 D(germacrene D), 카디넨(cadinene), β-쿠베벤(β-cubebene)이 함유되어 있다. 트리테르페노이드의 α-아미린(α-amyrin), β-아미린, 올레이폴리오시드(oleifolioside) A·B가 함유되어 있고, 폴리아세틸렌(polyacetylene)과 스테로이드 중에는 β-시토스테롤이 함유되어 있으며, 카로티노이드, 리그난(lignan), 지방산, 글루코오스, 프룩토오스, 크실로오스(xylose), 아미노산에는 아르기닌(arginin), 글루탐산(glutamic acid) 등이 들어 있다. 그 외 단백질, 비타민 C, 타닌, 칼슘, 칼륨 등 다양한 성분이 함유되어 있다.

쓰임새 뿌리줄기는 항산화 작용으로 성인병의 예방 및 치료에 특별한 효과를 나타낸다. 자양강장, 피로회복, 간기능 개선, 해독, 콜레스테롤 수치 저하, 혈액순환, 강정, 진정, 건위, 청열, 지혈, 면역증강, 진통, 항염, 항균, 항암 등의 효능이 있고 지방간, 당뇨, 고혈압, 우울증, 위장질환, 구토, 설사, 월경불순, 신경통, 관절염, 말라리아 등에 치료 효과가 있다. 황칠나무의 추출물은 간염, 간경화, 황달, 지방간 등의 간질환을 예방 및 치료한다. 황칠나무의 잎 추출물은 장운동을 촉진하며 변비를 치료한다.

 잎
 꽃
 열매
 나무껍질에서 나오는 수지

두충과

두충
Eucommia ulmoides Oliv.

식품안전정보포털		
사용부위	가능	제한
나무껍질, 잎	○	×

- **이 명** : 두중나무, 목면수(木綿樹), 석사선(石思仙)
- **생 약 명** : 두충(杜沖), 면아(櫋芽)
- **사용 부위** : 나무껍질, 어린잎
- **개 화 기** : 4~5월
- **채취 시기** : 나무껍질은 4~6월, 잎은 처음 나온 어린잎을 채취한다.

나무 겉껍질 (약재)

나무 속껍질 (약재)

> **생육특성**

두충은 전국 각지에서 재배하는 낙엽활엽교목으로, 키는 20m 내외이다. **작은 가지**는 미끄럽고 광택이 나며 나무껍질, 가지, 잎 등에는 미끈미끈한 교질(膠質: 끈끈한 성질)이 함유되어 있다. **잎**은 어긋나고 타원형 또는 달걀 모양에 잎끝이 날카로우며 가장자리에 톱니가 있다. **꽃**은 암수딴그루로, 잎과 같이 또는 잎보다 약간 빠른 4~5월에 연녹색으로 피며 꽃덮이가 없다. **열매**는 9~10월에 달리며, 편평하고 긴 타원형으로 날개가 있는 시과(翅果)인데 끝이 오목하게 들어가 있다. 열매 안에 종자가 1개 들어 있다.

암꽃

> **성분**

나무껍질에는 구타페르카(gutta-percha), 알칼로이드, 펙틴, 지방, 수지, 유기산, 비타민 C, 클로로겐산(chlorogenic acid), 알도오스(aldose), 케토오스(ketose) 등이 함유되어 있다. 잎에는 구타페르카, 알칼로이드, 글루코시드, 펙틴, 케토오스, 알도오스, 비타민 C, 카페산, 클로로겐산, 타닌이 함유되어 있다.

수꽃

> **쓰임새**

나무껍질은 생약명이 두충(杜沖)이며 이뇨, 보간(補肝: 간기를 보함), 보신, 근골강화, 안태(安胎: 태아를 편안하게 함)의 효능이 있고 고혈압, 요통, 관절마비, 소변잔뇨, 음부 가려움증 등을 치료한다. 어린잎은 생약명이 면아(檰芽)이며 풍독각기(風毒脚氣: 풍사의 독성으로 인한 각기병)와 구적풍냉(久積風冷: 차가운 풍사가 오래 쌓임), 장치하혈(腸痔下血: 치질로 인한 하혈) 등을 치료한다. 두충의 추출물은 신경계 질환, 기억력 장애, 치매, 항산화, 피부노화, 골다공증, 류머티즘성 관절염 등의 치료 효과가 있는 것으로 밝혀졌다.

열매와 잎

종자

마디풀과

이삭여뀌
Persicaria filiformis (Thunb.) Nakai ex Mori

- **생 약 명** : 금선초(金線草), 금선초근(金線草根)
- **사용 부위** : 전초, 뿌리
- **개 화 기** : 7~8월
- **채취 시기** : 가을에 전초와 뿌리를 채취하여 햇볕에 말리거나 신선한 것을 그대로 쓴다.

뿌리 (약재)

줄기 (약재)

잎

꽃

지상부

생육특성   이삭여뀌는 전국 각지 반그늘의 습기가 많은 풀숲에서 자라는 여러해살이풀로, 키는 50~80cm이다. **줄기**는 곧게 서고 마디가 굵으며 전체에 거친 털이 나 있다. **잎**은 어긋나며, 달걀 모양으로 가장자리가 밋밋하고 짧은 잎자루가 있다. 잎 양면에 털이 있으며 표면에는 검은색 반점이 있다. **꽃**은 7~8월에 붉은색으로 피는데, 원줄기 끝과 윗부분에서 나온 길이 20~40cm의 이삭꽃차례에 드문드문 달린다. **열매**는 납작한 달걀 모양의 수과로 9~10월에 달리고, 끝에 암술대가 남아 있으며 숙존악에 싸여 있다.

성분   전초에는 정유가 0.13% 함유되어 있으며, 그 주성분은 타데오날(tadeonal), 폴리고디알(polygodial), 이소타데오날(isotadeonal), 콘페르티폴린(confertifolin), 폴리고논(polygonone)이며 그 밖에 페르시카린(persicarin), 퀘르세틴(quercetin), 퀘르시메리트린(quercimeritrin), 히페린(hyperin) 등을 함유한다.

쓰임새   바람으로 인한 나쁜 사기인 풍사와 습이 병을 일으키는 사기가 된 습사를 제거하고, 통증을 가라앉힌다. 또한 어혈을 풀어주고 출혈을 멎게 하며 종기를 삭이는 효능이 있어서 풍습동통, 요통, 관절통, 타박상, 위통, 월경통, 산후의 복통, 코피, 변혈, 피부염 치료에 사용한다.

마디풀과

하수오

Fallopia multiflora (Thunb.) Haraldson

식품안전정보포털		
사용부위	가능	제한
덩이뿌리	○	×

- **이   명** : 지정(地精), 진지백(陳知白), 마간석(馬肝石), 수오(首烏)
- **생 약 명** : 하수오(何首烏)
- **사용 부위** : 덩이뿌리
- **개 화 기** : 8~9월
- **채취 시기** : 가을과 겨울에 덩이뿌리를 채취하여 이물질을 제거하고 절편하여 사용하는데 하수오는 독성이 있어서 반드시 포제를 잘하여 사용하는 것이 좋다. 포제하고자 하는 하수오 무게의 10~15%에 해당하는 검정콩을 2~3회 삶아서 물을 모으고, 하수오에 이 물을 흡수시킨 다음, 시루에 넣고 쪄서 햇볕에 건조시키고, 하수오의 단면이 흑갈색으로 변할 때까지 이 과정을 반복하면 독성이 제거되면서 좋은 하수오가 된다.

덩이뿌리 (채취품)

덩이뿌리 (약재)

생육특성 하수오는 전국 각지에서 자생하거나 중남부지방에서 재배하는 덩굴성 여러해살이풀로, 키는 2~3m이다. **줄기**는 가늘고 전체에 털이 없으며 밑동은 목질화한다. 뿌리는 가늘고 길며 끝에 비대한 덩이뿌리가 달린다. 덩이뿌리의 겉껍질은 적갈색으로 몸통은 무겁고 질은 견실하며 단단하다. **잎**은 어긋나고 좁은 심장 모양이며 끝이 뾰족하다. **꽃**은 8~9월에 흰색으로 피는데, 가지 끝의 원추꽃차례에 작은 꽃이 많이 달린다. 꽃잎은 없으며 꽃받침은 5개로 깊게 갈라진다. **열매**는 수과로 3개의 날개가 있으며 꽃받침으로 싸여 있다.

잎

성분 덩이뿌리에는 안트라퀴논(anthraquinone)계 성분인 크리소파놀(chrysophanol), 에모딘(emodin), 레인(rhein), 피스치온(physcione) 등이 함유되어 있으며, 줄기에도 유사한 성분들이 함유되어 있다. 덩이뿌리에는 전분과 지방도 함유되어 있다.

꽃

쓰임새 간을 보하는 보간, 신의 기운을 더하는 익신(益腎), 혈을 기르는 양혈, 풍사를 제거하는 거풍 등의 효능이 있어서 간과 신의 음기가 훼손된 것을 치유하며, 머리가 일찍 희어지는 수발조백(鬚髮早白), 혈이 허하여 머리가 어지러운 혈허두훈, 허리와 무릎이 연약해진 요슬연약(腰膝軟弱), 근골이 시리고 아픈 근골산통(筋骨酸痛), 정액이 저절로 흘러나가는 유정, 붕루대하, 오래된 설사[久痢, 구리] 등을 치료하며, 그 밖에도 만성 간염, 옹종, 나력, 치질 등의 치료에 사용한다. 민간요법에서는 간과 신 기능의 허약을 치료하며 해독, 거풍(祛風), 변비, 불면증, 피부 가려움증, 백일해 등에 사용한다.

열매

종자

마타리과

마타리
Patrinia scabiosifolia Fisch. ex Trevir.

식품안전정보포털		
사용부위	가능	제한
순	○	×

- **이　　　명** : 가양취, 미역취, 가얌취, 녹사(鹿賜), 녹수(鹿首), 마초(馬草), 녹장(鹿醬)
- **생 약 명** : 패장(敗醬), 황화패장(黃花敗醬)
- **사 용 부 위** : 전초
- **개 화 기** : 7~8월
- **채 취 시 기** : 여름부터 가을에 걸쳐 채취하여 이물질을 제거하고 두께 0.2~0.3cm로 가늘게 썰어서 사용한다.

뿌리(채취품)　　뿌리(약재)

생육특성

마타리는 각지의 산야에서 분포하는 여러해살이풀로, 키는 60~150cm이다. 원줄기는 곧게 자라고 윗부분에서 가지가 갈라지며, 털이 없으나 밑부분에는 털이 약간 있다. 뿌리줄기는 굵고 옆으로 뻗으며, 몇 개의 잔뿌리가 내린다. 질은 부서지기 쉽고, 단면의 중앙에는 부드러운 속심이 있거나 비어 있다. **잎**은 마주나고 다 자란 것은 깃꼴로 깊게 갈라지며 거친 톱니가 있다. 밑부분의 것은 잎자루가 있고 위로 갈수록 없어진다. 뿌리잎은 달걀 모양 또는 긴 타원형이다. **꽃**은 노란색으로 7~8월에 피며, 원줄기와 가지 끝에 산방상으로 달린다. **열매**는 타원형의 수과이며 앞면에는 맥이 있고 뒷면에는 능선이 있다.

꽃

성분

뿌리와 줄기에는 모로니사이드(morroniside), 르가닌(loganin), 빌로사이드(villoside), 파트리노사이드(patrinoside) C와 D, 스카비오사이드(scabioside) A~G 등이 함유되어 있다.

쓰임새

열을 식히고 독을 풀어주는 청열해독, 종기를 다스리고 농을 배출하는 소종배농(消腫排膿), 어혈을 풀고 통증을 멈추게 하는 거어지통(祛瘀止痛)의 효능이 있다. 또한 장옹(腸癰)과 설사, 적백대하, 산후어체복통(産後瘀滯腹痛: 산후에 어혈이 완전히 제거되지 않고 남아서 심한 복통을 유발하는 증상), 목적종통(目赤腫痛: 눈에 핏발이 서거나 종기가 생기면서 아픈 증상), 옹종개선(癰腫疥癬: 종양이나 옴) 등을 치료한다.

잎

종자 결실

마편초과

누리장나무
Clerodendrum trichotomum Thunb.

식품안전정보포털		
사용부위	가능	제한
순	○	×

- **이 명** : 개똥나무, 노나무, 개나무, 구릿대나무, 누기개나무, 이라리나무, 누룬나무, 깨타리, 구린내나무, 누르나무, 해주상산(海州常山)
- **생 약 명** : 취오동(臭梧桐), 취오동화(臭梧桐花), 취오동자(臭梧桐子), 취오동근(臭梧桐根)
- **사용 부위** : 가지와 잎, 꽃, 열매, 뿌리
- **개 화 기** : 7~8월
- **채취 시기** : 가지와 잎은 6~10월, 꽃은 7~8월, 열매는 9~10월, 뿌리는 가을·겨울에 채취한다.

나무껍질 (약재)

가지와 잎 (약재)

생육특성

누리장나무는 중부와 남부지방의 산기슭과 산골짜기 길가에서 자라는 낙엽활엽관목으로, 키는 3m 이상이다. **나무껍질**은 회백색이고 **줄기**는 가지가 갈라지며 줄기 전체에서 누린내가 난다. **잎**은 마주나고 달걀 모양 또는 타원형에 잎끝이 뾰족하며 가장자리는 밋밋하거나 물결 모양의 톱니가 있다. 잎의 표면은 녹색이고 뒷면은 짙은 황색이며, 어린잎은 양면 모두 흰색의 짧은 털로 덮여 있지만 점차 매끈해진다. **꽃**은 7~8월에 흰색 또는 짙은 붉은색으로 피는데, 새 가지 끝에 취산꽃차례로 달리며 누린내 비슷한 다소 불쾌한 냄새가 난다. **열매**는 둥근 핵과로 붉은색 꽃받침에 싸여 있다가 밖으로 터져 나오며 9~10월에 푸른색으로 익는다. 종자는 검은색 또는 흑남색이다.

잎

꽃

성분

잎에는 클레로덴드린(clerodendrin), 메소-이노시톨(meso-inositol), 알칼로이드(alkaloid), 뿌리에는 클레로돌론(clerodolone), 클레로돈(clerodone), 클레로스테롤(clerosterol)이 함유되어 있다.

쓰임새

어린가지와 잎은 생약명이 취오동(臭梧桐)이며 두통, 고혈압, 풍습, 반신불수, 말라리아, 이질, 편두통, 치창 등을 치료한다. 꽃은 생약명이 취오동화(臭梧桐花)이며 두통, 이질, 탈장, 산기 등을 치료한다. 열매는 생약명이 취오동자(臭梧桐子)이며 천식, 풍습을 치료한다. 뿌리는 생약명이 취오동근(臭梧桐根)이며 말라리아, 류머티즘에 의한 사지마비, 사지통증, 고혈압, 식체에 의한 복부 당김, 소아정신불안, 타박상 등을 치료한다.

열매

뿌리

마편초과

순비기나무
Vitex rotundifolia L. f.

- **이　　명** : 풍나무, 만형자나무, 만형, 단엽만형(單葉蔓荊), 대형자(大荊子), 백포강(白蒲姜)
- **생 약 명** : 만형자(蔓荊子), 만형자엽(蔓荊子葉)
- **사용 부위** : 열매, 잎, 잎가지
- **개 화 기** : 7~8월
- **채취 시기** : 열매는 가을에 익었을 때, 잎과 가지는 6~9월에 채취한다.

열매 (약재)

| 잎 | 꽃 | 종자 결실 |

생육 특성 순비기나무는 제주도 및 중부와 남부지방에 분포하는 낙엽활엽관목으로, 키는 3m 내외이며 그윽한 향기가 있다. 줄기는 옆으로 비스듬히 자라며 전체에 회백색 잔털이 있고, **일년생가지**는 약간 네모지며 흰색 털이 밀생하여 전체가 백분으로 덮여 있는 것 같다. **잎**은 마주나고 달걀 모양 또는 거꿀달걀 모양에 잎끝이 뾰족하고 가장자리는 밋밋하다. 잎의 표면은 녹색으로 잔털과 샘점이 있고 뒷면은 흰색에 잔털과 샘점이 빽빽하게 있다. **꽃**은 7~8월에 연보라색으로 피는데, 가지 끝의 이삭 모양 원추꽃차례에 꽃자루가 짧은 꽃이 많이 달린다. **열매**는 둥근 핵과이며 9~10월에 검은 보라색으로 익는다.

성분 열매에는 정유가 함유되어 있는데 주성분은 캄펜(camphene)과 피넨(pinene)이며 미량의 알칼로이드(alkaloid)와 비타민 A도 함유되어 있다. 그 외 비텍시카르핀(vitexicarpin), 카스티신(casticin), 아르테메틴(artemetin)도 들어 있다. 잎 또는 잎가지에는 정유가 함유되어 있고, 정유에는 α-피넨(α-pinene), 캄펜, 테르피닐아세테이트(terpinylacetate), 디테르펜알코올(diterpene alcohol)이 들어 있다. 잎에는 카스티신, 루테올린-7-글루코시드(luteolin-7-glucoside)도 들어 있다.

쓰임새 열매는 생약명이 만형자(蔓荊子)이며 풍열을 없애고 머리를 맑게 하며 눈을 좋게 해주는 효능이 있어 풍열감기, 편두통, 두통, 치통, 눈의 충혈, 눈이 침침하고 눈물이 나는 증상, 관절염, 신경통으로 인하여 손발이 저린 증상 등을 치료한다. 잎은 생약명이 만형자엽(蔓荊子葉)이며 타박상, 신경성 두통 등을 치료한다. 가지와 잎은 진통, 소종의 효능이 있고 도상(刀傷)의 출혈, 타박상, 류머티즘 등을 치료한다. 순비기나무 추출물은 항암, 항산화 작용과 아토피 피부염 등을 예방, 치료하는 효과가 있다.

멀구슬나무과

멀구슬나무
Melia azedarach L.

- **이 명** : 말구슬나무, 구주목, 구주나무
- **생 약 명** : 고련피(苦楝皮), 천련자(川楝子), 연엽(楝葉), 연화(楝花)
- **사용 부위** : 뿌리껍질, 나무껍질, 열매, 잎, 꽃
- **개 화 기** : 4~5월
- **채취 시기** : 뿌리껍질, 나무껍질은 연중 수시, 열매는 가을에 익었을 때, 잎은 여름·가을, 꽃은 4~5월에 피었을 때 채취한다.

뿌리 (약재)

나무껍질 (약재)

| 잎 | 꽃 | 열매 |

생육특성   멀구슬나무는 제주도, 경남, 전남 지방에 분포하는 낙엽활엽교목으로, 키는 10~20m이다. **나무껍질**은 암갈색으로 잘게 갈라지며, **가지**가 굵고 사방으로 퍼진다. **잎**은 어긋나고 2~3회 홀수깃꼴겹잎이며, 잔잎은 타원형에 양끝이 뾰족하고 가장자리가 톱니 모양 또는 결각 모양이다. 잎의 표면에는 털이 없고 뒷면에 털이 있으나 점차 없어진다. **꽃**은 4~5월에 자주색으로 피며, 가지 끝에 원추꽃차례로 달린다. **열매**는 구형의 핵과이며 9~10월에 황색으로 익는데, 잎이 떨어진 후 다음 해 1~2월까지도 매달려 있다.

성분   열매에는 투센다닌(toosendanin), 프락시넬론(fraxinellone), 쿠리논(kulinone), 쿠락톤(kulactone), 멜리안트리올(meliantriol), 산도락톤(sandolactone), 오키닌아세테이트(ochinine acetate), 산다놀(sandanol), 잎에는 퀘르시트린(quercitrin), 루틴(rutin), 꽃에는 플라보노이드 배당체인 미리시트린(myricitrin), 아스트라갈린(astragalin), 뿌리껍질과 나무껍질에는 여러 종류의 고미(苦味)가 있는 트리테르페노이드 성분이 함유되어 있다[주요한 고미 성분은 메르소신(mersosin)이다]. 그 외 바닐산(vanillic acid)과 dl-카테콜(dl-cathecol)도 함유되어 있다.

쓰임새   뿌리껍질 및 나무껍질은 생약명이 고련피(苦楝皮)이며 청열, 살충의 효능이 있고 회충, 요충, 풍진, 가려움증을 치료한다. 열매는 생약명이 천련자(川楝子)이며 진통, 살충, 구충, 해열의 효능이 있고 회충으로 인한 복통을 치료한다. 독성이 있으므로 사용에 주의를 요한다. 열매 추출물은 치매 예방 및 치료에 효과가 있는 것으로 확인되었다. 잎은 생약명이 연엽(楝葉)이며 진통, 살충의 효능이 있고 회충, 타박종통(打撲腫痛), 정창(疔瘡), 피부습진을 치료한다. 잎 추출물은 패혈증 또는 내독소혈증의 예방 및 치료에 효과가 있는 것으로 밝혀졌다. 꽃은 생약명이 연화(楝花)이며 땀띠를 치료한다.

메꽃과

메꽃
Calystegia sepium var. *japonicum* (Choisy) Makino

식품안전정보포털		
사용부위	가능	제한
뿌리줄기, 순	○	×

- **이   명** : 근근화(筋根花), 고자화(鼓子花)
- **생 약 명** : 구구앙(狗狗秧), 선화(旋花)
- **사용 부위** : 전초, 꽃
- **개 화 기** : 6~8월
- **채취 시기** : 6~8월에 전초를 채취하여 흙먼지를 제거하고 햇볕에 말리거나 생것으로 사용하기도 한다.

뿌리 (채취품) 뿌리 (약재)

생육특성 메꽃은 전국의 산야에 자생하는 덩굴성 여러해살이풀로, **줄기**는 길이 1~2m이고 흰색 땅속줄기가 사방으로 뻗는다. **잎**은 어긋나고 잎자루가 길며 타원상 피침 모양이다. **꽃**은 엷은 홍색으로 6~8월에 피며, 꽃잎은 깔때기 모양이고 **열매**는 잘 맺지 않는다. 어린순은 나물로 식용한다.

꽃

성분 뿌리와 꽃에는 켐페롤(kaempferol), 켐페롤-3-람노글루코시드(kaempferol-3-rhamnoglucoside), 콜룸빈(columbin), 팔마틴(palmatine) 등이 함유되어 있다.

쓰임새 기를 더해주는 익기, 소변을 잘 나오게 하는 이수, 혈당을 조절하는 항당뇨 등의 효능이 있어 신체가 허약하고 기가 손상되었을 때 사용할 수 있고, 소변을 잘 보지 못하는 소변불리, 고혈압, 당뇨병 등에 응용할 수 있다. 뿌리와 싹을 짓찧어서 그 즙을 마시면 단독(丹毒), 소아열독을 치료한다. 뿌리는 근골을 접합시키고 칼 등에 베인 상처를 아물게 한다.

잎

덩굴줄기

지상부

메꽃과

실새삼
Cuscuta australis R. Br.

식품안전정보포털		
사용부위	가능	제한
씨앗	×	○

- **이   명** : 토노(菟蘆), 사실(絲實)
- **생 약 명** : 토사자(菟絲子), 토사(菟絲)
- **사용 부위** : 종자
- **개 화 기** : 7~8월
- **채취 시기** : 9~10월에 성숙한 종자를 채취하여 이물질을 제거하고 깨끗이 씻어서 햇볕에 말린 다음 사용한다. 전제(煎劑: 끓이는 약)에 넣을 때는 프라이팬에 미초(微炒: 약한 불로 살짝 볶음)하여 가루로 만들고, 환에 넣을 때에는 소금물(2% 정도)에 삶은 후 갈아서 떡[餠]으로 만들어 햇볕에 말려서 사용한다.

열매 (채취품)

종자 (약재)

| 꽃 | 열매 |
| 전초 | 지상부 |

생육 특성 실새삼은 덩굴성 한해살이 기생식물로, 길이가 50cm에 달하며 전체에 털이 없고 왼쪽으로 감으면서 뻗는다. 비늘 같은 잎이 드문드문 어긋나고 꽃은 7~8월에 흰색으로 피며, 취산꽃차례 또는 총상꽃차례가 덩어리처럼 달려 꽃자루가 있는 잔꽃이 밀생한다. 열매는 편구형의 삭과이며 중앙부가 오그라들어 2개의 방으로 되고 각 실에 종자가 2개씩 들어 있다. 새삼에 비하여 줄기가 가늘고 꽃은 새삼보다 한 달가량 일찍 핀다. 그 밖의 약성, 약효 등은 유사종인 새삼과 동일하다.

성분 배당체로서 종자에는 β-카로틴(β-carotene), γ-카로틴(γ-carotene), 5,6-에폭시-α-카로틴(5,6-epoxy-α-carotene), 루테인(lutein) 등이 함유되어 있다.

쓰임새 간과 신을 보하며 정액을 단단하게 하고, 간기능을 자양하며 눈을 밝게 한다. 또한 안태(安胎)하며 진액을 생성하는 효능이 있어서 강장, 강정하고 정수를 보한다. 신체허약, 허리와 무릎이 시리고 아픈 통증을 치료하며, 유정, 소갈(消渴: 당뇨), 음위(陰痿), 빈뇨 및 잔뇨감, 당뇨, 비허설사, 습관성 유산 등을 치료하는 데 사용한다.

면마과

관중

Dryopteris crassirhizoma Nakai

- 이 명 : 호랑고비, 면마(綿馬), 관중(管仲)
- 생 약 명 : 관중(貫中)
- 사용 부위 : 뿌리줄기, 잎자루 밑부분
- 개 화 기 : 포자번식
- 채취 시기 : 가을에 뿌리째 채취하여 잎자루와 수염뿌리, 이물질을 제거하고 씻어서 햇볕에 말린다. 말린 것을 그대로 쓰거나 까맣게 태워서 사용한다.

뿌리(채취품) 뿌리(약재)

생육특성 관중은 전국 각지에 분포하는 숙근성 여러해살이 양치식물로, 키는 50~100cm 이다. **뿌리줄기**는 굵고 곧으며 잔뿌리가 사방으로 뻗는다. **잎**은 뿌리줄기 끝에서 돌려나고 길이 1m 내외, 너비 25cm 정도이며, 잎몸은 거꿀피침 모양에 2회 깃 모양으로 깊게 갈라지고 깃 조각에는 대가 없다. 잎자루는 짧고 잎줄기와 더불어 비늘 조각으로 덮여 있다. 포자낭군은 잎 윗부분의 주맥 가까이에 2줄로 붙어 있다. 환경부에서 지정한 보호식물이므로 함부로 채취해서는 안 된다.

어린순

성분 뿌리에 함유된 플로로글루시놀(phloroglucinol)계 성분은 촌충을 없애는 물질인데, 이들 중 필마론(filmaron)이 가장 강하다. 플라바스피딕산(flavaspidic acid) AB, 플라바스피딕산 PB는 충치균에 대한 항균작용이 강하며, 그 외에도 우고닌(wogonin), 바이칼린(baicalin), 바이칼레인(baicalein) 등의 플라보노이드계 성분이 함유되어 있다.

쓰임새 회충, 조충, 요충을 죽이며, 열을 내리고 독을 풀어주는 청열해독(淸熱解毒), 혈액을 맑게 하고 출혈을 멈추게 하는 양혈지혈(涼血止血) 등의 효능이 있어 풍열감기(풍사와 열사로 인한 감기)를 치료하고, 토혈(吐血)이나 코피, 변혈에 요긴하게 사용되며 여성의 혈붕(血崩: 심한 하혈)이나 대하를 치료한다.

잎(앞면)

잎(뒷면)

목련과

목련
Magnolia kobus DC.

식품안전정보포털		
사용부위	가능	제한
꽃잎	○	×

- **이 명** : 생정(生庭), 목필화(木筆花), 영춘(迎春), 방목(房木)
- **생 약 명** : 신이(辛夷), 옥란화(玉蘭花)
- **사용 부위** : 꽃봉오리, 꽃
- **개 화 기** : 2~3월
- **채취 시기** : 꽃봉오리는 꽃이 피기 전 2~3월, 꽃은 꽃이 피기 시작할 때 채취한다.

꽃봉오리 (약재)

생육특성 목련은 제주도 및 남부지방에 자생하거나 식재하는 낙엽활엽교목으로, 키는 10m 내외이다. **나무껍질**은 진갈색에 **가지**는 굵고 털이 없으며 많이 갈라진다. **잎**은 거꿀달걀 모양이고 가장자리는 물결 모양이며 잎자루에 흰색 털이 나 있다. **꽃**은 흰색으로 3~4월에 잎보다 먼저 피고, 지름 10cm 정도에 기부는 연한 붉은색으로 향기가 있다. **열매**는 원뿔 모양 골돌과로 9~10월에 익는다.

꽃봉오리

성분 꽃봉오리에는 정유가 들어 있으며 그 속에 시트랄(citral), 오이게놀(eugenol), 1,8-시네올(1,8-cineol)이 함유되어 있다. 뿌리에는 마그노플로린(magnoflorine), 잎과 열매에는 페오니딘(peonidin)의 배당체, 꽃에는 마그놀올(magnolol), 호노키올(honokiol) 등이 함유되어 있다.

꽃

쓰임새 꽃봉오리는 생약명이 신이(辛夷)이며 항진균, 거풍, 소담(消痰) 등의 효능이 있어 두통, 축농증, 비염, 비색(鼻塞: 코막힘), 고혈압, 치통 등을 치료한다. 꽃은 생약명이 옥란화(玉蘭花)이며 생리통, 불임증을 치료한다. 목련 추출물은 퇴행성 중추신경계 질환 증상의 개선, 골질환의 예방 및 치료, 췌장암, 천식 등의 치료 효과가 있다는 연구 결과도 확인되었다.

잎   열매

목련과

함박꽃나무
Magnolia sieboldii K. Koch

- **이   명** : 함백이꽃, 흰뛰함박꽃, 얼룩함박꽃나무
- **생 약 명** : 천녀화(天女花), 천녀목란(天女木蘭)
- **사용 부위** : 꽃봉오리, 줄기, 뿌리껍질
- **개 화 기** : 5~6월
- **채취 시기** : 꽃봉오리는 5~6월에 채취한다.

꽃봉오리
(채취품)

꽃봉오리 꽃

열매 종자

생육특성 함박꽃나무는 함경북도를 제외한 전국의 산기슭이나 골짜기에서 드물게 자생하는 낙엽활엽소교목으로, 키는 8m 정도이다. 원줄기와 함께 옆에서 많은 줄기가 올라와 나무모양을 이루며 일년생가지에는 털이 나 있다. **잎**은 어긋나고 거꿀달걀 모양 또는 거꿀달걀상 타원형으로 잎의 뒷면에 맥을 따라 털이 있다. **꽃**은 5~6월에 흰색으로 피는데, 지름 7~10cm의 큰 꽃이 어린가지 끝에서 밑을 향해 피며 향기가 있다. **열매**는 달걀상 타원형의 골돌과로 8~9월에 검게 익으며, 종자가 붉게 익으면 터져 나와 하얀 줄에 매달린다.

성분 꽃과 잎에는 정유와 에테르오일(ethereal oil), 줄기 및 뿌리껍질에는 마그노쿠라린(magnocurarine), 마그노플로린(magnoflorine), 마그놀올(magnolol), 호노키올(honokiol)이 함유되어 있다.

쓰임새 꽃봉오리는 생약명이 천녀화(天女花)이며 폐를 깨끗하게 하고 담을 삭이며 종기의 부기와 독을 풀어준다. 또한 진정, 안정, 소염작용과 각종 세균에 대한 항균작용도 있다. 꽃봉오리의 추출물은 다양한 세균에 탁월한 효과를 나타내는 항생물질로 사용할 수 있다. 줄기와 뿌리줄기는 이완성 운동 작용이 있어서 근육의 강직을 풀어준다.

무환자나무과

모감주나무
Koelreuteria paniculata Laxmann

- **이 명** : 염주나무, 흑엽수(黑葉樹), 산황율두(山黃栗頭)
- **생 약 명** : 난화(欒花), 난수자(欒樹子)
- **사용 부위** : 꽃, 열매
- **개 화 기** : 6~7월
- **채취 시기** : 꽃은 6~7월에 피었을 때, 열매는 9~10월에 채취한다.

열매(약재)

종자

생육특성

모감주나무는 전국의 절이나 마을 부근에서 많이 자라는 낙엽활엽소교목이나 관목으로, 키는 10m 내외이다. **잎**은 어긋나고 홀수깃꼴겹잎으로, 잔잎은 7~15개이며 달걀상 긴 타원형으로 가장자리에 불규칙하고 둔한 톱니가 있다. **꽃**은 6~7월에 가지 끝의 원추꽃차례에 달리는데, 노란색이나 중심부는 자색이다. 꽃받침은 거의 5개로 갈라지며 꽃잎은 4개가 모두 위를 향하여 한쪽은 없는 것처럼 보인다. **열매**는 삭과이며 9~10월에 익으면 3개로 갈라진다.

성분

열매에는 스테롤(sterol), 사포닌, 플라보노이드 배당체, 안토시아닌(anthocyanin), 타닌, 폴리우론산(polyuronic acid)산이 함유되어 있다. 사포닌 중에는 난수 사포닌 A, B가 분리되어 있다. 건조된 종자에는 수분, 조단백, 레시틴, 인산, 전분, 무기성분, 지방유가 함유되어 있다. 종인에는 지방유가 있는데 스테롤과 팔미트산(palmitic acid)으로 분해된다. 잎에는 몰식자산, 메틸에스테르(methylester)가 함유되어 있어 여러 종류의 세균이나 진균에 대해 억제작용을 한다.

쓰임새

꽃은 생약명이 난화(欒花)이며 눈이 아프고 붉게 충혈되어 눈물이 흐를 때 치료 효과가 있고 소화불량, 간염, 장염, 종통(腫痛), 요도염, 이질을 치료한다. 꽃의 추출물은 부종과 항염의 치료에도 효과적이다. 열매는 생약명이 난수자(欒樹子)이며 청열, 소종, 활혈, 해독, 진통, 이뇨의 효능이 있고 황달, 창독, 신경통, 단독, 하리 등을 치료한다. 잎에는 여러 종류의 세균이나 진균에 대해 억제작용이 있는 것으로 확인되었다.

잎

꽃

열매

열매 속 종자

무환자나무과

무환자나무
Sapindus mukorossi Gaertn.

- **이 명** : 모감주나무
- **생 약 명** : 무환자(無患子), 무환자엽(無患子葉), 무환자피(無患子皮)
- **사용 부위** : 종자, 잎, 열매살
- **개 화 기** : 5~6월
- **채취 시기** : 10~11월에 익은 열매를 채취하여 열매살을 제거하고 종자만 햇볕에 말린다.

열매
(채취품)

잎 / 꽃 / 열매 / 종자 / 나무껍질

생육특성

무환자나무는 전라도, 경상도, 제주도의 산기슭 습한 곳이나 인가 근처의 산성 토양에 잘 자라는 낙엽활엽교목으로, 키는 15m 정도이다. 줄기가 곧고 길게 자라며 **나무껍질**은 회색을 띠는 갈색이다. **가지**는 굵고 비스듬하게 뻗으며 자랄수록 비틀어진다. **잎**은 어긋나고 1회 깃꼴겹잎이며, 9~13개의 잔잎은 긴 타원상 달걀 모양 또는 달걀상 피침 모양으로 양면에 주름이 있고 가장자리는 밋밋하다. **꽃**은 5~6월에 연한 황록색으로 피며 원추꽃차례에 달린다. **열매**는 둥근 핵과이며 10월에 황갈색으로 익는다. 열매 속에는 검고 둥근 종자가 1개 들어 있으며, 속살이 비어 있어 흔들면 움직인다.

성분

잎에 사핀도시드(sapindoside) A, 아피게닌(apigenin), 켐페롤(kaempferol), 루틴(rutin), 열매에 사핀도시드 A·B·C·D·E, 투틴 등이 함유되어 있다.

쓰임새

종자는 생약명이 무환자(無患子)이며 청열(淸熱), 거담(祛痰), 소적(消積), 살충의 효능이 있다. 잎은 생약명이 무환자엽(無患子葉)이며 독상교상을 치료한다. 열매살은 생약명이 무환자피(無患子皮)이며 청열, 화담, 지통, 소적의 효능이 있고, 후두의 마비종통(痲痺腫痛), 위통, 류머티즘을 치료한다.

물푸레나무과

개나리
Forsythia koreana (Rehder) Nakai

- 이   명 : 가을개나리, 개나리나무, 신리화, 어사리, 서리개나리, 개나리꽃나무, 한련자(旱蓮子), 대교자(大翹子), 어사리, 신화화, 황수단(皇壽丹)
- 생 약 명 : 연교(連翹), 연교경엽(連翹莖葉)
- 사용 부위 : 열매, 줄기, 잎
- 개 화 기 : 3~4월
- 채취 시기 : 열매는 9~10월, 줄기와 잎은 봄·여름에 채취한다.

열매
(약재)

생육특성 개나리는 전국 각지에 자생하거나 심어 가꾸는 낙엽활엽관목으로, 키는 3m 내외이다. 가지가 옆으로 뻗으며 끝부분이 늘어지고, 일년생가지는 녹색이지만 점차 회갈색으로 되며 껍질눈이 뚜렷하게 나타난다. 잎은 어긋나고 달걀상 피침 모양으로 잎끝이 뾰족하며 가장자리에 불규칙한 톱니가 있다. 꽃은 노란색으로 3~4월에 잎보다 먼저 잎겨드랑이에 1~3개씩 달리고, 꽃부리는 깊게 4개로 갈라진다. 열매는 달걀모양의 편평한 삭과이며 익으면 2개로 갈라진다.

잎줄기

성분 열매에는 포르시톨(forsythol), 플라보놀(flavonol) 배당체, 아르크티게닌(arctigenin), 아르크티인(arctiin), 스테롤(sterol) 화합물, 사포닌, 마타이레시노시드(matairesinoside), 열매껍질에는 올레아놀산(oleanolic acid), 익지 않은 푸른 열매에는 필리게닌(phylligenin), 피노레시놀(pinoresinol), 바이세폭시리그난(bisepoxylignan), 잎에는 포르시틴(forsythin), 루틴(rutin)이 함유되어 있다.

꽃

쓰임새 열매는 생약명이 연교(連翹)이며 항균, 항바이러스, 항알레르기, 강심, 이뇨, 진토(鎭吐: 구토를 억제함), 해열, 해독, 소염, 배농(排膿)의 효능이 있고 종기, 단독(丹毒: 피부의 상처에 세균이 들어가 열이 나고 얼굴이 붉어지며 부기, 동통을 일으키는 전염병), 피부발진, 옹종종독(癰腫腫毒), 염증성 질환 등을 치료한다. 줄기와 잎은 생약명이 연교경엽(連翹莖葉)이며 모세혈관을 튼튼히 해주는 강장제로 심폐의 적열(積熱: 열이 몸에 쌓이는 병)을 치료하고 고혈압, 뇌출혈, 각종 출혈 예방에 도움을 준다. 그 외 항암, 골다공증, 피부노화 억제에 사용한다.

열매

나무껍질

개나리 · 163

물푸레나무과

광나무
Ligustrum japonicum Thunb.

- **이   명** : 여정자(女貞子), 동청자(冬靑子), 여정(女貞), 여정목(女貞木), 동청목(冬靑木)
- **생 약 명** : 여정실(女貞實), 여정피(女貞皮), 여정근(女貞根), 여정엽(女貞葉)
- **사용 부위** : 열매, 나무껍질, 뿌리, 잎
- **개 화 기** : 7~8월
- **채취 시기** : 열매는 가을, 뿌리는 9~10월, 나무껍질과 잎은 연중 수시 채취한다.

뿌리 (약재)

열매 (약재)

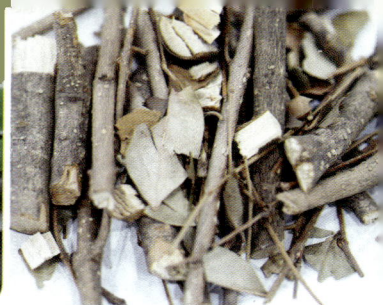

| 잎 | 꽃 | 잎과 줄기 |

생육특성

광나무는 남부지방의 산기슭 및 해변에 분포하는 상록활엽관목으로, 키는 3~5m이다. **나무껍질**은 회색이며 껍질눈이 뚜렷하고 **가지**가 많이 갈라진다. **잎**은 마주나고 두꺼우며, 넓은 달걀 모양 또는 달걀상 타원형으로 가장자리가 밋밋하다. **꽃**은 흰색으로 7~8월에 피는데, 새 가지 끝에 겹총상꽃차례로 달리며 꽃받침조각은 가장자리가 밋밋하거나 물결 모양이다. **열매**는 길고 둥근 핵과로 10~11월에 자흑색으로 익는다.

성분

열매에는 만니톨(mannitol), 올레아놀산(oleanolic acid), 글루코오스(glucose), 스테아르산(stearic acid), 팔미트산(palmitic acid), 올레산(oleic acid), 리놀레산(linoleic acid), 열매껍질에는 올레아놀산, 우르솔산(ursolic acid), 종자에는 지방유, 팔미트산, 스테아르산, 올레산, 리놀레산 등이 함유되어 있다. 뿌리와 나무껍질에는 시린진(syringin), 잎에는 시린진, 아미그달린(amygdalin) 분해효소, 인베르타아제(invertase), 만니톨, 우르솔산, 올레아놀산, 코스모시인(cosmosiin) 등이 함유되어 있다.

쓰임새

열매는 생약명이 여정실(女貞實)이며 보간(補肝), 보신, 척추강화, 자양강장의 효능이 있고 이명, 어지럼증 등을 치료하며 백발을 검게 한다. 열매의 수침액에는 항암 및 항균작용이 있다. 열매 속의 올레아놀산은 강심, 이뇨작용이 있고 만니톨은 완화, 뇌압강하 작용이 있으며 다량의 글루코오스도 함유되어 있어 강장작용이 있다. 나무껍질은 생약명이 여정피(女貞皮)이며 항말라리아, 퇴열작용이 있어 화상 치료에 쓰인다. 뿌리는 생약명이 여정근(女貞根)이며 기혈을 흩어지게 하고 기통(氣通)을 멈추게 하며 해수, 비읍, 백대(白帶)를 치료한다. 잎은 생약명이 여정엽(女貞葉)이며 거풍, 진통, 명목(明目)의 효능이 있고 종기, 두목혼통(頭目昏痛), 풍열로 인한 눈의 충혈, 창종궤양, 화상, 구내염을 치료한다.

물푸레나무과

물푸레나무
Fraxinus rhynchophylla Hance

- **이   명** : 쉬청나무, 떡물푸레나무, 광능물푸레나무, 민물푸레나무, 고력백랍수(苦櫪白蠟樹), 대엽백사수(大葉白蜡樹)
- **생 약 명** : 진피(秦皮)
- **사용 부위** : 나무껍질
- **개 화 기** : 5~6월
- **채취 시기** : 봄부터 가을까지 나무껍질을 채취한다.

나무껍질 (약재)

잎

생육특성 물푸레나무는 전국의 산기슭이나 골짜기에 자생하는 낙엽활엽교목으로, 키는 10m 내외이다. 보통 관목상이고 **나무껍질**은 세로로 갈라지며 **일년생가지**는 회갈색이다. **잎**은 마주나고 홀수깃꼴겹잎이며, 잔잎은 보통 5개인데 3개 또는 7개인 것도 있다. 잔잎은 잎자루가 짧고 달걀모양으로 끝에 달린 것이 가장 크며 가장자리에 얕은 톱니가 있다. **꽃**은 암수딴그루이지만 양성화가 섞이는 경우도 있으며, 5~6월에 새 가지의 잎겨드랑이에 원추꽃차례를 이루며 달린다. **열매**는 시과로 날개가 있으며 9~10월에 익는다.

꽃

성분 나무껍질에는 에스쿨린(aesculin), 에스쿨레틴(aesculetin) 및 α·β·d-글루코시드(α·β·d-glucoside)인 에스쿨린이 함유되어 있다.

쓰임새 나무껍질은 생약명이 진피(秦皮)이며 청열, 명독, 항균 등의 효능이 있고 천식, 기침, 가래, 세균성 이질, 장염, 백대하, 만성 기관지염, 목적종통(目赤腫痛), 눈물 분비과다증 등을 치료한다. 최근에 물푸레나무의 추출물에 피부 미백 작용이 있다는 것이 밝혀졌다.

나무껍질

열매

종자

물푸레나무과

쥐똥나무
Ligustrum obtusifolium Siebold & Zucc.

- **이   명** : 개쥐똥나무, 남정실, 검정알나무, 귀똥나무, 수랍수(水蠟樹), 여정(女貞), 착엽여정(窄葉女貞), 싸리버들
- **생 약 명** : 수랍과(水蠟果)
- **사용 부위** : 열매
- **개 화 기** : 5~6월
- **채취 시기** : 열매는 10~11월에 채취한다.

열매
(채취품)

생육특성 쥐똥나무는 전국에 분포하는 낙엽활엽관목으로, 키는 2m 정도이다. **가지**가 가늘고 잔털이 있으나 2년지는 털이 없으며 회백색으로 많이 갈라진다. **잎**은 어긋나고 타원형으로 양끝이 뭉뚝하며 가장자리에 톱니가 없고 뒷면에는 털이 나 있다. **꽃**은 5~6월에 흰색으로 피며, 가지 끝의 총상 또는 겹총상꽃차례에 많은 꽃이 달린다. **열매**는 달걀 모양의 핵과이며 10~11월에 검은색으로 익는다.

성분 열매에는 β-시토스테롤(β-sitosterol), 세로트산(cerotic acid), 팔미트산(palmitic acid)이 함유되어 있다.

쓰임새 잘 익은 열매는 말려서 약용하는데, 생약명이 수랍과(水蠟果)이며 강장, 지혈 등의 효능이 있고 자한, 신체허약, 신허(腎虛), 유정, 토혈, 혈변 등을 치료한다.

잎 꽃

열매 나무껍질

미나리아재비과

개구리발톱
Semiaquilegia adoxoides (DC.) Makino

- **이 명** : 개구리망, 섬개구리망, 섬향수풀, 섬향수꽃
- **생 약 명** : 천규(天葵), 천규자(天葵子)
- **사용 부위** : 전초, 덩이뿌리, 종자
- **개 화 기** : 4~5월
- **채취 시기** : 4~5월에 전초를 채취하여 햇볕에 말린다. 덩이뿌리는 7~8월에 채취하여 수염뿌리를 제거하고 깨끗이 씻어 햇볕에 말린다.

전초
(약재)

생육특성 개구리발톱은 제주도와 호남지방의 산지에 분포하는 여러해살이풀로, 양지나 반그늘의 습도와 유기질 함량이 높은 곳에서 자란다. 키는 15~30cm이고, 뿌리는 덩이리 모양이며 줄기는 위에서 가지가 갈라진다. **뿌리잎**은 잎자루가 길며 3개의 잔잎으로 이루어지고 잔잎은 2~3개로 깊게 갈라지며 각 갈래조각에 둔한 결각이 있다. **꽃**은 흰 바탕에 붉은빛으로 4~5월에 피는데 아래를 향해 1송이씩 달리며, 꽃받침조각은 5개이고 꽃잎 같다. **열매**는 피침 모양의 골돌과로 7~8월에 달리며, 종자는 검은색으로 둥글고 겉에 주름이 진다.

꽃

성분 전초에는 세미아퀼리노사이드(semiaquilinoside), 덩이뿌리에는 알칼로이드류, 쿠마린(coumarin)류, 페놀류가 함유되어 있다.

쓰임새 청열해독(淸熱解毒) 작용을 하고 종기를 삭이며 뭉친 것을 풀어주고 소변이 잘 배출되도록 만든다. 전초는 천규(天葵), 덩이뿌리는 천규자(天葵子), 종자는 천년모자시종자(千年耗子屎種子)라 하며 약재로 사용한다. 또한 외용할 경우 전초와 종자는 짓찧어서 환부에 붙이고, 덩이뿌리는 짓찧어서 환부에 붙이거나 즙액을 한 방울씩 눈에 넣는다.

잎

꽃봉오리

미나리아재비과

노루귀
Hepatica asiatica Nakai

식품안전정보포털		
사용부위	가능	제한
뿌리	×	○

- **이　　　명** : 뽀족노루귀, 섬노루귀
- **생 약 명** : 장이세신(獐耳細辛)
- **사용 부위** : 어린잎, 전초
- **개 화 기** : 4~5월
- **채취 시기** : 이른 봄에 어린잎을 채취하고, 여름에 전초를 채취하여 햇볕에 말린다.

전초
(채취품)

생육특성 노루귀는 각지 산지의 토양이 비옥한 나무 밑에서 자라는 여러해살이풀로, 키는 9~14cm이다. 뿌리줄기가 비스듬히 자라고 많은 마디에서 잔뿌리가 사방으로 퍼진다. **잎**은 모두 뿌리에서 나오고 긴 잎자루가 있어 사방으로 퍼지며 가장자리가 3개로 갈라진다. **꽃**은 4~5월에 흰색, 분홍색, 청색으로 피는데, 꽃줄기 위로 1송이가 달린다. **열매**는 수과로 털이 나 있으며 6월에 총포에 싸여 익는다. 이른 봄에 잎이 나올 때는 말려서 나오며 뒷면에 털이 돋은 모습이 마치 노루의 귀와 같다고 하여 이 이름이 붙여졌다.

지상부

성분 뿌리에는 사포닌, 잎에는 배당체인 헤파트릴토빈(hepatrilobin), 사카로스(saccharose), 인베르틴(invertin) 등이 함유되어 있다.

쓰임새 진통, 진해, 소종에 효능이 있으며 두통, 치통, 복통, 해수(咳嗽), 장염, 설사 등을 치료한다.

꽃

종자 결실

뿌리

뿌리(약재)

미나리아재비과

복수초
Adonis amurensis Regel & Radde

- **이   명** : 가지복수초, 가지복소초, 눈색이속, 복풀(중)
- **생 약 명** : 복수초(福壽草)
- **사용 부위** : 전초
- **개 화 기** : 4월
- **채취 시기** : 꽃이 필 때 뿌리를 포함한 전초를 채취해 햇볕에 말린다.

전초
(채취품)

생육특성

복수초는 각지의 햇빛이 잘 드는 양지와 습기가 약간 있는 숲속에서 자라는 여러해살이풀로, 키는 10~30cm이다. 원줄기는 털이 없으나 때로는 윗부분에 털이 약간 있고 밑부분이 얇은 막질의 잎으로 싸인다. 잎은 어긋나고 3갈래로 갈라지며 끝이 둔하고 털이 없다. 꽃은 4월에 노란색으로 피는데, 원줄기 끝에 1개씩 달리며 가지가 갈라져서 2~3개씩 피는 것도 있다. 열매는 별사탕처럼 울퉁불퉁한 수과로 6~7월에 달린다. 우리나라에는 제주도에서 자라는 세복수초와 개복수초 및 복수초 3종류가 보고되었다. 여름이 되면 지상부가 없어진다.

잎

성분

시마린(cymarin), 시마롤(cymarol), 코르코로사이드(corchoroside) A, 콘발라톡신(convallatoxin), 리네올론(lineolone), 이소리네올론(isolineolone), 아도닐라이드(adonilide), 니코티노일이소라마논(nicotinoylisoramanone), 푸쿠쥬손(fukujusone), 푸무쥬소노론(fukujusonorone), 움벨리페론(umbelliferone), 스코폴레틴(scopoletin), 이소람논(isoramanone), 디기톡시게닌(digitoxigenin), 페르굴라린(pergularin), 스트로판티딘(strophanthidin), 벤조일리네올론(benzoyl-lineolone) 등이 함유되어 있다.

꽃

쓰임새

심장을 튼튼하게 하는 강심작용과 이뇨의 효능이 있어 심장쇠약, 가슴이 두근거리면서 불안한 증상, 정신쇠약, 수종, 소변이 잘 나오지 않는 증상 등을 다스린다. 그 밖에 만성 심부전이나 심장 대사기능 이상에 따른 질환을 치료한다.

열매

뿌리

미나리아재비과

사위질빵
Clematis apiifolia DC.

- **이 명** : 질빵풀, 백근초(百根草), 화목통(花木通), 근엽철선연(芹葉鐵線蓮)
- **생 약 명** : 여위(女萎)
- **사용 부위** : 덩굴줄기
- **개 화 기** : 7~9월
- **채취 시기** : 가을에 덩굴줄기를 채취한다.

덩굴줄기
(약재)

생육특성 사위질빵은 전국에 자생하는 덩굴성 낙엽활엽관목으로, 덩굴 길이가 3m에 달하며 줄기에 세로 능선이 있다. **어린가지**에는 잔털이 나 있고 가지가 갈라지면 옆의 나무나 다른 물체를 타고 올라간다. **잎**은 마주나고 3출엽이며, 잔잎은 달걀 모양 또는 달걀상 피침 모양에 가장자리에는 결각상의 톱니가 드문드문 나 있다. 잎의 표면에는 처음에 털이 나지만 점차 없어지고 뒷면 맥 위에 잔털이 있다. **꽃**은 흰색으로 7~9월에 원뿔 모양의 취산꽃차례로 피고, **열매**는 수과로 9~10월에 결실하며 5~10개씩 모여 달린다. 종자에는 흰색 또는 연한 갈색 털이 달려 있다.

성분 덩굴줄기와 잎 등 전체에는 퀘르세틴(quercetin), 스테롤(sterol), 유기산, 소량의 알칼로이드가 함유되어 있다.

쓰임새 덩굴줄기는 생약명이 여위(女萎)이며 근골동통, 관절통, 설사탈항(泄瀉脫肛), 경간한열(驚癎寒熱), 곽란설리(霍亂泄痢: 콜레라성 설사) 등을 치료한다.

잎 꽃

열매 덩굴줄기

미나리아재비과

할미꽃
Pulsatilla koreana (Yabe ex Nakai) Nakai ex Mori

- 이   명 : 노고초, 조선백두옹, 할미씨까비, 야장인(野丈人), 백두공(白頭公)
- 생 약 명 : 백두옹(白頭翁)
- 사용 부위 : 뿌리
- 개 화 기 : 4월
- 채취 시기 : 가을부터 이듬해 봄에 꽃이 피기 전까지 뿌리를 채취하여 이물질을 제거하고 햇볕에 말린다. 약재로 가공할 때에는 윤투(潤透)시킨 다음 얇게 절편하고 건조하여 사용한다.

뿌리 (채취품)

뿌리 (약재)

생육특성 할미꽃은 전국 각지의 산야에 분포하는 여러해살이풀로, 주로 양지쪽에 자란다. 뿌리는 땅속 깊이 들어가고 윗부분에서 많은 잎이 나온다. **잎**은 잎자루가 길고 5개의 작은잎으로 된 깃꼴겹잎이며, 전체에 긴 흰색 털이 밀생한다. **꽃**은 4월에 적자색으로 피며, 높이 30~40cm의 꽃줄기 끝에 밑을 향해 1송이가 달린다. **열매**는 긴 달걀 모양의 수과이고 겉에 흰색 털이 있다. 약용하는 뿌리는 둥근기둥 모양이나 원뿔형으로 약간 비틀려 구부러졌고 길이는 6~20cm, 지름은 0.5~2cm이다. 표면은 황갈색 또는 자갈색으로 불규칙한 세로 주름과 세로 홈이 있으며, 뿌리의 머리 부분은 썩어서 움푹 들어가 있다. 뿌리의 질은 단단하면서도 잘 부스러지고, 단면의 껍질부는 흰색 또는 황갈색이며, 목질부는 담황색이다.

꽃

성분 뿌리에는 사포닌 9%가 함유되어 있고, 아네모닌(anemonin), 헤데라게닌(hederagenin), 올레아놀산(oleanolic acid), 아세틸올레아놀산(acetyloleanolic acid) 등이 함유되어 있다.

쓰임새 해열, 해독, 소염, 살균 등의 효능이 있어 열을 내리고 독을 풀어주며, 혈액의 열을 내리고 설사를 멈추게 한다. 열독, 혈변, 음부의 가려움증과 대하를 치료하고, 그 밖에도 아메바성 이질, 말라리아 등을 치료하는 데 사용한다.

잎 종자 결실

박과

하늘타리
Trichosanthes kirilowii Maxim.

- **이 명** : 쥐참외, 하눌타리, 하늘수박, 천선지루
- **생 약 명** : 괄루(栝蔞), 괄루인(栝蔞仁), 괄루근(栝蔞根), 천화분(天花粉)
- **사용 부위** : 열매, 잘 익은 종자, 덩이뿌리
- **개 화 기** : 7~8월
- **채취 시기** : 열매와 종자는 가을과 겨울에 채취한다. 채취한 열매는 겉껍질을 제거하고 쪼개서 건조하거나 이물질을 제거하고 가늘게 썰어서 사용한다. 종자는 채취하여 햇볕에 말려서 사용한다. 뿌리는 가을부터 이른 봄 사이에 채취하여 깨끗이 씻은 후 겉껍질을 벗겨내고 햇볕에 말려서 사용한다.

덩이뿌리 (약재)

종자 (약재)

생육특성

하늘타리는 중부 이남의 산야에 분포하는 덩굴성 여러해살이풀로, 뿌리는 고구마같이 굵어지고 덩굴손으로 다른 물체를 감으면서 올라간다. 잎은 어긋나고 손바닥처럼 5~7개로 갈라지며 갈래조각에는 거친 톱니가 있다. 꽃은 암수딴그루로 7~8월에 흰색으로 피는데, 꽃받침과 꽃잎은 각각 5개로 갈라지며 갈래조각은 다시 실처럼 갈라진다. 열매는 둥글고 오렌지색으로 익으며 안에는 연한 회갈색 종자가 많이 들어 있다. 약재로 쓰이는 덩이뿌리는 불규칙한 둥근기둥 모양, 양끝이 뾰족한 원기둥 모양 또는 편괴상으로 길이 8~16cm, 지름 1.5~5.5cm이다. 표면은 황백색 또는 옅은 갈황색으로 세로 주름과 가는 뿌리의 흔적 및 약간 움푹하게 들어간 가로로 긴 피공(皮孔)이 있고 황갈색의 겉껍질이 남아 있다. 질은 견실하고, 단면은 흰색 또는 담황색으로 분성(粉性)이 풍부하다.

성분

열매에는 트리테르페노이드 사포닌(triterpenoid saponin), 유기산, 리신(resin) 등이 함유되어 있으며, 종자에는 지방이 들어 있다. 덩이뿌리의 유효성분은 트리코산틴(trichosanthin)으로 여러 종류의 단백질 혼합물이다. 또한 덩이뿌리에는 1% 정도의 사포닌이 함유되어 있다.

쓰임새

진액을 생성하고 갈증을 멈추는 생진지갈(生津止渴), 하기를 내리고 조성을 윤택하게 하는 강화윤조(降火潤燥), 농을 배출하고 종양을 삭이는 배농소종(排膿消腫) 등의 효능이 있어서 열병으로 입이 마르는 증상, 소갈, 황달, 폐조해혈(肺燥咳血), 옹종치루 등을 치료한다.

잎

꽃

열매

열매(채취품)

박주가리과

박주가리
Metaplexis japonica (Thunb.) Makino

- **이   명** : 고환(苦丸), 작표(雀瓢), 백환등(白環藤), 세사등(細絲藤), 양각채(羊角菜)
- **생 약 명** : 나마(蘿藦), 천장각(天漿殼)
- **사용 부위** : 전초, 열매껍질
- **개 화 기** : 7~8월
- **채취 시기** : 가을에 열매가 익으면 채취해 햇볕에 말리거나 생것으로 사용한다.

열매
(채취품)

> **생육 특성**

박주가리는 건조한 양지에서 자라는 덩굴성 여러해살이풀로, 줄기는 3m 이상 자란다. **줄기**나 잎을 자르면 흰색 유즙이 나온다. **잎**은 마주나고 달걀 모양에 끝이 뾰족하다. **꽃**은 자주색으로 7~8월에 잎겨드랑이에서 총상꽃차례로 핀다. **열매**는 뿔 모양의 골돌과로 8~10월에 달린다. 흔히 박주가리와 혼동하는 식물로 큰조롱(*Cynanchum wilfordii*)과 하수오(*Fallopia multiflora*)가 있다. 같은 박주가리과의 큰조롱은 생약명이 백수오이며 은조롱이나 하수오라는 이명으로도 불린다. 이 하수오라는 이명 때문에 마디풀과에 속하는 하수오와 혼동하는 식물이다. 큰조롱은 박주가리처럼 줄기에서 유즙이 나오며 꽃은 연한 황록색인데, 하수오는 유즙이 없으며 꽃은 흰색이다.

꽃

줄기에서 나오는 즙

> **성분**

뿌리에는 벤조일라마논(benzoylramanone), 메타플렉시게닌(metaplexigenin), 이소라마논(isoramanone), 사르코시틴(sarcositin)이 함유되어 있다. 잎과 줄기에는 디기톡소오스(digitoxose), 사르코스틴(sarcostin), 우텐딘(utendin), 메타플렉시게닌 등이 함유되어 있다.

열매

> **쓰임새**

전초는 생약명이 나마(蘿藦)이며 정액과 기를 보하는 보익정기(補益精氣), 젖이 잘 나오게 하는 통유(通乳), 독을 풀어주는 해독 등의 효능이 있어 신(腎)이 허해서 오는 유정(遺精), 방사(성행위)를 지나치게 많이 하여 오는 기의 손상, 양도(陽道)가 위축되는 양위(陽萎), 여성의 냉이나 대하, 젖이 잘 나오지 않는 유즙불통, 단독, 창독, 뱀이나 벌레 물린 상처 등을 치료한다. 열매껍질은 생약명이 천장각(天漿殼)이며 폐의 기운을 깨끗하게 하고 가래를 없애는 청폐화담(淸肺化痰), 기침을 멈추고 천식을 다스리는 지해평천(止咳平喘), 발진이 솟아나오도록 하는 투진(透疹) 등의 효능이 있다.

박주가리과

큰조롱

Cynanchum wilfordii (Maxim.) Hemsl.

식품안전정보포털		
사용부위	가능	제한
덩이뿌리	×	○

- **이 명** : 은조롱, 격산소(隔山消), 태산하수오(泰山何首烏)
- **생 약 명** : 백수오(白首烏)
- **사용 부위** : 덩이뿌리
- **개 화 기** : 7~8월
- **채취 시기** : 가을에 잎이 마른 다음이나 이른 봄 싹이 나오기 전에 채취하여 이물질과 수염뿌리, 겉껍질을 제거하고 절편하여 햇볕에 말린다. 하수오처럼 검정콩 삶은 물을 (약재 무게의 10~15%의 검정콩을 충분히 삶아서 우려낸 물을 모아 사용) 흡수시켜 시루에 찌고 말리는 과정을 반복하면 더욱 좋으나 하수오에 비해 독성이 없으므로 반드시 포제를 해야 하는 것은 아니다.

덩이뿌리 (채취품)

덩이뿌리 (약재)

생육특성

큰조롱은 각지의 산야 또는 양지바른 곳에 분포하고 농가에서도 재배하는 덩굴성 여러해살이풀로, 덩굴줄기는 1~3m까지 뻗는다. **원줄기**는 둥근기둥 모양으로 가늘고 왼쪽으로 감아 오르며, 상처를 내면 흰 유액이 흐른다. **꽃**은 연한 황록색으로 7~8월에 잎겨드랑이에서 산형꽃차례로 핀다. **열매**는 골돌과로 길이가 8cm, 지름이 1cm 정도이다. 약재로 사용하는 육질의 덩이뿌리는 타원형으로, 줄기가 붙는 머리 부분은 가늘지만 아래로 내려갈수록 두꺼워지다가 다시 가늘어진다. 한방에서는 큰조롱의 덩이뿌리를 백수오(白首烏)라고 부르며 약용한다. 그런데 일반인들 사이에서 큰조롱을 흔히 은조롱, 하수오라는 이명으로 부르며 마디풀과의 약용식물인 하수오(Fallopia multiflora)와 혼동하는 경우를 자주 볼 수 있다. 이처럼 혼동하게 된 이유는 붉은빛을 띤 하수오의 덩이뿌리를 적하수오라고 하면서, 백수오라는 생약명이 있는 큰조롱의 덩이뿌리를 백하수오라고 잘못 부른 데서 비롯되었다. 두 식물 모두 덩이뿌리를 약용하긴 하지만 동일한 약재는 아니므로 구분해서 사용해야 한다.

성분

시난콜(cynanchol), 크리소파놀(chrysophanol), 에모딘(emodin), 레인(rhein) 등이 함유되어 있다.

쓰임새

간과 신을 보하는 보간신(補肝腎), 근육과 뼈를 튼튼하게 하는 강근골(强筋骨), 소화기능을 튼튼하게 하는 건비보위(健脾補胃), 독을 풀어주는 해독 등의 효능이 있어서 간과 신이 모두 허한 증상, 머리와 눈이 어지러운 증상, 불면증이나 건망증, 머리가 빨리 희어지는 증상, 유정, 허리와 무릎이 시리고 아픈 증상, 비의 기능이 허하여 기를 온몸에 돌려주는 기능이 저하된 증상, 위가 더부룩하고 헛배 부른 증상, 식욕부진, 설사, 출산 후 젖이 잘 나오지 않는 증상 등에 사용할 수 있다.

잎

꽃

덩굴줄기

열매

방기과

댕댕이덩굴
Cocculus trilobus (Thunb.) DC.

- **이 명** : 끗비돗초, 댕강덩굴, 댕댕이넝굴, 청등자(靑藤子), 소갈자(小葛子), 구갈자(狗葛子), 한방기(漢防己)
- **생 약 명** : 목방기(木防己), 청단향(靑檀香)
- **사용 부위** : 뿌리, 줄기와 잎
- **개 화 기** : 5~6월
- **채취 시기** : 뿌리는 가을부터 이듬해 봄, 줄기와 잎은 10~11월에 채취한다.

줄기
(약재)

생육특성 댕댕이덩굴은 전국의 산비탈이나 밭둑, 울타리 등에서 자라는 낙엽덩굴성 관목으로, 덩굴 길이는 3m 내외이다. 줄기와 잎에는 털이 있으며, **줄기**는 어릴 때 녹색이지만 오래되면 회색이 된다. **잎**은 어긋나고, 달걀 모양 또는 달걀상 원형에 윗부분이 3개로 갈라진 것도 있으며 가장자리에는 톱니가 없지만 얕은 결각이 있는 경우도 있다. **꽃**은 암수딴그루로 5~6월에 피며, 잎겨드랑이의 원추꽃차례에 황백색으로 달린다. **열매**는 구형의 핵과이며 9~10월에 분백색을 띤 흑색 또는 흑청색으로 익는다.

꽃

성분 뿌리에는 트릴로빈(trilobine), 이소트릴로빈(isotrilobine), 호모트릴로빈(homotrilobine), 트릴로바민(trilobamine), 노르메니사린(normenisarine), 마그노플로린(magnoflorine), 줄기와 잎에는 코쿨로리딘(cocculolidine), 이소볼딘(isoboldine)이 함유되어 있다.

쓰임새 뿌리는 생약명이 목방기(木防己)이며 고미건위(苦味健胃: 쓴맛으로 인해 위를 튼튼하게 함), 소염, 진통, 이뇨, 해독의 효능이 있고 종기, 류머티즘에 의한 관절염, 반신불수, 중풍, 감기, 요통, 파상풍, 종독, 신장염, 부종, 요로감염, 습진, 신경통 등을 치료한다. 줄기와 잎은 생약명이 청단향(靑檀香)이며 제풍마비(除風痲痺: 풍사를 제거하여 마비를 치료함), 각슬소양(脚膝瘙痒: 다리의 부스럼과 종기를 치료함), 거습, 이뇨의 효능이 있고 종기, 위통 등을 치료한다. 댕댕이덩굴의 추출물은 다이옥신 유사물질에 대하여 길항작용을 나타낸다는 연구 결과가 나왔다.

잎

열매

백합과

둥굴레

Polygonatum odoratum var. *pluriflorum* (Miq.) Ohwi

식품안전정보포털		
사용부위	가능	제한
뿌리, 잎	○	×

- 이   명 : 맥도둥굴레, 애기둥굴레, 좀둥굴레, 여위(女萎)
- 생 약 명 : 옥죽(玉竹), 위유(葳蕤)
- 사용 부위 : 뿌리줄기
- 개 화 기 : 6~7월
- 채취 시기 : 지상부 잎과 줄기가 다 말라 죽는 가을부터 이른 봄 싹이 나기 전까지 뿌리줄기를 채취하는데 줄기와 수염뿌리를 제거한 후 수증기로 쪄서 말린다.

뿌리
(채취품)

뿌리
(약재)

잎 / 꽃 / 열매 / 둥굴레(위)와 진황정(아래) 비교

생육특성 둥굴레는 전국 각지의 산지에서 자생하거나 농가에서 많이 재배하는 여러해살이풀로, 키는 30~60cm이다. **줄기**는 곧게 서고 6개의 능각이 있으며 끝은 비스듬히 처진다. 굵은 육질의 뿌리줄기는 옆으로 뻗고 황백색을 띤다. **잎**은 어긋나고 한쪽으로 치우쳐서 퍼지며 잎자루가 없다. **꽃**은 밑부분은 흰색, 윗부분은 녹색으로 6~7월에 피며, 줄기의 중간 부분부터 1~2송이씩 잎겨드랑이에 달린다. 2개의 작은 꽃자루가 밑부분에서 합쳐져 꽃대로 된다. **열매**는 둥근 장과이며 9~10월에 검은색으로 익는다.

성분 콘발라마린(convallamarin), 콘발라린(convallarin), 켈리돈산(chelidonic acid), 아제티딘-2-카르본산(azetidine-2-carbonic acid), 캠페롤-글루코시드(kaempferol-glucoside), 퀘르시톨-글리코시드(quercitol-glycoside) 등이 함유되어 있다.

쓰임새 몸 안의 진액과 양기를 길러주는 자양, 폐가 건조하지 않도록 윤활하게 해주는 윤폐(潤肺), 갈증을 멈추게 하는 지갈, 진액을 생성해주는 생진(生津) 등의 효능이 있어 허약체질 개선과 폐결핵, 마른기침, 가슴이 답답하고 갈증이 나는 번갈(煩渴), 당뇨병, 심장쇠약, 협심통, 소변이 자주 마려운 소변빈삭(小便頻數) 등의 치료에 응용한다.

백합과

말나리

Lilium distichum Nakai ex Kamib.

식품안전정보포털		
사용부위	가능	제한
비늘줄기, 잎	○	×

- **이   명** : 왜말나리
- **생 약 명** : 백합(百合), 백합화(百合花), 백합자(百合子)
- **사용 부위** : 비늘줄기, 꽃, 종자
- **개 화 기** : 6~8월
- **채취 시기** : 땅속 비늘줄기를 가을에 채취하여 깨끗이 씻어서 끓는 물에 잠깐 담갔다가 건져 내거나, 살짝 쪄서 불에 쬐거나 햇볕에 말린다.

비늘줄기
(채취품)

생육특성 말나리는 낙엽수림 아래 습윤한 반그늘의 비옥한 토양에서 자라는 여러해살이풀로, 키는 80cm 정도이다. **줄기**는 곧게 서며 털이 없고, 비늘줄기는 흰색이며 반점이 있다. **잎**은 줄기잎과 윤생엽이 있는데, 윤생엽은 4~9개가 돌려나며 달걀 모양으로 끝이 뾰족하다. **꽃**은 6~8월에 황적색으로 피며, 줄기 끝에서 1~10개가 옆을 향해 달린다. **열매**는 둥근 삭과이며 9~10월에 달리고, 안에는 둥글고 편평한 종자가 겹겹이 들어 있다.

잎

성분 콜히친(colchicine), 판토텐산(pantothenic acid), β-카로티노이드(β-carotinoid)가 함유되어 있다.

꽃

쓰임새 폐를 윤활하게 하는 윤폐(潤肺), 기침을 멈추게 하는 진해, 심기를 맑게 하는 청심(淸心), 정신을 안정시키는 안신(安神), 강장 등의 효능이 있어 폐결핵, 해수(咳嗽)를 치료하고 열병 후의 남은 열을 제거한다. 또한 경기와 심계항진(心悸亢進: 가슴 두근거림이 멈추지 않고 계속됨), 정신불안, 신체허약 등을 치

종자 결실

료한다. 꽃은 정신을 안정시키는 효능이 있고 폐를 윤활하게 하며 해수, 현기증, 야침불안(夜寢不安: 밤이 되면 느끼는 불안감), 천포습창(天疱濕瘡: 물집이 생기는 창양)을 치료한다. 종자는 장풍하혈(腸風下血)을 치료하는데, 술을 흡수시켜 약간 빨갛게 될 정도로 볶아서 가루로 만들어 뜨거운 물에 섞어 마신다.

백합과

맥문동
Liriope platyphylla F. T. Wang & T. Tang

식품안전정보포털		
사용부위	가능	제한
뿌리	×	○

- **이   명** : 알꽃맥문동, 넓은잎맥문동, 맥동(麥冬), 문동(門冬)
- **생 약 명** : 맥문동(麥門冬)
- **사용 부위** : 덩이뿌리
- **개 화 기** : 5~7월
- **채취 시기** : 반드시 겨울을 넘겨 봄(4월 하순~5월 초순)에 채취하여 건조하고, 포기는 다시 정리하여 분주묘(分株苗: 포기나누기용 묘)로 사용한다.

덩이뿌리 (채취품)

덩이뿌리 (약재)

잎

꽃

열매

심 제거하는 모습

생육특성 맥문동은 중부 이남 산지의 반그늘 또는 햇빛이 잘 드는 나무 아래에서 자라는 상록 여러해살이풀로, 키는 30~50cm이다. 뿌리줄기는 굵고 짧으며 잔뿌리가 내린다. 뿌리 끝에는 흰색의 덩이뿌리가 달린다. 줄기는 잎과 따로 구분되지 않는다. 잎은 짙은 녹색이며 밑에서 모여나는데, 끝이 뾰족해지다가 둔해지기도 하고 밑부분이 가늘어져서 잎자루 비슷하게 된다. 겨울에도 지상부에 잎이 남아 있어 쉽게 찾을 수 있다. 꽃은 자주색으로 5~7월에 1마디에 여러 송이가 핀다. 열매는 10~11월에 푸른색으로 달리는데, 껍질이 벗겨지면 검은색 종자가 나타난다. 주변에 조경용으로 많이 심어 친숙한 식물이다.

성분 오피오포고닌(ophiopogonin) A~D, β-시토스테롤(β-sitosterol), 스티그마스테롤(stigmasterol) 등이 함유되어 있다.

쓰임새 음기를 자양하고 폐를 윤활하게 하는 자음윤폐(養陰潤肺), 심의 기능을 맑게 하여 번다(煩多: 체한 것처럼 가슴이 답답하고 괴로운 증상) 증상을 제거하는 청심제번(淸心除煩), 위의 기운을 돕고 진액을 생성하는 익위생진(益胃生津) 등의 효능이 있어 폐의 건조함으로 오는 마른기침을 다스리는 폐조건해(肺燥乾咳), 토혈, 각혈, 폐의 기운이 위축된 증상, 폐옹(肺癰), 허로번열(虛勞煩熱), 소갈(消渴), 열병으로 진액이 손상된 열병상진(熱病傷津), 인후부의 건조함과 입안이 마르는 인건구조(咽乾口燥), 변비 등을 치료한다.

백합과

무릇
Scilla scilloides (Lindl.) Druce

- 이　　　명 : 물구, 물굿, 물구지
- 생 약 명 : 면조아(綿棗兒)
- 사용 부위 : 비늘줄기, 잎
- 개 화 기 : 7~8월
- 채취 시기 : 이른 봄에 어린잎을 채취하고, 가을에 땅속 비늘줄기를 채취하여 햇볕에 말린다.

비늘줄기
(채취품)

생육특성 무릇은 들이나 산의 양지바른 곳에서 무성하게 자라는 여러해살이풀로, 키는 20~50cm이다. 비늘줄기는 달걀상 구형이며 겉껍질은 흑갈색이고 수염뿌리가 내린다. **잎**은 줄 모양으로 끝이 날카로우며 여러 개가 밑동에서 나온다. **꽃**은 진한 분홍색으로 7~8월에 꽃대 끝에서 총상꽃차례를 이루며 핀다. **열매**는 둥근 삭과이며 9~10월에 달리고, 종자는 넓은 피침 모양이다.

성분 비늘줄기에는 과당, 자당, 전분 아밀로펙틴(amylopectin)과 같은 다당류, 이눌린(inulin)과 같은 다당, 프로-스킬라리딘(pro-scillaridin) A, 유독(有毒) 글루코시드(glucoside)가 함유되어 있다.

쓰임새 혈액순환을 원활하게 하는 활혈, 통증을 멈추게 하는 진통, 종기를 삭이는 소종 등의 효능과 강심작용이 있어 요통, 근육과 뼈가 아픈 근골통증, 타박상, 장염, 유선염, 옹종 등을 치료한다.

잎　　　　　　　　　　　　　꽃

종자 결실　　　　　　　　　　전초

백합과

비비추

Hosta longipes (Franch. & Sav.) Matsum.

식품안전정보포털		
사용부위	가능	제한
잎	○	×

- **이   명** : 장병옥잠, 장병백합
- **생 약 명** : 자옥잠(紫玉簪), 자옥잠근(紫玉簪根), 자옥잠엽(紫玉簪葉)
- **사용 부위** : 꽃, 뿌리, 잎
- **개 화 기** : 7~8월
- **채취 시기** : 꽃이 필 때 꽃과 뿌리를 포함한 전초를 채취해 햇볕에 말린다.

전초
(채취품)

생육특성 비비추는 중부 이남 산골짜기의 반그늘이나 햇빛이 잘 드는 약간 습한 지역에서 자라는 여러해살이풀로, 키는 35cm 내외이다. 줄기는 잎과 따로 구분되지 않고, 많은 뿌리가 사방으로 뻗는다. **잎**은 모두 뿌리에서 돋아 비스듬히 퍼지며, 달걀상 심장 모양으로 끝이 뾰족하고 두꺼운 가죽질이다. **꽃**은 7~8월에 연한 보라색으로 피는데, 얇은 막질의 포에 싸여 줄기를 따라 종 모양으로 달린다. **열매**는 긴 타원형의 삭과로 9~10월에 달리며, 그 안에는 종자가 검은색의 얇은 막으로 싸여 있다.

잎

꽃

성분 사포닌이 함유되어 있다.

열매

쓰임새 각 부위별로 달리 사용하는데 꽃은 기의 운행이 순조롭게 되도록 조절하는 조기(調氣), 혈을 고르게 하는 화혈(和血), 보허(補虛)의 효능이 있어 부녀허약(婦女虛弱), 자궁출혈과 대하, 정액이 흘러나가는 유정, 토혈, 목 안이 벌겋게 붓는 증상을 치료한다. 뿌리는 기를 잘 통하게 하고 보허와 화혈, 통증을 멈추게 하는 효능이 있어 목 안이 붓고 아픈 증세, 치통, 위통, 월경이 멈추지 않고 계속되는 자궁출혈, 대하, 피부화농증(종기), 연주창을 치료한다. 잎은 자궁출혈과 대하, 궤양을 치료한다.

지상부

백합과

산자고
Tulipa edulis (Miq.) Baker

- **이   명** : 물구, 물굿, 까치무릇
- **생 약 명** : 산자고(山慈姑), 광자고(光慈姑), 금등롱(金燈籠)
- **사용 부위** : 비늘줄기
- **개 화 기** : 4~5월
- **채취 시기** : 5~6월 꽃이 진 후 땅속 비늘줄기를 채취하여 햇볕에 말린다.

비늘줄기 (채취품)

비늘줄기 (약재)

생육특성 산자고는 중부 이남 산과 들의 토양이 비옥한 양지쪽에 자라는 여러해살이풀로, 키는 20cm 정도이다. 비늘줄기는 표면이 엷은 자갈색이고 밑에 수염뿌리가 많이 나며 비늘조각 안쪽에 갈색털이 밀생한다. **잎**은 2장이 뿌리에서 나오는데 끝이 날카롭다. **꽃**은 흰색으로 4~5월에 줄기 끝에서 1송이가 피는데, 위를 향해 벌어진 넓은 종 모양이다. 꽃잎 뒷부분은 자주색 선이 선명하다. **열매**는 세모진 삭과이며 7~8월에 달린다. 일반적으로 다른 꽃들은 곧추 서서 자라지만 산자고는 비스듬히 옆으로 누워 있는 모습이다. 중국에서는 광자고(光慈姑)로 불린다.

성분 전분, 스테로이드 사포닌, 알칼로이드인 콜히친(colchicine)이 함유되어 있다.

쓰임새 종기를 삭이고 기침을 멎게 하며 독성을 풀어주는 효능이 있어서 목구멍이 붓고 아픈 인후염, 산후어혈로 인한 여러 가지 증세, 화농성 종기, 옴 등을 치료한다.

꽃

종자 결실

전초

백합과

얼레지

Erythronium japonicum (Balrer) Decne.

식품안전정보포털		
사용부위	가능	제한
잎	○	×

- **이 명** : 가재무릇
- **생 약 명** : 차전엽산자고(車前葉山慈姑), 편율전분(片栗澱粉)
- **사용 부위** : 비늘줄기, 잎
- **개 화 기** : 4월
- **채취 시기** : 이른 봄에 잎을 채취하여 식용하고, 비늘줄기는 여름에 채취하여 말린다.

비늘줄기
(채취품)

잎
(채취품)

잎

꽃

종자 결실

생육특성 얼레지는 전국 높은 산의 물 빠짐이 좋은 반그늘의 비옥한 토양에서 자라는 여러해살이풀로, 키는 20~30cm이다. 꽃대가 잎 사이에서 나오므로 줄기로 구분되기 어렵고 비늘줄기는 한쪽으로 굽은 피침 모양에 가깝다. **잎**은 처음부터 땅에 붙어 나오는데, 잎자루가 있으며 좁은 달걀 모양 또는 긴 타원형으로 가장자리가 밋밋하지만 약간 주름이 지고 표면은 녹색 바탕에 자주색 무늬가 있다. **꽃**은 4월에 자주색으로 피며, 꽃줄기 끝에 1개가 밑을 향해 달리고 1경1화(1개의 구근에서 1개의 꽃이 피는 것)이다. 아침에는 꽃봉오리가 닫혀 있다가 햇빛이 비치면 꽃잎이 벌어지는데, 그 시간은 불과 10분 이내이다. 오후가 가까워지면 꽃잎이 뒤로 말린다. 꽃 안쪽에는 짙은 자색으로 된 'W' 자 모양의 무늬가 선명하게 있다. **열매**는 타원형 또는 공 모양이고 6~7월에 갈색으로 변하며, 종자는 검은색으로 뒤에 흰 액 같은 것이 붙어 있다. 씨방이 아래로 향해 있기 때문에 시기를 놓치면 종자가 쏟아져 받을 수 없다. 종자 발아로 생긴 구근은 해마다 땅속 깊이 들어가는데 많이 들어간 경우는 30cm 정도이고 보통 20cm 정도 들어가 있다. 간혹 흰얼레지[*Erythronium japonicum* (Balrer) Decne. for. *album* T. Lee]가 발견되기도 하는데, 이는 외국에서 자생하는 흰얼레지와는 다른 형태의 것으로 생각된다.

성분 비늘줄기에는 40~50%의 전분이 함유되어 있고, 꽃에는 시아니딘(cyanidin), 3,5-디글루코시드(3,5-diglucoside)가 함유되어 있다.

쓰임새 위를 튼튼하게 하는 건위, 구토를 멎게 하는 진토, 설사를 멎게 하는 지사의 효능이 있어서 위장염, 구토, 설사와 이질, 화상 등을 치료하며 최고급 전분의 원료로도 사용된다.

백합과

원추리
Hemerocallis fulva (L.) L.

식품안전정보포털		
사용부위	가능	제한
어린잎, 꽃봉오리	○	×

- **이　　　명** : 넘나물, 들원추리, 큰겹원추리, 겹첩넘나물, 홑왕원추리
- **생 약 명** : 금침채(金針菜), 훤초근(萱草根), 훤초눈묘(萱草嫩苗)
- **사용 부위** : 화뢰, 뿌리, 어린모
- **개 화 기** : 6~8월
- **채취 시기** : 이른 봄에 어린순을 채취하고, 여름에는 꽃, 가을에는 뿌리를 채취하여 햇볕에 말린다.

전초
(채취품)

생육특성

원추리는 산지 계곡이나 산기슭의 습도가 높고 토양이 비옥한 곳에서 자라는 숙근성 여러해살이풀로, 키는 50~100cm이다. 줄기는 잎과 구분되지 않으며, 뿌리는 가늘고 끝에 가서 부풀어 방추형의 육질 덩이뿌리가 생긴다. **잎**은 밑에서 2줄로 마주나고 끝이 둥글게 뒤로 젖혀지며 흰빛을 띤 녹색이다. **꽃**은 6~8월에 노란색으로 피는데, 원줄기 끝에서 짧은 가지가 갈라지며 6~8송이가 뭉쳐 달린다. 아침에 피었다가 저녁에 시들며 꽃이 계속해서 피고 진다. **열매**는 타원형 삭과로 9~10월에 달리고, 3각으로 벌어지며 검은색 종자가 나온다.

잎

성분

꽃에는 비타민 A가 풍부하고, 잎에는 비타민 C가 함유되어 있다. 뿌리에는 아스파라긴(asparagine), 콜히친(colchicine), γ-하이드로 글루탐산(γ-hydro glutamic acid), 프리델린(friedelin), β-시토스테롤(β-sitosterol), D-글루코시드(D-glucoside), 비타민 A·B·C, 티로신(tyrosine), 아르기닌(arginine), 락트산(lactic acid), 리신(lysine), 에틸벤조에이트(ethylbenzoate)가 함유되어 있다.

꽃

종자 결실

쓰임새

꽃은 습사와 열사를 내려주고 흉격의 기를 잘 통하게 하는 관흉격(寬胸膈)의 효능이 있어서 소변이 붉고 시원치 않은 증세, 가슴 답답증, 번열증, 우울증, 불면증, 치질로 인한 혈변을 치료한다. 뿌리는 수도를 이롭게 하는 이수(利水), 혈분의 열을 식히는 양혈의 효능이 있어서 체내 수습이 정체되어 발생하는 부종, 배뇨 곤란, 임질, 대하, 황달, 코피, 혈변, 툰루, 유옹(乳癰), 석림(石淋: 임질의 하나. 콩팥이나 방광에 돌처럼 굳은 것이 생겨서 소변볼 때 요도 통증이 심하며 돌이 섞여 나옴) 등을 치료한다. 어린순은 습사와 열사를 내려주고 가슴을 편안하게 해주며, 소화를 촉진하고 체증을 가라앉히는 효능이 있어서 가슴이 답답하고 열이 나는 증상, 황달, 소변이 붉고 시원치 않은 증세를 치료한다.

백합과

은방울꽃
Convallaria keiskei Miq.

- 이　　　명 : 초롱꽃, 향수화(香水花), 초옥란(草玉蘭), 초옥령(草玉鈴)
- 생 약 명 : 영란(鈴蘭)
- 사용 부위 : 전초 및 뿌리
- 개 화 기 : 4~5월
- 채취 시기 : 전초는 꽃이 피는 시기에 채취하고, 뿌리는 8월경에 채취하여 햇볕에 말린다.

전초
(채취품)

잎 / 뿌리 / 열매 / 꽃 / 잎(채취품)

생육특성 은방울꽃은 전국 각처의 산지에서 자생하는 숙근성 여러해살이풀로, 꽃대의 높이는 20~35cm이다. **줄기**는 털이 없이 매끄러우며, 땅속줄기가 옆으로 길게 뻗고 군데군데에서 지상으로 새순이 나오며 밑부분에 수염뿌리가 있다. **잎**은 2개가 밑부분을 서로 감싸 원줄기처럼 되며, 타원형 또는 달걀 모양으로 끝이 뾰족하다. **꽃**은 4~5월에 흰색으로 피는데, 작은 종 모양의 꽃이 총상꽃차례 한쪽으로 치우쳐 달린다. **열매**는 둥근 장과이며 6~7월에 붉은색으로 익는다. 꽃이 아름다워서 분재로 만들거나 정원에 관상용으로 많이 심는다.

성분 잎과 뿌리에는 콘발라톡신(convallatoxin), 콘발라톡솔(convallatoxol), 콘발로시드(convalloside), 콘발라린(convallarin), 콘발라마린(convallamarin) 등이 함유되어 있으며, 독성물질은 잎보다 뿌리 부분에 많다.

쓰임새 심장 기능을 강화하는 강심, 소변을 잘 나가게 하는 이수, 혈을 잘 통하게 하는 활혈 등의 효능이 있어서 심장쇠약, 소변불리, 부종, 타박상 등의 치료에 사용한다.

백합과

참나리
Lilium lancifolium Thunb.

- **이 명** : 백백합(白百合), 산뇌과(蒜腦薯)
- **생 약 명** : 백합(百合)
- **사용 부위** : 비늘줄기의 인편(비늘조각)
- **개 화 기** : 7~8월
- **채취 시기** : 가을에 비늘줄기를 채취하여 끓는 물에 약간 삶아 비늘조각을 햇볕에 말린다.

비늘줄기
(약재)

잎 　　　　꽃봉오리와 꽃 　　　　살눈이 달린 줄기
　　　　　종자 결실 　　　　　　　꽃(채취품)

생육특성　　참나리는 전국 각지에 분포하는 숙근성 여러해살이풀로, 키는 1~2m이다. **줄기**는 곧게 자라고 흑자색을 띠며 어릴 때는 흰색 털로 덮인다. 비늘줄기는 둥글고 밑에서 뿌리가 나온다. **잎**은 어긋나고 피침 모양이며 잎겨드랑이에는 자갈색의 살눈이 달린다. 이 살눈이 땅에 떨어지면 뿌리를 내리고 싹이 튼다. **꽃**은 7~8월에 피는데, 황적색 바탕에 흑자색 점이 퍼진 꽃 4~20개가 원줄기와 가지 끝에 밑을 향해 달린다. 번식할 때에는 살눈을 심거나 비늘줄기 조각을 심는데 살눈 번식은 시간이 많이 걸린다.

성분　　전분, 당류, 카로티노이드(carotenoid), 콜히친(colchicine) 등이 함유되어 있다.

쓰임새　　폐의 기운을 윤활하고 촉촉하게 하는 윤폐(潤肺), 기침을 멈추게 하는 지해(止咳), 심열을 내리는 청심, 정신을 안정시키는 안신(安神), 몸을 튼튼하게 하는 강장 등의 효능이 있어서 폐결핵, 해수, 정신불안, 신체허약 등에 사용하며, 폐나 기관지 관련 질환에 널리 응용할 수 있다.

백합과

천문동
Asparagus cochinchinensis (Lour.) Merr.

식품안전정보포털		
사용부위	가능	제한
덩이뿌리	×	○

- **이 명** : 천동(天冬), 천문동(天文冬)
- **생 약 명** : 천문동(天門冬)
- **사용 부위** : 덩이뿌리
- **개 화 기** : 5~6월
- **채취 시기** : 가을과 겨울에 덩이뿌리를 채취하여 끓는 물에 데쳐서 껍질을 벗기고 햇볕에 말린다. 이물질을 제거하고 물로 깨끗이 씻어 속심을 제거하고 절단하여 말린다. 때로는 거심하지 않고 그대로 절단하여 사용하기도 한다.

덩이뿌리 (채취품)

덩이뿌리 (약재)

생육특성

천문동은 중부 이남의 서해안에 주로 자생하는 덩굴성 여러해살이풀로, 덩굴줄기는 가늘고 평활하며 길이 1~2m까지 자란다. **잔가지**는 1~3개씩 모여나고 가는 잎 모양으로 끝이 뾰족하여 가시 같으며 활처럼 약간 굽어 있다. **꽃**은 5~6월에 담황색으로 피며, 잎겨드랑이에 1~3개씩 달린다. **열매**는 둥근 장과이며 속에 검은색 종자가 1개 들어 있다. 약재인 덩이뿌리는 방추형으로 조금 구부러져 있고, 표면은 황백색 또는 엷은 황갈색으로 반투명하고 넓으며, 고르지 않은 가로 주름이 있고 더러 회갈색의 겉껍질이 남아 있는 것도 있다. 질은 단단하고 유윤(柔潤)하기도 하며 점성이 있다. 단면은 각질 모양으로 중심부는 황백색이다.

꽃

성분

뿌리줄기에는 아스파라긴(asparagine) Ⅳ, Ⅴ, Ⅵ, Ⅶ, 5-메톡시메틸푸르푸랄(5-methoxymethylfurfural), β-시토스테롤(β-sitosterol) 등이 함유되어 있다.

쓰임새

몸 안의 음액을 기르는 자음(滋陰), 건조함을 윤활하게 하는 윤조(潤燥), 폐의 기운을 깨끗하게 하는 청폐, 위로 치솟는 화를 가라앉히는 강화(降火) 등의 효능이 있어서 음허발열(陰虛發熱: 음기가 허하여 열이 발생하는 증상, 음허화왕과 같다), 해수토혈(咳嗽吐血: 기침을 하면서 피를 토하는 증상)을 치료하고, 그 밖에도 폐위(肺痿), 폐옹(肺癰), 인후종통(咽喉腫痛), 소갈, 변비 등을 치료하는 데 유용하다.

열매와 잎줄기

백합과

청미래덩굴
Smilax china L.

식품안전정보포털		
사용부위	가능	제한
순, 잎	○	×
뿌리	×	○

- **이 명** : 망개나무, 명감나무, 매발톱가시, 종가시나무, 청열매덤불, 팔청미래
- **생 약 명** : 발계(菝葜), 토복령(土茯苓), 발계엽(菝葜葉)
- **사용 부위** : 뿌리줄기, 잎
- **개 화 기** : 5월
- **채취 시기** : 뿌리줄기는 2, 8월, 잎은 봄·여름에 채취한다.

뿌리줄기 (약재)

잎 (약재)

생육특성 청미래덩굴은 일본, 중국, 필리핀, 인도차이나 등지와 황해도 이남의 해발 1600m 이하 양지바른 산기슭이나 숲 가장자리에서 자생하는 낙엽 활엽 덩굴성 목본으로, 덩굴 길이가 3m에 이른다. **줄기**는 마디에서 굽어 자라고 갈고리 같은 덩굴과 가시가 있어 다른 나무를 기어올라 덤불을 이룬다. **잎**은 어긋나며 넓은 타원형으로 두껍고 광택이 난다. 잎 가장자리는 밋밋하고 턱잎은 덩굴손으로 발달한다. **꽃**은 암수딴그루이며, 5월에 잎겨드랑이에서 나온 산형꽃차례에 황록색으로 달린다. **열매**는 둥글고 9~10월에 붉은색으로 익으며, 종자는 황갈색이다.

암꽃

수꽃

성분 뿌리줄기에는 사포닌, 알칼로이드(alkaloid), 페놀류, 아미노산, 디오스게닌(diosgenin), 유기산, 당류가 함유되어 있다. 잎에는 루틴(rutin)이 함유되어 있다.

쓰임새 뿌리줄기는 생약명이 발계(菝葜) 또는 토복령(土茯苓)이며 이뇨, 해독 등의 효능이 있고 부종, 수종, 풍습, 소변불리, 종독, 관절통, 근육마비, 설사, 이질, 치질 등을 치료한다. 특히 수은이나 납 등 중금속 물질의 해독에 효과적이다. 잎은 생약명이 발계엽(菝葜葉)이며 종독, 풍독(風毒), 화상 등을 치료한다. 청미래덩굴의 추출물은 혈관질환의 예방 및 치료에 효과적이다.

잎

열매

뿌리

번행초과

번행초
Tetragonia tetragonoides (Pall.) Kuntze

식품안전정보포털		
사용부위	가능	제한
잎	○	×

- **이   명** : 번향, 법국파채(法國菠菜)
- **생 약 명** : 번행(番杏)
- **사용 부위** : 전초
- **개 화 기** : 4~10월
- **채취 시기** : 여름부터 가을에 걸쳐 전초를 채취해 햇볕에 말리거나 생것으로 쓴다. 꽃이 질 때까지 연한 잎을 채취하여 식용한다.

전초
(약재)

생육특성 번행초는 남부지방의 햇빛이 잘 들어오는 척박한 곳이나 바위 틈, 바닷가 모래땅에서 자라는 여러해살이풀로, 키는 60cm 정도이다. **줄기**는 땅을 기듯 뻗어나가며 가지를 치고, 잎과 더불어 다육성으로 부러지기 쉬우며 사마귀 같은 돌기가 있다. **잎**은 어긋나며 길이 4~6cm, 너비 3~4.5cm의 삼각형이고, 표면은 우둘투둘하여 까실하다. **꽃**은 노란색으로 4월부터 10월까지 계속 피며, 잎겨드랑이에 1~2송이씩 종 모양으로 달린다. 꽃받침은 겉은 초록색이고 안쪽은 황색이며, 수술은 9~16개로 황색이다. 7~10월에 꽃이 지면 시금치 씨처럼 4~5개의 딱딱한 뿔 같은 돌기와 더불어 꽃받침이 붙어 있는 **열매**가 달리는데, 열매 속에 여러 개의 종자가 들어 있다.

꽃

성분 철분, 칼슘, 비타민 A와 B, 포스파티딜콜린(phosphatidyl choline), 포스파티딜에탄올아민(phosphatidyl ethanolamine), 포스파티딜세린(phosphatidyl serin), 포스파티딜이노시톨(phosphatidyl inositol), 항균물질인 테트라고닌(tetragonin) 등이 함유되어 있다.

쓰임새 해열 및 해독작용을 하며 종기를 삭이는 소종의 효능이 있어 위장염, 안질, 패혈증, 정창(疔瘡), 암종 등을 치료한다.

잎

종자 결실

범의귀과

노루오줌
Astilbe rubra Hook. f. & Thomson

식품안전정보포털		
사용부위	가능	제한
순	○	×

- **이 명** : 큰노루오줌, 왕노루오줌, 노루풀
- **생 약 명** : 소승마(小升麻), 적승마(赤升麻), 적소마(赤小麻), 낙신부(落新婦)
- **사용 부위** : 어린순, 전초
- **개 화 기** : 7~8월
- **채취 시기** : 어린순은 채취해 나물로 먹고, 전초는 가을에 채취해 햇볕에 말린다.

어린순

생육특성 노루오줌은 산지의 숲 아래나 습기와 물기가 많은 곳에서 자라는 여러해살이풀로, 키는 60cm 내외이다. 뿌리줄기는 옆으로 짧게 뻗고, 줄기는 곧게 서며 긴 갈색 털이 있다. **잎**은 어긋나고 3개씩 2~3회 갈라지며 잎자루가 길다. 잔잎은 넓은 타원형으로 끝이 길게 뾰족하고 잎 가장자리가 깊게 패어 있으며 톱니가 있다. **꽃**은 연한 분홍색으로 7~8월에 피며 줄기 끝에 원추꽃차례를 이룬다. **열매**는 삭과이며 9~10월에 갈색으로 익고, 속에 미세한 종자가 많이 들어 있다. 뿌리를 캐어 들면 오줌 비슷한 냄새가 난다.

꽃

성분 아스틸빈(astilbin), 베르게닌(bergenin), 퀘르세틴(quercetin) 등이 함유되어 있다.

쓰임새 풍을 없애고 열을 내리며 기침을 멎게 하는 효능이 있어 감기로 인한 발열, 두통, 전신통증, 해수 등을 다스린다. 또한 노상(勞傷: 과로, 칠정내상, 무절제한 방사 등으로 기가 허약하여 손상되는 증상, 노권이라고도 함), 근육과 뼈가 시큰하게 아픈 근골산통(筋骨痠痛), 타박상, 관절통, 위통, 동통, 독사교상(毒蛇咬傷)을 치료한다.

잎

종자 결실

무리

범의귀과

바위떡풀

Saxifraga fortunei var. *incisolobata* (Engl. & Irmsch.) Nakai

식품안전정보포털		
사용부위	가능	제한
순, 잎	○	×

- **이 명** : 지이산바위떡풀, 지리산바위떡풀, 대문자꽃잎풀, 섬바위떡풀, 지이산떡풀
- **생 약 명** : 화중호이초(華中虎耳草)
- **사용 부위** : 어린순, 전초
- **개 화 기** : 8~9월
- **채취 시기** : 이른 봄에 어린순을 채취해 식용하고, 꽃이 필 무렵에 전초를 채취해 햇볕에 말린다.

잎
(채취품)

생육특성

바위떡풀은 각지의 산속 바위틈의 물기가 많은 곳과 습한 이끼가 많은 곳에서 자라는 여러해살이풀로, 키는 7~17cm이다. **잎**은 밀생하며 약간 육질이고 잎자루가 길다. 뿌리잎은 둥근 심장 모양이고 가장자리가 얕게 갈라지며 치아 모양 톱니가 있다. 잎의 표면에는 털이 있고 뒷면은 흰색이다. **꽃**은 흰색으로 8~9월에 피며, 길이 5~30cm의 꽃대 위에 원추상 취산꽃차례로 달린다. **열매**는 달걀 모양의 삭과로 끝에 2개의 돌기가 있으며 10월에 익는다. 종자는 긴 방추형이다. 유사종으로 지리산바위떡풀이 있는데 바위떡풀보다 잎의 털이 적은 것을 보고 구분한다.

성분

베르게닌(bergenin), 글루코오스(glucose), 알부틴(arbutin), 에스쿨린(aesculin), 타닌(tannin) 등이 함유되어 있다.

쓰임새

풍사를 없애는 거풍, 열을 식히는 해열, 독을 풀어주는 해독, 종기를 삭이는 소종 등의 효능이 있어 감기, 고열, 해수, 백일해, 폐농양(肺膿瘍), 중이염, 습진과 화상처럼 피부가 벌겋게 되면서 화끈거리고 열이 나는 단독(丹毒)을 치료한다.

어린순 　　　　　　　　　　잎

꽃 　　　　　　　　　　무리

범의귀과

산수국

Hydrangea serrata f. *acuminata* (Siebold & Zucc.) E. H. Wilson

- **이   명** : 털수국, 털산수육, 납연수구(臘蓮繡球), 산형수구(繖形繡球), 산화팔선(繖花八仙), 대엽토상산(大葉土常山), 산수국(山水菊)
- **생 약 명** : 토상산(土常山)
- **사용 부위** : 뿌리
- **개 화 기** : 7~8월
- **채취 시기** : 뿌리를 연중 수시 채취한다.

뿌리
(약재)

생육 특성

산수국은 물이 있는 바위틈이나 계곡에서 잘 자라는 낙엽활엽관목으로, 키는 1m 정도이다. 밑에서 많은 줄기가 나와 군집을 이루고, 일년생가지에는 잔털이 있다. 잎은 마주 나고 타원형 또는 달걀 모양으로 가장자리에 예리한 톱니가 있고 양면 맥 위에는 털이 나 있다. 꽃은 흰색 또는 청백색으로 7~8월에 가지 끝에서 큰 산방꽃차례를 이루며 핀다. 가장자리의 무성화는 3~5개의 푸른빛을 띤 엷은 홍색의 꽃잎 같은 꽃받침잎으로 되어 있으며 유성화는 가운데에 수북하게 자리 잡고 있다. 열매는 거꿀달걀 모양의 삭과이며 9~10월에 짙은 갈색으로 익는다.

꽃

성분

알칼로이드(alkaloid), 당류가 함유되어 있다.

쓰임새

뿌리는 생약명이 토상산(土常山)이며 건위, 해독, 거담, 살충 등의 효능이 있고 만성적인 식적, 식체, 종독, 열독, 옴, 버짐, 복부팽만감, 피부염 등을 치료한다.

잎

새순과 열매

열매

벼과

억새

Miscanthus sinensis var. *purpurascens* (Andersson) Rendle

식품안전정보포털		
사용부위	가능	제한
순	○	×

- **이 명** : 자주억새
- **생 약 명** : 망경(芒莖), 망근(芒根)
- **사용 부위** : 줄기, 뿌리
- **개 화 기** : 9월
- **채취 시기** : 가을과 겨울에 줄기와 뿌리를 채취하여 햇볕에 말린다.

뿌리 (채취품)

뿌리 (약재)

잎 　　　　　　　　　종자 결실 　　　　　　　　　지상부

생육 특성 억새는 전국의 산과 들 양지에서 자라는 여러해살이풀로, 키는 1~2m 이다. 뿌리줄기는 굵고 짧으며 옆으로 뻗는다. 잎은 밑부분이 원줄기를 완전히 감싸고 길이 1m, 너비 1~2cm의 줄 모양이며 가장자리에 잔톱니가 있다. 잎의 표면은 녹색이고 주맥은 흰색이며 털이 있는 것도 있다. 꽃은 9월에 줄기 끝에서 산방꽃차례로 피며, 노란색 작은이삭이 촘촘히 달린다.

성분 줄기에는 항암작용이 있는 다당분이 함유되어 있다. 꽃이삭에는 프루닌(prunin), 미스칸토사이드(miscanthoside) 등이 함유되어 있다.

쓰임새 줄기와 뿌리를 분리하여 사용한다. 줄기는 호랑이나 이리 등의 맹수에게 물린 상처를 치료하는 데 사용한다. 줄기나 뿌리에 갈근(葛根)을 혼합하여 진하게 달여 마시거나 생즙을 내어 마신다. 삶은 즙을 마시면 어혈을 흩어지게 하고 이뇨, 해열, 해독하며 풍사를 치료한다. 뿌리는 가을부터 겨울에 걸쳐 채취하여 땅위줄기를 제거하고 햇볕에 말려 사용하는데, 기혈을 통하게 하는 통기혈(通氣血), 갈증을 멎게 하는 지갈의 효능이 있어서 여러 종류의 기침병, 백대하, 소변 배출이 원활하지 않은 소변불리, 성전염병인 임병을 치료한다.

벼과

조릿대
Sasa borealis (Hack.) Makino

식품안전정보포털		
사용부위	가능	제한
잎	×	○

- **이 명** : 기주조릿대, 산대, 산죽, 신우대, 조리대
- **생 약 명** : 죽엽(竹葉)
- **사용 부위** : 잎
- **개 화 기** : 5~7월
- **채취 시기** : 연중 어느 때나 가능하나 여름에 아주 작은 잎을 채취하여 햇볕에 말리거나 그늘에 말려서 사용한다. 죽엽은 성장 후 1년이 된 것으로 어리고 탄력이 있으며 신선한 잎이 좋다.

잎
(약재)

생육특성 조릿대는 제주도와 울릉도를 제외한 한반도 전역에서 자생하는 상록활엽 관목으로, 대나무 종류 중에서 줄기가 매우 가늘고 키가 작으며 잎집이 그대로 붙어 있다는 특징이 있다. 키는 1~2m이며, 줄기는 녹색으로 털이 없고 구형의 마디가 도드라지며 주위가 약간 자주색을 띤다. 잎은 가지 끝에서 2~3장씩 나는데, 타원상 피침 모양이며 가장자리에 가시 같은 잔톱니가 있다. 꽃차례는 털과 흰 가루로 덮여 있으며, 아랫부분이 검은빛을 띤 자주색 포로 싸여 있는데 어긋나게 갈라지며, 원뿔 모양의 꽃대가 나와 그 끝마다 10개 정도의 이삭 같은 꽃이 달린다. 꽃이 핀 해의 5~6월에 작은 타원형의 열매가 회갈색으로 달린다. 유사종인 섬조릿대, 제주조릿대, 섬대 등의 잎도 약용하는데, 민간에서는 조릿대를 담죽엽(淡竹葉)이라고도 부르지만 담죽엽은 여러해살이풀인 조릿대풀(*Lophatherum gracile* Brongn.)의 생약명으로, 혼동의 우려가 있으므로 구분하여 사용해야 한다.

꽃

종자 결실

성분 조릿대는 항암 활성물질이 있는 것으로 알려져 있다. 잘게 썬 마른 잎 1kg을 물로 씻어 생석회 포화용액 18L에 염화칼슘 1.5g을 넣고 2시간 정도 끓인 다음 걸러낸 액에 탄산가스를 통과시켜 탄산칼슘의 앙금이 완전히 생기도록 하룻밤 두었다가 거른다. 거른 액을 1/20로 졸이고 앙금이 생기면 다시 거른다. 거른 액을 졸여서 말리면 8~11%의 노란빛을 띤 밤색 물질을 얻을 수 있는데 이것이 강한 항암 활성물질이다. 이 물질은 총당 43%, 질소 1% 정도이다.

쓰임새 열을 식히고 번조를 제거하는 청열제번(淸熱除煩), 소변을 잘 나가게 하는 이뇨, 갈증을 멈추게 하는 지갈, 진액을 생성시키는 생진(生津) 등의 효능이 있어서 열병과 번갈, 소아경풍(小兒驚風), 정신불안, 소변불리, 구건(口乾: 입안이 마르는 증상), 해역(咳逆: 기침을 하며 기가 위로 거스르는 증상) 등을 치료한다.

보리수나무과

보리수나무
Elaeagnus umbellata Thunb.

식품안전정보포털		
사용부위	가능	제한
잎, 열매	○	×

- **이 명** : 볼네나무, 보리장나무, 보리화주나무, 보리똥나무, 산보리수나무
- **생 약 명** : 우내자(牛奶子)
- **사용 부위** : 뿌리, 잎, 열매
- **개 화 기** : 5~6월
- **채취 시기** : 뿌리는 겨울부터 이듬해 봄, 잎은 여름, 열매는 가을에 채취한다.

뿌리 (채취품)   열매 (채취품)

생육특성 보리수나무는 전국의 산기슭 및 계곡에서 자생하는 낙엽활엽관목으로, 키는 3~4m이다. **나무껍질**은 회흑갈색이며, **가지**에는 가시가 있다. **잎**은 어긋나고 타원형 또는 달걀 모양으로 가장자리가 말려서 오그라들고 톱니가 없다. **꽃**은 5~6월에 새 가지의 잎겨드랑이에서 산형꽃차례로 달리는데, 흰색으로 피어 연황색으로 변하고 방향성 향기가 있다. **열매**는 둥글고 비늘털로 덮여 있으며 9~10월에 옅은 붉은색으로 익는다.

성분 뿌리, 잎, 열매의 종자 등에는 세로토닌이 함유되어 있다.

쓰임새 뿌리와 잎, 열매는 생약명이 우내자(牛內子)이며 청열이습(淸熱利濕) 작용이 있고 해수, 하리, 이질, 임병, 붕루, 대하를 치료한다.

잎 꽃

열매 나무껍질

부들과

부들
Typha orientalis C. Presl

- **이 명**: 향포(香蒲), 포화(蒲花), 감통(甘痛)
- **생 약 명**: 포황(蒲黃)
- **사용 부위**: 꽃가루
- **개 화 기**: 6~7월
- **채취 시기**: 꽃이 필 때 윗부분의 수꽃이삭을 채취해 꽃가루를 채취하고, 전초는 수시로 채취하여 말린다. 이물질을 제거하여 쓰는데 혈을 잘 통하게 하며 어혈을 제거하는 행혈화어(行血化瘀)에는 그대로 쓰고, 수렴지혈(收斂止血)에는 초탄(炒炭: 프라이팬에 넣고 가열하여 불이 붙으면 산소를 차단해서 검은 숯을 만드는 포제 방법)하여 사용한다.

꽃가루 (약재)

생육특성 부들은 중부와 남부지방에 분포하는 여러해살이풀로, 키는 1~1.5m이다. **줄기**는 원주형으로 털이 없으며 밋밋하다. **잎**은 줄 모양이고 밑부분이 원줄기를 완전히 감싼다. **꽃**은 6~7월에 적갈색으로 피는데, 원기둥 모양의 수상꽃차례 윗부분에는 수꽃, 아랫부분에는 암꽃이 달린다. 암꽃에는 긴 꽃자루가 있고, 수꽃은 수술만 2~3개이다. 개화기에 황색의 꽃가루를 수시로 채취해 말려서 약용한다. 꽃가루는 가벼워 물에 넣으면 수면에 뜨고 손으로 비비면 매끄러운 느낌이 있으며 손가락에 잘 붙는다. 현미경으로 보면 4개의 꽃가루 입자가 정방형이나 사다리형으로 결합되어 있다. 애기부들(*T. angustifolia* L.) 및 동속 근연식물의 꽃가루도 같은 약재로 사용한다.

성분 꽃가루에는 이소람네틴(isorhamnetin), β-시토스테롤(β-sitosterol), α-티파스테롤(α-typhasterol) 등이 함유되어 있다.

쓰임새 출혈을 멈추게 하고, 혈을 잘 통하게 하며 어혈을 제거한다. 토혈과 육혈(衄血: 코피), 각혈, 붕루, 외상출혈 등을 치료하고, 여성의 폐경이나 월경이 잘 나오지 않을 때, 위를 찌르는 듯한 복통 등을 치료하는 데 사용한다. 외용할 경우에는 짓찧어 환부에 바른다.

암꽃

수꽃

종자 결실

뿌리

부처손과

바위손
Selaginella tamariscina (P.Beauv.) Spring

- **이 명** : 두턴부처손, 표족(豹足), 구고(求股), 신투시(神投時), 교시(交時)
- **생 약 명** : 권백(卷柏)
- **사용 부위** : 전초
- **개 화 기** : 포자번식
- **채취 시기** : 봄부터 가을까지 전초를 채취하여 이물질을 제거하고 말린다.

전초 (채취품)

전초 (약재)

> **생육특성**

바위손은 제주도와 울릉도, 남부, 중부, 북부지방에 분포하는 여러해살이 풀로, 건조한 바위 또는 암벽 위에서 자라며 키는 20cm 정도이다. **가지**는 평면으로 갈라져 퍼지고, 표면은 짙은 녹색이며 뒷면은 흰빛을 띤 녹색이다. 습기가 많으면 가지가 사방으로 퍼지고 건조하면 안으로 말려서 공처럼 되며 습기가 있으면 다시 퍼진다. **잎**은 4줄로 빽빽하게 배열하고, 길이 0.15~0.2cm의 비늘 같은 잎이 윗부분에서 둘로 갈라져 실 모양의 돌기처럼 되며, 가장자리에는 잔톱니가 있다. 포자낭수는 네모지고 길이 0.5~1.5cm의 사각기둥 모양으로 가지 끝에 1개씩 달린다.

잎(앞면)

> **성분**

플라본(flavone), 페놀, 아미노산, 트레할로오스(trehalose), 아피게닌(apigenin), 아멘토플라본(amentoflavone), 히노키플라본(hinokiflavone), 살리카인(salicain), 실리카이린(silicairin) 등이 함유되어 있다.

잎(뒷면)

> **쓰임새**

어혈을 푸는 데는 생용(生用: 볶지 않고 말린 것을 그대로 사용)하고, 지혈에는 초용(炒用: 볶아서 사용)한다. 생용하면 경폐(經閉: 여성의 월경이 막힌 것), 징가(癥瘕: 몸 안에 기가 뭉친 덩어리), 타박상, 요통, 해수천식 등을 치료하고, 초용하면 토혈, 변혈, 요혈, 탈항 등을 치료한다. 또한 석위, 해금사, 차전자 등과 배합하여 소변임결(小便淋結: 소변 보는 횟수는 많으나 양은 적고 배출이 힘들며 방울방울 떨어지는 증상)을 다스린다.

잎(채취품)

붓꽃과

붓꽃
Iris sanguinea Donn ex Horn

- **이   명** : 연미
- **생 약 명** : 자포연미(紫苞鳶眉)
- **사용 부위** : 뿌리줄기
- **개 화 기** : 5~6월
- **채취 시기** : 가을철에 뿌리줄기를 채취해 그대로 썰어 햇볕에 말린다.

뿌리줄기
(채취품)

| 잎 | 꽃 피기 전 모습 |
| 꽃 | 종자 결실 |

생육특성 붓꽃은 전국 각지의 산지 나무 밑이나 습기가 많은 곳에서 자라는 여러해살이풀로, 키는 60cm 정도이다. 뿌리줄기는 옆으로 뻗으며 마디가 많고 갈색의 섬유로 덮여 있다. 잎은 곧게 서고 줄 모양으로 끝이 뾰족하며, 주맥은 뚜렷하지 않고 밑부분은 잎집 같으며 붉은빛을 띠는 것도 있다. 꽃은 청자색으로 5~6월에 피고, 꽃줄기 끝에 2~3개씩 달린다. 열매는 원주형의 삭과로 9~10월에 익으면 끝이 터지면서 갈색의 종자가 나온다. 유사종인 부채붓꽃(Iris setosa Pall. ex Link) 등의 뿌리줄기도 동일한 약재로 사용된다. 부채붓꽃은 경기도와 강원도 북부의 습지에서 자란다.

성분 뿌리줄기에는 이리솔이래인(irissol irane), 비타민 C, 엠비닌(embinin), 텍토리딘(tectoridin), 이리스텍토린(iristectorin) A·B, 텍토루시드(tectoruside), 꽃에는 플라보야메닌(flavoyamenin), 스웨르티신(swe-tisin), 스웨르티아자포닌(swertiajaponin) 등이 함유되어 있다.

쓰임새 소화를 촉진하고 어혈을 풀어주며 종기를 없애는 등의 효능이 있어 소화불량, 배가 그득하게 불러오는 증상인 창단(脹滿), 적취(積聚), 타박상, 치질, 옹종, 개선(疥癬) 등을 치료하는 데 사용한다.

비름과

쇠무릎
Achyranthes japonica (Miq.) Nakai

식품안전정보포털		
사용부위	가능	제한
줄기, 잎	○	×
뿌리	×	○

- 이   명 : 쇠무릅, 우경(牛莖), 우석(牛夕), 백배(百倍), 접골초(接骨草)
- 생 약 명 : 우슬(牛膝)
- 사용 부위 : 뿌리
- 개 화 기 : 8~9월
- 채취 시기 : 가을부터 이듬해 봄 사이에 줄기와 잎이 마른 뒤 뿌리를 채취하여 잔털과 이물질을 제거하고 말린다.

뿌리
(채취품)

뿌리
(약재)

생육특성

쇠무릎은 전국 각지의 산과 들에 분포하는 여러해살이풀로, 키는 50~100cm이다. 원줄기는 네모지고 곧게 자라며 가지가 많이 갈라지는데, 마디가 높고 굵어서 소의 무릎같이 보이므로 이 이름이 붙여졌다. 줄기에 털이 있으며, 뿌리는 가늘고 길며 토황색이다. 잎은 마주나고 타원형 또는 거꿀달걀 모양이며 잎자루가 있다. 꽃은 8~9월에 녹색으로 피는데, 잎겨드랑이와 원줄기 끝에 이삭 모양으로 달린다. 열매는 긴 타원형의 포과(胞果)로 9~10월에 결실하며 꽃받침으로 싸여 있고 암술대가 남아 있다.

잎

꽃

성분

엑디스테론(ecdysterone), 이노코스테론(inokosterone), 미시스트산(mysistic acid), 팔미트산(palmitic acid), 올레산(oleic acid), 리놀산(linolic acid), 아키란테스사포닌(achiranthes saponin) 등이 함유되어 있다.

줄기

쓰임새

혈액순환과 경락을 잘 통하게 하는 활혈통락(活血通絡), 관절을 편하고 이롭게 하는 통리관절(通利關節), 혈을 하초로 인도하는 인혈하행(引血下行), 간과 신장의 기능을 보하는 보간신, 허리와 무릎을 강하게 하는 강요슬(强腰膝), 월경을 통하게 하는 통경(通經), 임질 등의 병증으로 소변이 원활하지 못할 때 이를 잘 통하게 하는 이뇨통림(利尿通淋) 등의 효능이 있어서 월경부조(月經不調), 월경이 막힌 경폐(經閉), 출산 후 태반이 나오지 않아서 오는 복통(腹痛), 습사와 열사로 인하여 관절이 걸리고 아플 때, 코피를 흘릴 때, 입안의 종기나 상처, 두통, 어지럼증, 허리와 무릎이 시리고 아프며 무력한 병증인 요슬산통무력(腰膝痠痛無力) 등에 응용할 수 있다.

종자 결실

종자

뽕나무과

꾸지뽕나무
Cudrania tricuspidata (Carr.) Bureau ex Lavallée

식품안전정보포털		
사용부위	가능	제한
줄기, 가지, 잎, 열매	○	×

- 이 명 : 구지뽕나무, 굿가시나무, 활뽕나무, 자수(柘樹)
- 생 약 명 : 자목(柘木), 자목백피(柘木白皮), 자수경엽(柘樹莖葉), 자수과실(柘樹果實)
- 사용 부위 : 목질부, 나무껍질, 뿌리껍질, 잎, 열매
- 개 화 기 : 5~6월
- 채취 시기 : 목질부와 나무껍질, 뿌리껍질은 연중 수시, 잎은 봄·여름, 열매는 9~10월에 채취한다.

목질부 (약재)

뿌리 (약재)

생육특성

꾸지뽕나무는 전국의 산야에서 자생하거나 재배하는 낙엽활엽소교목 또는 관목이다. **나무껍질**은 회갈색으로 벗겨지며, **가지**가 많이 갈라지는데 딱딱하고 억센 가시가 나 있다. **잎**은 어긋나고 두꺼우며 달걀 모양 또는 거꿀달걀 모양으로 끝은 뭉툭하거나 날카롭다. 잎 가장자리는 밋밋하고 표면은 짙은 녹색에 털이 나 있으나 자라면서 중앙의 맥에만 조금 남고 그 외에는 없어진다. **꽃**은 암수딴그루로 5~6월에 피는데, 수꽃차례는 낱꽃이 많이 모여 달리고 둥글며 황색이고, 암꽃차례는 타원형이다. **열매**는 둥근 수과이고 9~10월에 붉은색으로 익는다.

성분

모린(morin), 루틴(rutin), 켐페롤-7-글루코시드(kaempherol-7-glucoside), 즉 포풀닌(populnin), 스타키드린(stachydrine) 및 프롤린(proline), 글루탐산(glutamic acid), 아르기닌(arginine), 아스파라긴산(asparaginic acid)이 함유되어 있다.

쓰임새

목질부는 생약명이 자목(柘木)이며 독성이 없어 안심하고 사용할 수 있는 생약으로 여성의 붕중(崩中: 월경기가 아닌데 심하게 하혈하는 증상), 혈결(血結: 피가 엉킴), 말라리아를 치료한다. 외용할 경우에는 달인 물로 환부를 씻어준다. 나무껍질과 뿌리껍질은 생약명이 자목백피(柘木白皮)이며 요통, 유정, 객혈, 구혈(嘔血: 위나 식도 등의 질환으로 인해 피를 토하는 증상), 타박상을 치료하고 혈관강화, 피부질환 및 아토피 치료에 효과적이다. 특히 근래에는 항암작용이 밝혀졌다. 줄기와 잎은 생약명이 자수경엽(柘樹莖葉)이며 소염, 진통, 거풍, 활혈의 효능이 있고 습진, 유행성 이하선염, 폐결핵, 만성 요통, 종기, 급성 염좌 등을 치료한다. 특히 잎의 추출물은 췌장암의 예방과 치료에 효과적이다. 열매는 생약명이 자수과실(柘樹果實)이며 청열, 진통, 양혈의 효능이 있고 타박상을 치료한다.

잎

암꽃

수꽃

열매

뽕나무과

닥나무

Broussonetia kazinoki Siebold

식품안전정보포털		
사용부위	가능	제한
가지, 잎	○	×

- 이 명 : 딱나무, 꾸지닥나무
- 생 약 명 : 구피마(構皮麻)
- 사용 부위 : 뿌리껍질
- 개 화 기 : 5월
- 채취 시기 : 잎은 봄에 채취하고 뿌리줄기는 수시로 채취한다.

뿌리껍질
(약재)

생육특성 닥나무는 전국의 해발 100~700m 산기슭의 양지나 밭의 토양이 깊은 곳에서 자생하는 낙엽활엽관목으로, 키는 3m 정도이다. 여러 개의 줄기가 휘어져 올라오고 **나무껍질**은 회갈색이며 작은 **가지**에 짧은 털이 있으나 곧 없어진다. **잎**은 어긋나고 달걀상 타원형이며 가장자리에 잔톱니와 2~3개의 결각이 있다. **꽃**은 암수한그루로 4~5월에 피는데, 수꽃차례는 새 가지 밑부분에 달리고, 암꽃차례는 윗부분의 잎겨드랑이에서 나온다. **열매**는 편구형 핵과이며 9월에 붉게 익는다.

성분 열매에는 지방질, 색소, 효모, 당류 등이 함유되어 있다.

쓰임새 뿌리껍질은 생약명이 구피마(構皮麻)이며 거풍, 이뇨, 활혈의 효능이 있고, 류머티즘에 의한 비통(鼻痛), 타박상, 부종, 피부염을 치료한다.

잎 　　　　　　　　　　암꽃과 수꽃

열매 　　　　　　　　　나무껍질

뽕나무과

무화과나무
Ficus carica L.

식품안전정보포털		
사용부위	가능	제한
열매	○	×

- **이　　명** : 선도(仙桃)
- **생 약 명** : 무화과(無花果), 무화과근(無花果根), 무화과엽(無花果葉)
- **사용 부위** : 열매, 뿌리, 잎
- **개 화 기** : 5~6월
- **채취 시기** : 열매는 8~10월, 뿌리는 가을·겨울, 잎은 여름·가을에 채취한다.

뿌리(약재)

열매(약재)

| 열매 | 익은 열매 속 | 잎을 자르면 나오는 흰색의 유액 |

생육특성 무화과나무는 제주도 및 남부지방에 분포하거나 재배하는 낙엽활엽관목으로, 높이는 2~4m이다. **나무껍질**은 회백색에서 회갈색으로 변하고 **가지**가 많이 갈라지며 작은 가지에는 갈색 털이 드문드문 있다. **잎**은 어긋나고 타원형이며 3~5개로 깊게 갈라지고 갈래조각은 물결 모양의 톱니가 있다. 잎의 표면은 짙은 녹색으로 거칠고 뒷면에는 털이 나 있다. 잎이나 잎줄기에 상처를 내면 흰색 유액이 나온다. **꽃**은 암수한그루로 5~6월에 피는데, 잎겨드랑이에서 나온 주머니 같은 꽃차례 안에 작은 꽃들이 많이 들어 있다. **열매**는 거꿀달걀 모양의 은화과(隱花果)이며 8~10월에 암자색으로 익는다.

성분 열매에는 포도당, 서당, 과당, 구연산, 푸마르산(fumaric acid), 호박산, 말론산(malonic acid), 사과산, 퀸산, 시킴산(shikimic acid), 식물생장호르몬 옥신(auxin)이 함유되어 있다. 건조한 열매, 덜 익은 열매, 유즙에는 모두 항종양 성분이 함유되어 있으며 유즙에는 아밀라아제, 에스테라아제, 리파아제, 프로테아제가 들어 있다. 뿌리에는 소랄렌(psoralen), 베르갑텐(bergapten), 구아이아줄렌(guaiazulene), 잎에는 솔라렌, 베르갑텐, β-시토스테롤, 루페올(lupeol), 팔미트산, 펜탄산(pentanoic acid), 구아이아콜(guaiacol), 옥타코산(octacosane), 루틴, 푸로쿠마린(furocoumarine) 등이 함유되어 있어 사람의 피부에 접촉하면 광선에 대한 과민 반응이 나타난다.

쓰임새 열매는 생약명이 무화과(無花果)이며 건위, 해독, 항암 등의 효능이 있고 종기, 장염, 이질, 변비, 치질, 인후통, 옹창(癰瘡), 개선(疥癬) 등을 치료한다. 뿌리는 생약명이 무화과근(無花果根)이며 근골동통, 치창(痔瘡), 화상, 유즙 부족을 치료한다. 잎은 생약명이 무화과엽(無花果葉)이며 치창, 종독(腫毒), 심통(心痛)을 치료한다.

뽕나무과

뽕나무
Morus alba L.

식품안전정보포털		
사용부위	가능	제한
뿌리껍질, 어린가지, 잎, 열매	○	×

- **이   명** : 오디나무, 새뽕나무, 상목(桑木)
- **생 약 명** : 상근(桑根), 상근백피(桑根白皮), 상지(桑枝), 상엽(桑葉), 상심(桑椹)
- **사용 부위** : 뿌리, 뿌리껍질, 가지, 잎, 열매
- **개 화 기** : 5~6월
- **채취 시기** : 뿌리와 뿌리껍질은 겨울, 가지는 늦은 봄부터 초여름, 잎은 봄·여름, 열매는 6월에 익었을 때 채취한다.

뿌리껍질 (약재)

열매 (약재)

생육특성

뽕나무는 전국의 산기슭이나 마을 부근에 자생하거나 심어 가꾸는 낙엽활엽교목 또는 관목으로, 키는 3m 내외이다. **나무껍질**은 회갈색이며 **일년생가지**는 회갈색 또는 회백색이고 잔털이 있으나 점차 없어진다. **잎**은 어긋나고 달걀상 원형 또는 긴 타원상 달걀 모양이며 3~5개로 갈라지고 가장자리에 둔한 톱니가 있다. **꽃**은 암수딴그루로 5~6월에 잎과 거의 동시에 황록색으로 피는데, 수꽃은 새 가지의 밑부분 잎겨드랑이에서 밑으로 처지는 미상꽃차례로 달리고 암꽃은 암술대가 거의 없다. **열매**는 장과로 포도와 비슷하고 완전히 익으면 검붉은색으로 된다.

꽃

성분

뿌리껍질에는 움벨리페론(umbelliferone), 멀베로크로멘(mulberrochromene), 시클로멀베린(cyclomulberrin), 시클로멀베로크로멘, 스코폴레틴(scopoletin), 트리고넬린(trigonelline), 타닌질 등이 함유되어 있고 모루신(morusin), α,β-아미린(α,β-amyrin), 시토스테롤, 베툴린산, 아데닌(adenin), 베타인(betaine), 팔미트산, 스테아르산 등이 함유되어 있다. 잎에는 이노코스테론(inokosterone), 엑디스테론(ecdysterone), β-시토스테롤, β-시토스테롤-β-글루코시드, 루틴(rutin), 모라세틴(moracetin), 이소쿼르세틴, 움벨리페론, 스코폴레틴, 스코폴린(scopolin) 등이 함유되어 있다. 열매에는 당분, 타닌이 함유되어 있고, 사과산, 레몬산 같은 유기산과, 비타민 $B_1 \cdot B_2 \cdot C$, 카로틴, 리놀산(linolic acid), 스테아르산, 올레산 등이 함유되어 있다.

쓰임새

잎은 생약명이 상엽(桑葉)이며 거풍, 청열, 양혈의 효능이 있고 당뇨, 두통, 목적, 고혈압, 구갈, 중풍, 해수, 습진, 하지상피종 등을 치료한다. 뿌리는 생약명이 상근(桑根)이며 진균 억제작용이 있고 어린이의 경풍, 관절통, 타박상, 눈의 충혈, 아구창을 치료한다. 코르크층을 제거한 뿌리껍질은 생약명이 상근백피(桑根白皮)이며 이뇨, 해열, 진해의 효능이 있고 고혈압, 천식, 종기, 황달, 토혈, 수종, 각기, 빈뇨를 치료한다. 가지는 생약명이 상지(桑枝)이며 고혈압, 각기부종, 수족마비, 손발저림 등을 치료한다. 열매는 생약명이 상심(桑椹)이며 보간, 익신, 진해, 피로해소, 자양강장의 효능이 있고 소갈, 당뇨, 변비, 이명, 관절 부위를 치료한다.

뽕나무과

천선과나무
Ficus erecta Thunb.

식품안전정보포털		
사용부위	가능	제한
잎, 열매	○	×

- **이　　　명** : 천선과, 꼭지천선과, 긴꼭지천선과, 젖꼭지나무
- **생 약 명** : 우내장(牛奶漿), 우내장근(牛奶漿根), 우내장시(牛奶漿柴)
- **사용 부위** : 열매, 뿌리, 줄기, 잎
- **개 화 기** : 5~6월
- **채취 시기** : 열매는 가을, 뿌리는 연중 수시, 줄기와 잎은 여름·가을에 채취한다.

열매
(채취품)

생육특성

천선과나무는 제주도 및 남해 섬지방 바닷가에서 자생하는 낙엽활엽관목으로, 키는 2~4m이다. **나무껍질**은 평활하고 **가지**는 회백색이며 털이 없다. **잎**은 어긋나고 거꿀달걀상 타원형으로 잎끝이 날카롭고 가장자리는 밋밋하다. 잎 표면에는 짧고 거친 털이 드문드문 나 있고 뒷면에는 중앙 맥에만 가는 털이 나 있다. **꽃**은 암수딴그루로 5~6월에 피는데, 새 가지의 잎겨드랑이에서 1개의 꽃자루가 자라고 끝에 주머니 같은 화낭(花囊)이 달리며 그 안에 작은 꽃이 많이 들어 있다. 꽃은 화낭에 싸여 보이지 않는다. **열매**는 헛열매이고, 화낭이 자라서 열매로 되며 자흑색으로 익으면 식용한다.

성분

열매에는 포도당, 과당, 서당, 사과산, 마론산 등의 유기산이 함유되어 있고 유즙에는 아밀라아제, 에스테라아제(esterase), 프로테아제(protease) 등이 함유되어 있다. 뿌리와 잎, 줄기에는 β-시토스테롤, P-하이드록시벤조산(P-hydroxybenzoic acid), 바닐산(vanillic acid), α-아미린-아세테이트(α-amyrin-acetate)와 지방산이 함유되어 있다.

쓰임새

열매는 생약명이 우내장(牛奶漿)이며 완하(緩下), 윤장(潤腸)의 효능이 있고 치질을 치료한다. 뿌리는 생약명이 우내장근(牛奶漿根)이며 거풍, 익기, 활혈, 제습의 효능이 있고 식욕부진, 월경불순, 탈항, 류머티즘을 치료한다. 줄기와 잎은 생약명이 우내시(牛奶柴)이며 보중(補中), 익기, 건비, 소종, 활혈, 해독의 효능이 있고 류머티즘에 의한 관절염, 사지에 힘이 없고 나른한 증상, 타박상, 유즙 부족을 치료한다.

잎과 줄기 / 열매

산형과

갯기름나물
Peucedanum japonicum Thunb.

식품안전정보포털		
사용부위	가능	제한
순, 줄기, 잎	○	×

- **이　　　명** : 개기름나물, 목단방풍
- **생 약 명** : 식방풍(植防風)
- **사용 부위** : 뿌리
- **개 화 기** : 6~8월
- **채취 시기** : 봄과 가을에 꽃대가 나오지 않은 전초를 채취하여 수염뿌리와 모래, 흙 등 이물질을 제거하고 햇볕에 말려 사용한다.

뿌리 (채취품)

뿌리 (약재)

잎 꽃 종자 결실
종자 잎(채취품)

생육특성

갯기름나물은 바닷가 또는 냇가 근처에서 자라는 숙근성 여러해살이풀로, 키는 60~100cm이다. 지상부는 가을에 시들지만 뿌리는 살아남아서 이듬해 다시 싹이 난다. **줄기**가 곧게 자라고 끝부분에 짧은 털이 있으며 그 밖의 부분은 평활하다. 뿌리는 굵고 목질부에 섬유가 있다. **잎**은 어긋나고 잎자루는 길며 2~3회 깃꼴겹잎으로, 마치 가루를 칠한 듯한 회녹색이다. 잔잎은 두껍고 흔히 3개로 갈라지며 불규칙하고 깊은 톱니가 있다. **꽃**은 6~8월에 흰색으로 피며, 원줄기와 가지 끝에 겹산형꽃차례를 이루는데 10~20개의 작은꽃차례 끝에 20~30개씩 달린다. **열매**는 타원형이며 잔털이 있다. 우리나라에서는 같은 과(科)에 속한 방풍[*Ledebouriella seseloides* (Hoffm.) H. Wolf]과 기름나물[*Peucedanum terebinthaceum* (Fisch.) Fisch. ex DC.]의 뿌리도 각각 '방풍', '석방풍'이라 하며 약용한다.

성분

뿌리 50g에는 0.5mL 이상의 정유가 함유되어 있고, 퓨신(peucin), 베르갑톤(bergapton), 페르세달올(percedalol), 움벨리페론(umbelliferone), 아세틸앙겔로일켈락톤(acetylangeloylkhellactone) 등이 함유되어 있다.

쓰임새

발한, 해열, 진통의 효능이 있어 감기발열, 두통, 신경통, 중풍, 안면신경마비, 습진 등에 응용할 수 있다.

산형과

갯방풍
Glehnia littoralis F. Schmidt ex Miq.

식품안전정보포털		
사용부위	가능	제한
연한 잎자루	○	×

- **이　　　명** : 갯향미나리, 북사삼, 해사삼(海沙蔘)
- **생 약 명** : 해방풍(海防風)
- **사용 부위** : 뿌리
- **개 화 기** : 6~7월
- **채취 시기** : 늦가을에 뿌리를 채취하는데 이물질을 제거하고 씻어 말려 사용한다. 약한 불로 프라이팬에 노릇노릇하게 볶아서 사용하기도 한다.

전초
(채취품)

뿌리
(약재)

생육특성

갯방풍은 전국의 해안가 모래땅에 자생하거나 재배하는 여러해살이풀로, 키는 10~30cm이다. 원뿌리는 원기둥 모양으로 가늘고 길며, **줄기** 전체에 흰색 털이 빽빽하게 나 있다. **뿌리잎**은 잎자루가 길고 지면을 따라 퍼지며, 3개씩 1~2회 갈라지고 **잔잎**은 다시 3개로 갈라진다. **꽃**은 흰색으로 6~7월에 겹산형꽃차례로 피고, **열매**는 둥글며 긴 털로 덮여 있다.

잎

성분

정유, 소랄렌(psoralen), 임페라토린(imperatorin), 베르갑텐(bergapten) 등 14종의 쿠마린(coumarin) 및 쿠마린 배당체가 함유되어 있다.

꽃

쓰임새

폐의 기운을 맑게 하는 청폐(淸肺), 기침을 멈추게 하는 진해, 가래를 제거하는 거담, 갈증을 멈추게 하는 지갈 등의 효능이 있어서 폐에 열이 생겨 나타나는 마른기침, 결핵성 해수, 기관지염, 감기, 입안이 마르는 증상인 구건(口乾), 인후부가 마르는 증상인 인건(咽乾), 피부의 가려움증 등을 치료한다.

종자 결실

지상부

산형과

구릿대

Angelica dahurica (Fisch. ex Hoffm.) Benth. & Hook. f. ex Franch. & Sav.

- **이 명** : 구리때, 백채, 방향, 두약, 택분, 삼려, 향백지
- **생 약 명** : 백지(白芷)
- **사용 부위** : 뿌리
- **개 화 기** : 6~8월
- **채취 시기** : 가을에 씨를 뿌리면 이듬해 가을인 9~10월에 잎과 줄기가 다 마른 뒤, 봄에 씨를 뿌리면 그해 가을 9~10월에 채취해 이물질을 제거하고 햇볕에 말린다.

뿌리 (채취품)

뿌리 (약재)

생육특성 구릿대는 전국의 산골짜기에서 자생하고 농가에서도 재배하는 2~3해살이풀로, 키는 1~2m이다. **줄기**는 곧게 자라고 윗부분에 잔털이 있으며 가지가 갈라진다. **뿌리잎**과 밑부분의 잎은 잎자루가 길고 3개씩 2~3회 깃꼴로 갈라지며, **잔잎**은 다시 3개로 갈라지고 예리한 톱니가 있다. **꽃**은 6~8월에 흰색으로 피는데, 20~40개의 작은꽃차례에 많은 꽃이 달려 겹산형꽃차례를 이룬다. **열매**는 9~10월에 달리며, 편평한 타원형이고 기부가 들어가 있다.

성분 비야크앙겔리신(byakangelicin), 비야크앙겔리콜(byakangelicol), 임페라토린(imperatorin), 마르메신(marmecin), 스코폴레틴(scopoleten), 크산토톡신(xanthotoxin) 등이 함유되어 있다.

쓰임새 풍을 제거하는 거풍(祛風), 통증을 멈추게 하는 진통, 몸 안의 습사(濕邪)를 제거하는 조습(燥濕), 종기를 치료하는 소종(消腫) 등의 효능이 있어서 두통, 편두통, 목통(目痛), 치통, 각종 신경통, 복통, 비연(鼻淵), 적백대하(赤白帶下), 대장염, 치루, 옹종 등을 치료한다.

잎   꽃

종자 결실   종자   지상부

산형과

궁궁이
Angelica polymorpha Maxim.

- **이　　　명** : 천궁, 개강활, 제주사약채, 백봉천궁, 토천궁
- **생 약 명** : 토천궁(土川芎)
- **사용 부위** : 뿌리, 어린순
- **개 화 기** : 8~9월
- **채취 시기** : 가을에 뿌리를 채취하여 시든 줄기를 제거한 후 햇볕에 말린다.

뿌리 (채취품)　　뿌리 (약재)

생육특성

궁궁이는 밭에서 재배되는 여러해살이풀로, 원산지는 중국이며 우리나라에는 약용 재배식물로 들어왔지만 그 종자가 널리 퍼져 전국 야산에서 자생한다. 키는 80~150cm이며, **줄기**는 곧게 자라고 털이 없다. **뿌리잎**과 밑부분의 잎은 잎자루가 길고 삼각상 넓은 달걀 모양으로 3개씩 3~4회 갈라지며 톱니가 있다. **꽃**은 8~9월에 흰색으로 피는데, 줄기 끝에서 20~40개가 겹산형 꽃차례로 뭉쳐 핀다. **열매**는 납작한 타원형이며 양끝이 오목하고 날개가 있다.

성분

크니디움산(cnidium acid), 크니디움락톤(cnidium lacton), 네오크니딜라이드(neocnidilide), 리구스틸라이드(ligustilide), 쿠마린(coumarin), 만니톨(mannitol) 등이 함유되어 있다.

쓰임새

진통, 진경(鎭痙: 경련이 일어나거나 쥐가 나는 것을 진정시킴), 거풍(祛風: 풍사를 없애서 풍을 치료), 기혈이 잘 돌게 하는 행기(行氣), 혈액순환을 좋게 하는 활혈의 효능이 있어 풍한두통, 편두통, 월경불순, 모든 풍병(風病), 기병(氣病), 허로증(虛勞症), 혈병(血病) 등을 치료한다. 또한 오래된 어혈을 풀며 피를 생기게 하고 토혈, 코피, 혈뇨 등을 멎게 한다. 궁궁이 싹을 강리(江籬)라고 하는데 풍사, 두풍(頭風), 현기증을 치료하며 사기(邪氣), 악기(惡氣)를 물리치고 고독(蠱毒: 기생충의 감염으로 발생하는 병)을 없애며 3충(三蟲: 장충, 적충, 요충)을 죽이는 약재로 사용한다. 궁궁이는 주요 한약재로 여러 가지 처방에 쓰인다.

잎 　　　　　　　　　　꽃 　　　　　　　　　　지상부

산형과

시호

Bupleurum falcatum L.

식품안전정보포털		
사용부위	가능	제한
잎	○	×

- **이   명** : 큰일시호, 자호(茈胡), 산채(山菜), 여초(茹草), 자초(紫草)
- **생 약 명** : 시호(柴胡)
- **사용 부위** : 뿌리
- **개 화 기** : 8~9월
- **채취 시기** : 봄과 가을에 뿌리를 채취하여 줄기잎과 흙모래 및 이물질을 제거하고 건조한다. 외감에는 말린 것을 그대로 사용[生用]하고, 내상승기(內傷升氣)에는 약재에 술을 흡수시킨 후 프라이팬에서 약한 불로 볶아내는 주초(酒炒)를 하여 사용한다. 음이 허한 사람에게 사용할 때에는 초초(醋炒: 식초를 흡수시켜 볶아서 사용)하거나 또는 별혈초(鱉血炒: 자라피를 흡수시켜 볶아서 사용)한다.

뿌리 (채취품)

뿌리 (약재)

252

생육특성

시호는 각지의 산야에서 분포하고 밭에서 재배하는 여러해살이풀로, 키는 40~70cm이다. 원줄기는 가늘고 딱딱하며 윗부분에서 가지를 약간 친다. 뿌리줄기는 굵고 짧으며 뿌리가 약간 굵어진다. **줄기잎**은 넓은 줄 모양 또는 피침 모양으로 끝이 뾰족하고 밑부분이 좁아져서 원줄기에 달리며, 가장자리가 밋밋하고 털이 없다. **꽃**은 8~9월에 노란색으로 피는데, 원줄기와 가지 끝에 겹산형꽃차례로 달린다. **열매**는 타원형으로 9월에 익는다. 약재로 사용하는 뿌리는 윗부분이 굵고 아랫부분은 가늘고 길며, 줄기의 밑부분이 남아 있다. 표면은 엷은 갈색 또는 갈색이며 깊은 주름이 있다. 질은 절단하기 쉽고, 단면은 약간 섬유성이다. 북시호는 길림, 요령, 허난, 산둥, 안후이, 저장, 후베이, 쓰촨, 산시, 간쑤 등지에, 남시호는 흑룡강, 길림, 요령, 내몽골, 허베이, 산둥, 장쑤, 안후이, 간쑤, 칭하이, 신장, 쓰촨, 후베이 등지에 분포한다.

잎

꽃

종자

성분

뿌리에는 사포닌 3%와 사이코사포닌(saikosaponin) A~E, 루틴(rutin), 켐페리트린(kaempferitrin), 켐페롤-7-람노시드(kaempferol-7-rhamnoside) 등이 함유되어 있다.

쓰임새

표사를 풀고 열을 물리치는 해표퇴열(解表退熱), 간의 기운을 통하게 하여 울체된 기운을 풀어주는 소간해울(疏肝解鬱), 양기를 거두어 올리는 승거양기(升擧陽氣) 등의 효능이 있어 감기발열, 한열이 왕래하는 증상, 가슴이 그득하고 옆구리에 통증이 있는 증상, 입이 마르고 귀에 농이 생기는 구고이농(口苦耳聾), 두통과 눈이 침침한 증상, 말라리아, 심한 설사로 인한 탈항, 월경부조, 자궁하수 등을 치료한다.

전초

산형과

어수리
Heracleum moellendorffii Hance

식품안전정보포털		
사용부위	가능	제한
줄기, 잎	○	×

- **이 명** : 개독활
- **생 약 명** : 만주독활(滿州獨活), 백지(白芷), 노산근(老山芹)
- **사용 부위** : 뿌리
- **개 화 기** : 7~8월
- **채취 시기** : 가을에 뿌리를 채취하여 햇볕에 말린다.

뿌리 (채취품)

어린순 (채취품)

잎

꽃 종자 결실 지상부

생육특성 어수리는 제주도와 섬지방을 제외한 전국의 비옥한 반그늘이나 양지에 분포하는 여러해살이풀로, 키는 70~150cm이다. 원줄기는 속이 빈 원주형이며 굵은 가지가 갈라지고 털이 있다. **뿌리잎**과 밑부분의 잎은 잎자루가 있으며 3~5개의 잔잎으로 된 깃꼴이다. **잔잎**은 2~3개로 갈라지고 끝이 뾰족하며 결각상의 톱니가 있다. **꽃**은 7~8월에 흰색으로 피는데, 원줄기와 가지 끝의 겹산형꽃차례에서 작은꽃차례가 20~30개 갈라져 각각 25~30개의 꽃이 달린다. **열매**는 9~10월에 달리는데 납작하며 윗부분에 무늬가 있다.

성분 정유, 쿠마린(coumarin), 사포닌, 플라보노이드(flavonoid), 이소베르갑텐(isobergapten), 앙겔리신(angelicin), 크산토톡신(xanthotoxin), 스폰딘(sphondin) 등이 함유되어 있다.

쓰임새 땀을 잘 나가게 하는 발표(發表), 풍사를 없애 풍을 치료하는 거풍, 혈액순환을 좋게 하는 활혈 등의 효능이 있어서 허리와 무릎이 시리고 아픈 요슬산통(腰膝痠痛), 풍습, 두통 등을 치료한다. 뿌리는 요통, 두통, 신경통, 감기, 당뇨 치료와 노화 방지 효과가 있다.

어수리 · 255

산형과

참나물
Pimpinella brachycarpa (Kom.) Nakai

식품안전정보포털		
사용부위	가능	제한
줄기, 잎	○	×

- **이　　명** : 산노루참나물, 겹참나물
- **생 약 명** : 지과회근(知果茴芹)
- **사용 부위** : 어린잎
- **개 화 기** : 6~8월
- **채취 시기** : 이른 봄에 어린잎을 채취한다.

어린잎
(채취품)

꽃

종자 결실   종자   지상부

생육특성 참나물은 각처 산지의 습기가 많고 반그늘이며 부엽질이 풍부한 나무 아래에서 자라는 여러해살이풀로, 키는 50~80cm이다. **줄기**는 밑으로부터 잔가지를 쳐서 뭉쳐 있으며 전체에 털이 없다. 뿌리잎은 길고 줄기잎은 위로 올라가면서 짧아지며 밑부분이 넓어져서 원줄기를 감싼다. **잎**은 3출엽이며, 잔잎은 달걀 모양으로 끝이 뾰족하고 가장자리에 톱니가 있다. **꽃**은 6~8월에 흰색으로 피는데, 원줄기 끝의 겹산형꽃차례에서 갈라진 약 10개의 작은꽃차례에 작은 꽃들이 달린다. 꽃받침이 뚜렷하며 꽃잎과 수술은 각각 5개이다. **열매**는 넓은 타원형으로 편평하고 9~10월에 익는다. 식당에서 나오는 참나물은 대부분 일본에서 육종되어 들여온 '삼엽채'이며, 자생 참나물은 한여름 고온기에 잎이 타는 엽소 현상이 생겨 재배하기가 까다롭다.

성분 휘발성 성분 및 비타민 A와 C, 칼륨, 칼슘 등이 함유되어 있다.

쓰임새 영양 섭취뿐만 아니라 고혈압, 중풍을 예방하고 신경통과 대하증에도 좋으며 지혈과 해열 효과도 있는 약용식물이다.

석류나무과

석류나무
Punica granatum L.

식품안전정보포털		
사용부위	가능	제한
열매(열매껍질, 씨앗 제외)	○	×

- **이　　　명** : 석류, 석누나무, 석류수(石榴樹), 석류목(石榴木), 안석류(安石榴)
- **생 약 명** : 산석류(酸石榴), 석류피(石榴皮), 석류근피(石榴根皮), 석류엽(石榴葉), 석류화(石榴花)
- **사용 부위** : 열매, 열매껍질, 뿌리껍질, 잎, 꽃
- **개 화 기** : 6~7월
- **채취 시기** : 열매와 열매껍질은 9~10월, 뿌리껍질은 가을, 잎은 여름, 꽃은 6~7월에 채취한다.

열매 (채취품)

열매껍질 (약재)

생육특성 석류나무는 남부지방에서 심어 가꾸는 낙엽활엽소교목으로, 키는 3~5m이다. **작은 가지**는 네모지고 짧은 가지 끝이 가시로 되며 털은 없다. **잎**은 마주나고 거꿀달걀 모양 또는 긴 타원형에 잎끝은 뭉툭하며 가장자리가 밋밋하고 양면에 털이 없다. 잎 표면에는 광택이 있고 잎자루는 아주 짧다. **꽃**은 홍색으로 6~7월에 1송이 또는 여러 송이가 가지 끝이나 잎겨드랑이에서 피고, **열매**는 둥글고 끝에 꽃받침조각이 붙어 있으며, 9~10월에 황색 또는 황홍색으로 익으면 열매껍질 불규칙하게 터져서 종자가 보인다.

잎

성분 열매껍질에는 타닌, 만니톨(mannitol), 이눌린(inulin), 펙틴(pectin), 칼슘, 이소퀘르세틴(isoquercetin)과 납, 지방, 점액질, 당, 식물고무, 몰식자산, 사과산, 수산 등이 함유되어 있다. 신맛이 나는 열매의 종자유 중에는 푸닉산(punicic acid), 그 외에 에스트론(estrone) 및 에스트라디올(estradiol), β-시토스테롤, 만니톨, 천연 식물성 에스트로겐, 플라보노이드, 다이드제인, 제니스테인(genistein), 비타민 A 또는 E도 함유되어 있다. 잎에는 시킴산(shikimic acid), 디하이드로시킴산(dehydroshikimic acid), 퀸산(qunic acid), 아라비노스(arabinose), d-글루코스(d-glucose), 타닌, 과당, 서당 등이 함유되어 있다.

꽃

쓰임새 열매살은 생약명이 산석류(酸石榴)이며 지갈(止渴)의 효능이 있고 이질, 위장병, 대하증 등을 치료한다. 열매껍질은 생약명이 석류피(石榴皮)이며 지혈, 구충의 효능이 있고 치질의 탈항, 자궁출혈, 백대하증으로 인한 복통, 가려움증, 갱년기장애, 고혈압, 유방암, 전립선암, 전립선 비대, 심혈관 질환 등을 치료한다. 또한 노화방지, 혈액순환, 면역력 증진, 스트레스 해소에 효능이 있다. 뿌리껍질은 생약명이 석류근피(石榴根皮)이며 항균작용과 항진균 억제작용이 있고 대하증, 회충, 조충 등을 치료한다. 잎은 생약명이 석류엽(石榴葉)이며 타박상의 치료에 사용한다. 꽃은 생약명이 석류화(石榴花)이며 중이염, 코피, 자상(刺傷)에 의한 각종 출혈의 지혈제로 사용하고 토혈, 월경불순, 백대하, 화상, 치통, 중이염 등을 치료한다.

석죽과

패랭이꽃
Dianthus chinensis L.

- **이 명** : 패랭이, 꽃패랭이꽃, 석죽(石竹)
- **생 약 명** : 구맥(瞿麥)
- **사용 부위** : 전초
- **개 화 기** : 6~8월
- **채취 시기** : 줄기가 시든 가을에 전초를 채취하여 이물질을 제거하고 햇볕에 말린다.

지상부 (채취품)

전초 (약재)

생육특성 패랭이꽃은 전국 각지의 반그늘이나 양지쪽에 군락을 이루지 않고 조금씩 간격을 두어 자생하는 숙근성 여러해살이풀로, 키는 30cm 정도이다. 줄기는 하나 또는 여러 대가 같이 나와 곧게 자라는데, 가늘고 털이 없이 매끈하며 마디가 부풀어 있다. 잎은 마주나고 줄 모양 또는 피침 모양으로 끝이 뾰족하며 밑부분이 서로 합쳐져서 짧게 통처럼 된다. 꽃은 6~8월에 진분홍색으로 피며, 줄기 끝부분에서 가지가 갈라져서 그 끝에 1개씩 달린다. 꽃잎은 5개로 가장자리가 얕게 갈라지며, 안쪽에는 붉은색 선이 선명하다. 열매는 원통형의 삭과로 9월에 검게 익어 끝이 4개로 갈라지고 꽃받침으로 둘러싸인다. 꽃 모양이 옛날 민초들이 쓰던 패랭이를 닮아서 이 이름이 붙여졌는데, 우리 문학작품에서 서민을 패랭이꽃에 비유하기도 한다.

잎

꽃

성분 깁소게닌산(gypsogenic acid), 오이게놀(eugenol), 페닐에틸알코올(phenylethyl alcohol), 살리실산(salicylic acid), 메틸에스테르(methyl ester), 벤질에스테르(benzyl ester) 등이 함유되어 있다.

종자 결실

쓰임새 염증을 다스리는 소염, 열을 식혀주는 청열, 수도를 이롭게 하는 이수, 어혈을 깨뜨리는 파혈(破血), 월경을 통하게 하는 통경 등의 효능이 있어서 소변불통, 혈뇨, 신염(腎炎), 성전염병인 임병, 무월경, 피부나 근육에 국부적으로 생기는 종기나 부스럼, 눈의 흰자위에 핏발이 서는 목적(目赤), 타박상 등을 치료하는 데 사용한다.

줄기

소나무과

소나무
Pinus densiflora Siebold & Zucc.

식품안전정보포털		
사용부위	가능	제한
뿌리	×	○

- **이　　　명** : 적송, 육송, 여송, 솔나무
- **생 약 명** : 송엽(松葉), 송구(松毬), 송근(松根)
- **사용 부위** : 잎, 열매, 뿌리
- **개 화 기** : 4~5월
- **채취 시기** : 열매는 가을·겨울에, 잎과 뿌리는 연중 수시 채취한다.

뿌리껍질 (약재)

잎 (약재)

생육특성 소나무는 전국적으로 분포하는 상록침엽교목으로, 키는 30m 정도이며 가지가 많이 갈라진다. **잎**은 바늘 모양으로 2개씩 속생하고 가장자리에는 작은 톱니가 있다. **꽃**은 암수한그루로 4~5월에 피는데, 수꽃차례는 새 가지 밑부분에 타원형으로 달리고 암꽃차례는 새 가지 끝에 2~3개가 돌려나기로 달린다. **열매**는 다음 해 9~10월에 익고 종자에는 날개가 붙어 있다.

성분 잎에는 정유가 들어 있으며, 주성분은 α-피넨(α-pinene), β-피넨(β-pinene), 캄펜(camphene) 등이고 플라보노이드 중에는 퀘르세틴, 켐페롤 등이 있으며 그 외 타닌, 수지, 아비에트산(abietic acid), 색소 등도 함유되어 있다. 열매에는 단백질, 지방, 탄수화물, 뿌리에는 수지(樹脂), 정유, 타닌, 퀘르세틴이 함유되어 있다.

쓰임새 잎은 생약명이 송엽(松葉)이며 거풍, 살충의 효능이 있고 타박상, 가려움증, 부종, 습진 등을 치료한다. 열매는 생약명이 송구(松毬)이며 보기(補氣)의 효능이 있고 치질, 풍비(風痺) 등을 치료한다. 뿌리는 생약명이 송근(松根)이며 근골통 류머티즘, 타박상, 종통을 치료한다. 소나무의 추출물은 콜레스테롤의 개선과 피부노화 방지, 주름개선, 탈모방지, 발모촉진 등의 효과가 있다.

암꽃　　　　　　　　수꽃　　　　　　　　열매

새순　　　　　　　　송진(약재)　　　　　　송홧가루(약재)

소태나무과

가죽나무
Ailanthus altissima (Mill.) Swingle

식품안전정보포털		
사용부위	가능	제한
잎	○	×

- **이 명** : 가중나무, 개죽나무, 까중나무
- **생 약 명** : 취춘피(臭椿皮), 저근백피(樗根白皮), 봉안초(鳳眼草), 저엽(樗葉)
- **사용 부위** : 뿌리껍질, 나무껍질, 열매, 잎
- **개 화 기** : 6~8월
- **채취 시기** : 뿌리껍질은 봄·겨울, 나무껍질은 봄, 열매는 가을, 잎은 봄·여름에 채취한다.

뿌리껍질 (약재)

나무껍질 (약재)

잎   꽃   열매

생육특성

가죽나무는 전국 각지에서 자생하거나 심어 가꾸는 낙엽활엽교목으로, 키는 20m 내외이다. **나무껍질**은 회갈색이고 **일년생가지**는 황갈색 또는 적갈색이며 털이 있으나 없어지는 것도 있다. **잎**은 어긋나고 홀수깃꼴겹잎이며, 잔잎은 13~25개로 피침상 달걀 모양에 잎끝이 날카롭고 거친 톱니가 있다. **꽃**은 암수딴그루 또는 잡성주로 6~8월에 녹색을 띤 흰색으로 피며, 가지 끝에서 작은 꽃이 원추꽃차례로 달린다. 꽃받침은 5개로 갈라지며 5개의 꽃잎은 끝이 안으로 꼬부라진다. **열매**는 긴 타원형의 시과이며 프로펠러처럼 생긴 날개 가운데 1개의 종자가 들어 있다. 9~10월에 성숙하고 봄까지 달려 있다.

성분

뿌리껍질에는 메르소신(mersosin), 타닌(tannin), 플로바펜(phlobaphene) 등이 함유되어 있고, 나무껍질에는 아일란톤(ailanthone), 쿠아신(quassin), 아마롤라이드(amarolide), 아세틸아마롤라이드(acetylamarolide), 네오쿠아신(neoquassin) 등이 함유되어 있다. 열매에는 아일란톤, 아일란토라이드(ailantholide), 차파리논(chaparrinone), 쿠아신 등이 함유되어 있고, 잎에는 퀘르시트린(quercitrin), 비타민 C가 함유되어 있다.

쓰임새

뿌리껍질과 나무껍질은 생약명이 취춘피(臭椿皮) 또는 저근백피(樗根白皮)이며 청열(淸熱), 지혈, 살충, 조습(燥濕)의 효능이 있고 만성 하리(下痢), 장풍혈변(腸風血便), 유정, 대하, 소변백탁, 구충병을 치료한다. 열매는 생약명이 봉안초(鳳眼草)이며 세균과 질트리코모나스에 대한 항균작용이 있고 이질, 장풍혈변, 혈뇨, 자궁 이상출혈, 백대하를 치료한다. 잎은 생약명이 저엽(樗葉)이며 습진, 피부 가려움증을 치료한다. 가죽나무의 추출물은 천식, 알레르기질환의 예방 또는 치료용으로 사용한다.

소태나무과

소태나무
Picrasma quassioides (D. Don) Benn.

- **이 명** : 쇠태, 고목(苦木), 고피(苦皮)
- **생 약 명** : 고수피(苦樹皮)
- **사용 부위** : 나무껍질, 뿌리껍질, 목질부
- **개 화 기** : 5~6월
- **채취 시기** : 나무껍질, 뿌리껍질, 목질부를 연중 수시 채취한다.

나무껍질 (약재)

목질부 (약재)

생육특성 소태나무는 전국의 산기슭, 골짜기, 인가 근처 등에서 자생하는 낙엽활엽소교목으로, 키는 7~10m이다. **나무껍질**은 회흑색이고, **어린가지**는 회녹색에 선명한 황색의 껍질눈이 있다. **잎**은 어긋나고 9~15개의 잔잎으로 된 홀수깃꼴겹잎이며, 보통 가지 끝에 모여 달린다. 잔잎은 달걀 모양으로 잎끝이 날카롭고 밑쪽은 둥글며 가장자리는 고르지 않은 톱니가 있다. **꽃**은 암수딴그루로 5~6월에 청록색으로 피는데, 잎겨드랑이에서 나온 편평꽃차례에 작은 꽃들이 6~8개 달린다. **열매**는 달걀 모양의 핵과로 다육질이며 밑부분에 꽃받침이 달려 있고 8~9월에 붉게 익는다.

꽃

성분 소태나무에 함유되어 있는 총 알칼로이드(alkaloid)에는 항균·소염작용이 있다. 알칼로이드 중 쿠무지안(kumujian)이라는 7종의 물질이 분리되고 그중 쿠무지안 D는 메틸니가키논(methyl nigakinone)이라고도 한다. 특이한 고미질로 쿠아신(quassin), 피크라신-A(picrasin-A), 니가키락톤-A(nigakilactone-A), 니가키논(nigakinone), 메틸니가키논, 하르만(harmane) 등이다.

쓰임새 나무껍질, 뿌리껍질, 목질부는 생약명이 고수피(苦樹皮)이며 쿠아신의 쓴맛이 건위제가 되어 식욕을 증진시키지만 과다 섭취하면 구토작용을 일으키기도 한다. 살충, 해독, 청열조습의 효능이 있어 소화불량, 세균성 하리, 위장염, 담도감염, 편도염, 인후염, 습진, 화상 등을 치료한다. 소태나무의 추출물은 간암, 간경화, 지방간, 아토피피부염, 알레르기질환 등에 탁월한 효과가 있다.

잎

열매

속새과

쇠뜨기
Equisetum arvense L.

식품안전정보포털		
사용부위	가능	제한
잎	○	×

- **이 명** : 뱀밥, 쇠띠기, 즌솔, 토필(土筆), 필두채(筆頭菜), 마봉초(馬蜂草)
- **생 약 명** : 문형(問荊)
- **사용 부위** : 전초
- **개 화 기** : 포자번식
- **채취 시기** : 여름철에 전초를 채취하여 그늘에서 말린다. 더러는 생식하기도 한다.

전초
(약재)

| 영양줄기 | 생식줄기 |

| 뿌리 | 전초 |

생육특성 쇠뜨기는 전국 각지에 분포하는 여러해살이풀이다. 키는 30~40cm이고, 땅속줄기가 옆으로 뻗으며 번식한다. **생식줄기**는 이른 봄에 나와서 포자낭수를 형성하고 마디에 비늘 같은 잎이 돌려나며 가지가 없다. **영양줄기**는 뒤늦게 나오는데 속이 비어 있고 겉에 능선이 있으며, 마디에는 가지와 비늘 같은 잎이 돌려난다. 퇴화한 잎으로 된 가는 톱니가 있는 초가 있다. 연한 생식줄기는 나물로 먹거나 약용하고 영양줄기는 이뇨제 등의 약재로 쓴다. 쇠뜨기라는 이름은 '소가 뜯는 풀'이라는 뜻이다.

성분 에퀴세토닌(equisetonin), 에퀴세트린(equisetrin), 아르티쿨라틴(articulatin), 갈루테올린(galuteolin), 포풀닌(populnin), 켐페롤-3,7-디글루코시드(kaempferol-3,7-diglucoside), 아스트라갈린(astragalin), 팔루스트린(palustrine), 고시피트린(gossypitrin), 3-메톡시피리딘(3-methoxypyridine), 허바세트린(herbacetrin) 등이 함유되어 있다.

쓰임새 양혈, 진해, 이뇨 등의 효능이 있어 토혈, 장출혈, 코피, 해수, 기천(氣喘), 소변불리, 임질 등에 응용할 수 있다.

쇠비름과

쇠비름
Portulaca oleracea L.

식품안전정보포털		
사용부위	가능	제한
잎, 순, 줄기	○	×

- **이   명** : 돼지풀, 마현(馬莧), 오행초(五行草), 마치채(馬齒菜), 오방초(五方草)
- **생 약 명** : 마치현(馬齒莧)
- **사용 부위** : 지상부
- **개 화 기** : 6~9월
- **채취 시기** : 여름과 가을에 지상부를 채취하여 이물질을 제거하고 물로 씻은 다음 살짝 찌거나 끓는 물에 담갔다가 햇볕에 말린 뒤 절단하여 사용한다. 잘 마르지 않으므로 절단하여 열풍식 건조기에 말려 사용하는 것이 효과적이다.

지상부(채취품)

지상부(약재)

잎

꽃

줄기와 잎

생육특성 쇠비름은 전국 각지의 밭이나 밭둑, 나대지 등에 많이 나는 한해살이풀로, 키는 30cm 정도이다. **줄기**는 갈적색의 육질이며 둥근기둥 모양으로 가지가 많이 갈라져 옆으로 비스듬히 퍼진다. 뿌리는 흰색이지만 손으로 훑으면 원줄기와 같이 적색으로 된다. **잎**은 마주나거나 어긋나지만 밑부분의 것은 돌려난 것처럼 보이고, 길이 1.5~2.5cm의 긴 타원형으로 끝이 둥글고 밑부분은 좁아져서 짧은 잎자루로 된다. **꽃**은 노란색으로 6월부터 가을까지 계속 피는데, 줄기나 가지 끝에 3~5개씩 모여 달린다. **열매**는 타원형이고 8월에 익으며 가운데가 옆으로 갈라져 많은 종자가 나온다.

성분 칼륨염, 카테콜아민(catecholamine), 노르에피네프린(norepinephrine), 도파민, 비타민 A와 B, 마그네슘 등이 함유되어 있다.

쓰임새 열을 식히고 독을 풀어주는 청열해독, 혈의 열을 식히고 출혈을 멈추게 하는 양혈지혈 등의 효능이 있어서 열독과 피가 섞인 설사(대부분 세균성 설사를 말함)를 치료한다. 또한 옹종, 습진, 단독(丹毒), 변혈, 치출혈(痔出血), 붕루대하, 뱀이나 벌레에 물린 상처인 사충교상을 치료한다. 그리고 눈을 밝게 하여 청맹(靑盲: 눈뜬 장님)과 시력감퇴 등을 다스린다.

수련과

연꽃
Nelumbo nucifera Gaertn.

식품안전정보포털		
사용부위	가능	제한
뿌리, 잎, 꽃	○	×
씨앗	×	○

- **이 명** : 연
- **생 약 명** : 연자(蓮子), 우절(藕節), 하엽(荷葉), 연방(蓮房), 연자심(蓮子心)
- **사용 부위** : 열매와 종자, 뿌리줄기, 잎, 성숙된 꽃턱, 익은 종자에서 빼낸 녹색의 배아
- **개 화 기** : 7~8월
- **채취 시기** : 열매와 종자는 늦가을에 채취하고, 뿌리줄기와 뿌리줄기 마디는 연중 채취하며, 잎은 여름에 채취하여 말린다.

잎 (약재)

종자 (약재)

생육특성

연꽃은 원산지가 인도로 추정되나 확실치 않으며 일부에서는 이집트라고도 한다. 우리나라에서는 중부 이남의 습지나 연못에서 재배하는 여러해살이 수초이다. 뿌리줄기가 옆으로 길게 뻗으며 원주형에 마디가 많고 가을철에 끝부분이 특히 굵어진다. 뿌리줄기에서 나온 **잎**은 지름 40cm 정도의 방패 모양이며, 물에 잘 젖지 않고 잎자루가 길어 꽃잎과 같이 수면보다 위에서 전개된다. **꽃**은 7~8월에 연한 홍색 또는 흰색으로 피는데, 뿌리줄기에서 나온 꽃줄기 끝에 지름 15~20cm의 큰 꽃이 1송이 달리며, 꽃줄기는 잎자루처럼 가시가 나 있다. **열매**는 타원형 수과로 길이는 2cm 정도이며 검은색으로 익는다.

꽃

종자가 들어 있는 연방

성분

종자에는 누시페린(nuciferine), 노르누시페린(nornuciferine), 노르아르메파빈(norarmepavine), 잎에는 로메린(roemerine), 누시페린, 노르누시페린, 아르메파빈(armepavine), 프로누시페린(pronuciferine), 리리오데닌(liriodenine), 아노나인(anonaine), 퀘르세틴(quercetin), 이소퀘르시트린(isoquercitrin), 넬럼보사이드(nelumboside) 등이 함유되어 있다.

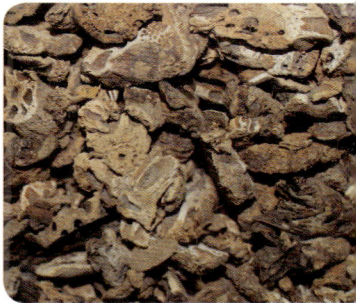

뿌리줄기(약재)

쓰임새

연자(蓮子)는 허약한 심기를 길러주고 신(腎) 경락의 기운을 더해주어 유정을 치료한다. 또한 수렴작용 및 비장을 강화하는 효능이 있어서 오래된 이질이나 설사, 다몽(多夢), 임질, 대하를 치료한다. 우절(藕節)은 열을 내리고 어혈을 제거하며 독성을 풀어주는 효능이 있어서 열병번갈(熱病煩渴), 주독, 토혈, 열이 하초에 몰려 생기는 임질을 치료한다. 하엽(荷葉)은 수렴제 및 지혈제로 사용하거나 민간요법으로 야뇨증 치료에 사용했다. 꽃봉오리는 혈액순환을 돕고 풍사와 습사를 제거하며 지혈하는 효능이 있다. 연방(蓮房)은 뭉친 응어리를 풀어주고 습사를 제거하며 지혈하는 효능이 있다. 연자심(蓮子心)은 마음을 진정시키고 열을 내려주며 신장 기능을 강화하여 유정을 멈추게 하는 효능이 있다.

앵초과

큰까치수염
Lysimachia clethroides Duby

식품안전정보포털		
사용부위	가능	제한
순, 잎	○	×

- **이   명** : 큰까치수영, 민까치수염, 큰꽃꼬리풀
- **생 약 명** : 진주채(珍珠菜)
- **사용 부위** : 어린순, 전초
- **개 화 기** : 6~8월
- **채취 시기** : 이른 봄에 어린순을 채취하고, 여름에 전초를 채취하여 신선한 상태나 그늘에 말려 사용한다.

뿌리(채취품)

생육특성 큰까치수염은 산지의 양지 또는 반그늘에서 흔히 자생하는 여러해살이 풀로, 키는 50~100cm이다. **줄기**는 원주형으로 곧게 서고 붉은빛을 띠며 윗부분에 털이 있다. **잎**은 어긋나고 밑부분이 점차 좁아져서 원줄기에 달리거나 잎자루로 된다. **꽃**은 6~8월에 흰색으로 피는데, 원줄기 끝에서 한쪽으로 굽은 총상꽃차례가 나와 작은 꽃들이 밀착한다. **열매**는 둥근 삭과로 9~10월에 달리며 꽃받침으로 싸여 있다.

성분 뿌리에는 프리뮬라게닌(primulagenin), 전초에는 사포닌, 프림베라제(primverase) 등이 함유되어 있다.

쓰임새 혈행을 좋게 하는 활혈, 수도를 이롭게 하는 이수, 종기를 삭이는 소종, 경도를 고르게 하는 조경(調經) 등의 효능이 있어서 월경불순, 월경통, 백대하, 수종, 인후종통, 타박상, 림프샘염, 이질, 부스럼이나 종기 등을 치료하는 데 사용한다.

잎 / 꽃 / 줄기 / 지상부

양귀비과

애기똥풀
Chelidonium majus var. *asiaticum* (H. Hara) Ohwi

- **이 명** : 까치다리, 젖풀, 씨아똥
- **생 약 명** : 백굴채(白屈菜)
- **사용 부위** : 전초
- **개 화 기** : 5~8월
- **채취 시기** : 전초는 꽃이 필 때 채취하여 통풍이 잘되는 곳에서 말리고, 뿌리는 여름에 채취하여 그늘에서 말린다.

잎줄기 (약재)

전초 (약재)

| 잎 | 꽃 |
| 유액 | 종자 결실 |

생육 특성 애기똥풀은 전국의 산지와 인가 주변에서 자라는 두해살이풀로, 양지바른 곳이면 어디에서나 잘 자란다. 키는 30~70cm이고, 원줄기는 잎과 더불어 분백색을 띠고 곱슬털이 있으나 나중에 거의 없어진다. **잎**은 어긋나며 잎자루가 있고, 1~2회 깊게 갈라지며 끝이 둥글고 가장자리에 둔한 톱니가 있다. **꽃**은 5~8월에 노란색으로 피는데, 꽃잎은 4장이며 꽃봉오리 상태에서는 많은 털이 나 있다. **열매**는 좁은 원주형의 삭과로 9월에 달린다. 줄기를 자르면 노란 액체가 뭉쳐 있어 마치 애기의 똥과 같다고 하여 이 이름이 붙여졌다.

성분 켈리도닌(chelidonine), 켈러리트린(chelerythrine), 프로토핀(protopine), 호모켈리도닌(homochelidonine), 켈리돈산(chelidonic acid), 켈리도니올(chelidoniol), 상귀나린(sanguinarine) 등이 함유되어 있다.

쓰임새 통증을 멎게 하고 기침을 멎게 하며, 소변을 잘 나가게 하고 독을 풀어 주며, 종기를 삭이는 효능이 있어서 위장동통, 해수, 백일해, 기관지염, 간염, 황달, 간경화, 옴, 염증이나 종양으로 인한 부기 등을 치료하고 벌레나 뱀에 물린 상처를 치료하는 데에도 사용한다.

오미자과

오미자
Schisandra chinensis (Turcz.) Baill.

식품안전정보포털		
사용부위	가능	제한
열매	○	×

- **이 명** : 개오미자, 오매자(五梅子)
- **생 약 명** : 오미자(五味子)
- **사용 부위** : 열매
- **개 화 기** : 5~6월
- **채취 시기** : 9~10월에 열매를 채취한다.

열매 (채취품)

열매 (약재)

생육특성

오미자는 전국의 깊은 산골짜기에 자생하거나 재배하는 낙엽활엽 덩굴성 목본으로, 길이는 3m 내외이다. **작은 가지**는 홍갈색이고 **오래된 가지**는 회갈색이며 **나무껍질**은 조각조각 떨어져 벗겨진다. **잎**은 어긋나고 넓은 타원형 또는 달걀 모양이며 가장자리에 치아 모양의 톱니가 있다. **꽃**은 암수딴그루로, 5~6월에 새로 나온 가지의 잎겨드랑이에서 붉은빛을 띠는 황백색으로 핀다. **열매**는 둥근 장과이며 송이 모양으로 달려 밑으로 처지고 9~10월에 심홍색으로 익는다.

잎

성분

열매에는 데옥시시잔드린(deoxyschizandrin), γ-시잔드린(γ-schizandrin), 시잔드린(schizandrin) A·B·C, 이소시잔드린(isoschizandrin), 안겔로일이소고미신(angeloylisogomisin) H·O·P·Q, 벤조일고미신(benzoylgomisin) H, 벤조일이소고미신(benzoylisogomisin) O, 티그로일고미신(tigloylgomisin) H·P, 데옥시고미신(deoxygomisin) A, 우웨이지수(wuweizisu) A-C, 우웨이지춘(wuweizichun) A·B 등이 함유되어 있고, 정유에는 시트랄(citral), α,β-차미그레날(α,β-chamigrenal)과 기타 유기산인 시트르산(citric acid), 말산(malic acid), 타타르산(tataric acid), 비타민 C, 지방산 등이 함유되어 있다.

암꽃

수꽃

쓰임새

열매는 생약명이 오미자(五味子)이며 자양강장, 중추신경 흥분작용, 간세포 보호작용, 진해, 거담, 수렴, 지사 등의 효능이 있고 만성 설사, 몽정, 유정, 도한, 자한, 구갈, 해수, 삽정, 고혈압 등을 치료한다. 열매 및 종자 추출물은 항암, 대장염, 알츠하이머병, 비만 등에 치료 효과도 있다.

열매

옻나무과

붉나무
Rhus javanica L.

- **이　　　명** : 오배자나무, 굴나무, 뿔나무, 불나무, 염해자(鹽海子)
- **생　약　명** : 염부자(鹽膚子), 염부자근(鹽膚子根), 염부수근피(鹽膚樹根皮), 염부엽(鹽膚葉), 오배자(五倍子)
- **사용 부위** : 열매, 뿌리, 뿌리껍질, 잎, 벌레집(오배자)
- **개　화　기** : 8~9월
- **채취 시기** : 열매는 10~11월, 뿌리와 뿌리껍질은 연중 수시, 잎은 여름, 오배자는 가을에 채취한다.

뿌리 (약재)

벌레집 (약재)

> **생육 특성**

붉나무는 전국의 산기슭이나 산골짜기에서 자라는 낙엽활엽관목 또는 소교목으로, 키는 7m 정도이다. **굵은 가지**가 드문드문 있고 **작은 가지**는 황색이며 일년생가지, 잎자루, 잎 뒤에 갈색 털이 밀생한다. **잎**은 어긋나고 홀수깃꼴겹잎이며, 잔잎은 7~13개로 달걀 모양 또는 달걀상 타원형에 잎축에는 날개가 붙어 있으며 가장자리에는 거친 톱니가 드문드문 있다. **꽃**은 암수딴그루이며 8~9월에 황백색으로 피는데, 가지 끝에서 원추꽃차례로 달린다. **열매**는 편구형의 핵과이며 짧은 황갈색 털이 밀생하고 10~11월에 익는다.

암꽃

> **성분**

열매에는 타닌이 50~70% 함유되어 있고 유기몰식자산이 2~4%, 그 외 지방, 수지, 전분, 사과산, 주석산, 구연산 등이 함유되어 있다. 뿌리와 뿌리껍질에는 스코폴레틴 3,7,4-트리하이드록시플라본(scopoletin 3,7,4-trihydroxy flavone), 휘세틴(ficetin), 잎에는 쿼르세틴, 메틸에스테르, 엘라그산(ellagic acid), 벌레집에는 갈로타닌(gallotannin), 펜타갈로일글루코오스(pentagalloylglucose)가 함유되어 있다.

수꽃

열매

> **쓰임새**

열매는 생약명이 염부자(鹽膚子)이며 수렴, 지사, 화담의 효능이 있고 해수, 황달, 도한, 이질, 완선, 두풍 등을 치료한다. 뿌리는 생약명이 염부자근(鹽膚子根)이며 거풍, 소종, 화습(化濕)의 효능이 있고 감기에 의한 발열, 해수, 하리, 수종, 류머티즘에 의한 동통, 타박상, 유선염, 주독 등을 치료한다. 뿌리껍질은 생약명이 염부수근피(鹽膚樹根皮)이며 청열, 해독의 효능이 있고 어혈(瘀血), 하수, 요통, 기관지염, 황달, 외상출혈, 수종, 타박상, 종독, 독사교상 등을 치료한다. 잎은 생약명이 염부엽(鹽膚葉)이며 수렴, 해독, 진해, 화담의 효능이 있다. 벌레집은 생약명이 오배자(五倍子)이며 수렴(收斂), 지사, 지혈, 지한, 진해, 항균, 항염의 효능이 있고 궤양, 습진, 구내염, 창상, 화상, 동상 등을 치료한다.

벌레집(오배자)

옻나무과

옻나무
Rhus verniciflua Stokes

식품안전정보포털

사용부위	가능	제한
줄기, 가지	×	○

- **이　　　명** : 옻나무, 참옻나무, 칠수(漆樹), 대목칠(大木漆)
- **생 약 명** : 생칠(生漆), 건칠(乾漆), 칠수피(漆樹皮), 칠수목심(漆樹木心)
- **사용 부위** : 수지, 나무껍질, 뿌리껍질, 목질부
- **개 화 기** : 5~6월
- **채취 시기** : 수지는 4~5월, 나무껍질과 뿌리껍질은 봄·가을, 목질부는 연중 수시 채취한다.

뿌리껍질(약재)　　나무껍질(약재)

생육특성 옻나무는 전국의 산지에 자생하거나 재배하는 낙엽활엽교목으로, 키는 20m 내외이다. **줄기**는 굵고 황색이며, 어릴 때는 털이 있으나 차츰 없어진다. **잎**은 어긋나고 1회 홀수깃꼴겹잎이며, 잔잎은 9~11개로 달걀 모양 또는 타원상 달걀 모양에 잎끝은 점차 날카로워지고 밑부분은 원형 또는 쐐기 모양이며 가장자리는 밋밋하다. **꽃**은 암수딴그루 또는 잡성주로 5~6월에 황록색으로 피며, 잎겨드랑이에서 나온 원추꽃차례에 달린다. **열매**는 편구형의 핵과로 연한 황색에 윤채가 있으며 10~11월에 익는다.

잎

성분 수지는 생칠(生漆), 이 생칠을 가공한 건조품을 건칠(乾漆)이라고 한다. 생칠은 나무껍질을 긁어 상처를 내면 나오는 지방액을 모아서 저장하였다가 사용한다. 건칠은 생칠 중의 우루시올(urushiol)이 라카아제(laccase) 작용으로 공기 중에서 산화되어 생성된 검은색의 수지 물질을 가공한 건조품이다. 수지는 스텔라시아닌(stellacyanin), 라카아제, 페놀라아제(phenolase), 타닌과 콜로이드질을 함유한다. 콜로이드의 주요 성분은 다당류로 글루쿠론산(glucuronic acid), 갈락토오스(galactose), 크실로오스(xylose)도 함유되어 있다.

꽃

쓰임새 건칠은 살충, 소적(消積), 해열, 소염, 건위, 통경, 진해의 효능이 있고 월경폐지, 어혈, 말라리아, 관절염을 치료한다. 나무껍질과 뿌리껍질은 생약명이 칠수피(漆樹皮)이며 접골, 타박상을 치료하고 특히 흉부손상에 효과적이다. 심재는 생약명이 칠수목심(漆樹木心)이며 진통, 행기(行氣)의 효능이 있고 심위기통(心胃氣痛)을 치료한다.

열매

나무껍질

용담과

쓴풀
Swertia japonica (Schult.) Griseb.

- **이 명** : 참쓴풀
- **생 약 명** : 당약(當藥)
- **사용 부위** : 전초
- **개 화 기** : 9~10월
- **채취 시기** : 가을에 전초를 채취하여 말린다.

열매껍질(약재)

생육특성 쓴풀은 전국의 과습하지 않은 양지나 반그늘의 풀숲에 자생하는 한두해살이풀로, 키는 5~20cm이다. **줄기**는 곧게 서고 약간 네모지며 자줏빛을 띠고 전체에 털이 없다. **잎**은 마주나고 줄 모양이며, 끝이 둔하고 가장자리는 약간 뒤로 말리며 잎자루가 없다. **꽃**은 9~10월에 흰색으로 피는데, 원추꽃차례의 아래에서 위쪽으로 피어 올라오며 상단부에는 3~5개가 뭉쳐 달린다. **열매**는 피침 모양의 삭과로 10~11월에 달린다. 유사종으로는 개쓴풀과 자주쓴풀이 있고 고산지역에 자라는 네귀쓴풀도 동일한 종류이다.

성분 스웨르티아마린(swertiamarin), 스웨르사이드(swerside), 겐티오피크로사이드(gentiopicroside), 아마로겐틴(amarogentin), 아마로스웨린(amaroswerin), 스웨르티아닌(swertianin), 노르스웨르티아닌(norswertianin), 벨리디포린(belidiforin), 세르티신(sertisin), 세르티아자포닌(sertiajaponin), 이소빅세틴(isovixetin) 등이 함유되어 있다.

쓰임새 위를 튼튼하게 하는 건위, 머리털을 잘 나게 하는 발모의 효능이 있어서 소화불량, 식욕부진, 탈모증 등을 치료한다.

꽃

종자 결실

용담과

용담
Gentiana scabra Bunge

- **이   명** : 초룡담, 섬용담, 과남풀, 선용담, 초용담
- **생 약 명** : 용담(龍膽)
- **사용 부위** : 뿌리
- **개 화 기** : 8~10월
- **채취 시기** : 봄·가을에 뿌리를 채취하여 햇볕에 말리는데, 가을에 말린 것이 약성이 더 좋다.

뿌리(채취품)

뿌리(약재)

| 잎 | 꽃 |
| 종자 결실 | 지상부 |

생육 특성

용담은 전국 산과 들의 풀숲이나 양지에서 자라는 숙근성 여러해살이 풀로, 키는 20~60cm이다. **줄기**는 곧게 서나 개화기에는 옆으로 누우며 4개의 가는 줄이 있다. **잎**은 마주나고 표면은 녹색, 뒷면은 회백색을 띤 연녹색이며 피침 모양으로 잎자루가 없이 뾰족하다. **꽃**은 자주색으로 8~10월에 윗부분의 잎겨드랑이와 끝에서 피며 꽃자루는 없다. **열매**는 삭과로 시든 꽃부리와 꽃받침이 달려 있으며 10~11월에 익는다. 종자는 넓은 피침 모양으로 양끝에 날개가 있다. 꽃이 많이 달리면 옆으로 처지며 바람에도 쓰러지는데, 쓰러진 잎 사이에서 꽃이 많이 피기 때문에 줄기가 상했다고 끊어내서는 안 된다.

성분

겐티오피크린(gentiopicrin), 겐티아닌(gentianine), 겐티아노스(gentianose), 스웨르티아마린(swertiamarin) 등이 함유되어 있다.

쓰임새

위를 튼튼하게 하는 건위, 열을 내리는 해열, 담 기능을 이롭게 하는 이담, 간열을 내리는 사간(瀉肝), 염증을 없애는 소염의 효능이 있어서 소화불량, 간열증(肝熱症), 담낭염, 황달, 두통, 간질, 뇌염, 방광염, 요도염, 눈에 핏발이 서는 증상 등을 치료하는 데 사용한다.

운향과

산초나무
Zanthoxylum schinifolium Siebold & Zucc.

식품안전정보포털		
사용부위	가능	제한
잎, 열매, 씨앗	○	×

- **이 명** : 분지나무, 산추나무, 상초나무, 대초(大椒), 진초(秦椒), 촉초(蜀椒), 남초(南椒), 파초(巴椒), 한초(漢椒), 육초(淕椒)
- **생 약 명** : 산초(山椒), 화초(花椒), 화초근(花椒根), 화초엽(花椒葉)
- **사용 부위** : 열매, 뿌리, 잎
- **개 화 기** : 8~9월
- **채취 시기** : 열매는 10~11월, 뿌리는 연중 수시, 잎은 봄·여름에 채취한다.

뿌리 (약재)

열매 (약재)

잎과 줄기　　　　　　　　　꽃　　　　　　　　　열매

생육특성

산초나무는 전국의 산기슭 또는 등산로 주변에 자생하거나 밭둑이나 마을 주변에 심어 가꾸는 낙엽활엽관목으로, 키는 3m 정도이다. 줄기에 가시가 엇갈려서 나고 **일년생가지**에 1개씩 떨어져 나는 가시가 있다. **잎**은 13~21개의 잔잎으로 된 깃꼴겹잎이고, 잔잎은 타원상 피침 모양에 끝이 좁아지며 가장자리에는 물결 모양 톱니가 있고 잎축에는 잔가시가 있다. **꽃**은 암수딴그루로 8~9월에 연한 녹색으로 피는데, 가지 끝에 산방꽃차례를 이루며 달린다. **열매**는 삭과이며 10~11월에 익으면 열매껍질이 터져 검은색 종자가 나온다.

성분

열매에는 정유와 산쇼아마이드(sanshoamide), α, β, γ-산쇼올(α, β, γ-sanshool), α-테르피네올(α-terpineol), 게라니올(geraniol), 리모넨(limonene), 쿠믹알코올(cumic alcohol), 불포화유기산, 베르갑텐(bergapten), 타닌, 안식향산이 함유되어 있다. 뿌리에는 알칼로이드가 함유되어 있으며 주성분은 스킴미아닌(skimmianine), 베르베린(berberine), 에스쿨레틴(aesculetin), 디메틸에테르(dimethylether)이다. 잎에는 알부틴, 마그노플로린(magnoflorine) 정유, 수지, 페놀성 성분이 함유되어 있으며 정유에는 메틸-n-노닐-케톤(methyl-n-nonyl-ketone)이 있다.

쓰임새

열매는 생약명이 산초(山椒) 또는 화초(花椒)이며 진통, 살충, 구충 등의 효능이 있고 소화불량, 구토, 해수, 감기몸살, 하리, 치통, 습진, 피부 가려움증, 피부염 등을 치료한다. 항균 시험에서 대장균, 적리균, 황색포도상구균, 녹농균, 디프테리아균, 폐렴구균 및 피부사상균에 대한 억제작용이 밝혀졌다. 뿌리는 생약명이 산초근(山椒根)이며 방광염으로 인한 혈림(血淋)을 치료한다. 잎은 생약명이 산초엽(山椒葉)이며 한적(寒積), 곽란, 각기, 피부염, 피부 가려움증 등을 치료한다. 산초나무의 추출물은 항균, 항바이러스, 항진균작용이 있다.

운향과

상산
Orixa japonica Thunb.

- **이 명** : 송장나무, 상산나무, 일본상산
- **생 약 명** : 취상산(臭常山)
- **사용 부위** : 뿌리
- **개 화 기** : 4~5월
- **채취 시기** : 9~10월에 뿌리를 채취한다.

뿌리(채취품)

뿌리(약재)

생육특성 상산은 남부와 중부지방의 해안 및 산기슭에 자생하는 낙엽활엽관목으로, 키는 1~2m이다. **가지**는 황갈색을 띠고 털이 없으며 새 가지는 녹색을 띠고 흰색 털이 있으나 차츰 없어진다. **잎**은 어긋나며, 타원형에 끝이 뾰족하고 반투명한 황색 샘점이 있으며 가장자리는 밋밋하거나 물결 모양 톱니가 있고 독특한 냄새가 난다. **꽃**은 암수딴그루로 4~5월에 피는데, 수꽃은 잎이 어릴 때 황록색으로 총상꽃차례에 달리고, 암꽃은 1개씩 달린다. **열매**는 삭과이며 9~10월에 익으면 4개로 갈라진다.

암꽃

수꽃

성분 뿌리에는 오릭신(orixine), 코쿠사긴(kokusagine), 코쿠사기닌(kokusaginine), 코쿠사기놀린(kokusaginoline), 스킴미아닌(skimmianine), 노르오릭신(nororixine) 등의 알칼로이드가 함유되어 있다.

쓰임새 뿌리는 생약명이 취상산(臭常山)이며 진통, 청열해표(淸熱解表), 거풍이습(祛風利濕)의 효능이 있고 감기몸살, 이질, 치통, 두통, 복통, 류머티즘에 의한 관절염, 신경통, 타박상, 무명종독 등을 치료한다.

잎

열매

나무껍질

운향과

유자나무
Citrus junos Siebold ex Tanaka

식품안전정보포털		
사용부위	가능	제한
열매, 씨앗	○	×

- **이   명** : 산유자나무, 향등(香橙), 금구(金球), 유자(柚子)
- **생 약 명** : 등자(橙子), 등자피(橙子皮)
- **사용 부위** : 열매, 열매껍질
- **개 화 기** : 5~6월
- **채취 시기** : 열매와 열매껍질을 10~11월에 채취한다.

열매(채취품)

열매껍질(약재)

생육특성

유자나무는 제주도와 남부지방 일부에서 심어 가꾸는 상록활엽소교목으로, 키는 4m 내외이며 가지에 길고 뾰족한 가시가 나 있다. **잎**은 어긋나고 타원형 또는 긴 달걀 모양에 잎끝이 뾰족하며 조금 오목하게 들어가고, 가장자리가 밋밋하거나 얕은 물결 모양의 톱니가 있다. **꽃**은 흰색으로 5~6월에 피는데, 잎겨드랑이에 하나씩 달리거나 쌍생(雙生)한다. **열매**는 10~11월에 황색으로 익으며, 열매껍질은 까끌까끌하고 울퉁불퉁하며 방향성 향기를 풍긴다.

성분

열매에는 헤스페리딘(hesperidin), 구연산, 사과산, 호박산, 지방유, 단백질, 당류, 펙틴(pectin), 비타민 C 등이 함유되어 있고 정유는 0.1~0.3%가 함유되어 있는데 주요 성분은 게라니알(geranial), 리모넨(limonene) 등이고 정유에는 테르펜(terpene), 알데하이드(aldehyde), 케톤(keton), 페놀(phenol), 알코올, 에스테르, 산(酸) 및 쿠마린(coumarin)류 등 70여 종이 함유되어 있다는 보고도 있다. 열매껍질에는 헤스페리딘, 정유, 펙틴, 카로틴 등이 함유되어 있고, 정유의 주성분은 게라니알, 리모넨 등이며, 게르마크렌(germacrene) B·D, 오바쿨락톤(obaculactone), 노밀린(nomilin), 비사이클로게르마크렌(bicyclogermacrene)이 분리되기도 했다.

쓰임새

열매는 생약명이 등자(橙子)이며 주독 및 어독을 풀어주고 구토, 구역질 등을 치료한다. 열매껍질은 생약명이 등자피(橙子皮)이며 건위, 화담(化痰), 해독의 효능이 있고 구토, 만성 위장병을 치료한다. 열매와 열매껍질 추출물은 뇌질환, 심장질환, 당뇨 등의 예방 및 치료에 효과적이다.

잎

꽃

덜 익은 열매

익은 열매

종자

운향과

초피나무
Zanthoxylum piperitum (L.) DC.

식품안전정보포털		
사용부위	가능	제한
잎, 열매, 씨앗	○	×

- **이 명** : 제피나무, 좀피나무, 젠피나무
- **생 약 명** : 화초(花椒), 천초(川椒), 화초엽(花椒葉)
- **사용 부위** : 열매껍질, 잎
- **개 화 기** : 4~6월
- **채취 시기** : 봄에 잎을 채취하여 바람이 잘 통하는 그늘에서 말려 쓰거나 생으로 쓴다.

열매 (채취품)

종자 (약재)

잎과 가시 　　　 암꽃 　　　 수꽃
열매 　　　 나무껍질 　　　 뿌리

생육특성　초피나무는 우리나라 남부지방과 중부 해안의 따뜻한 곳에서 잘 자라는 낙엽활엽관목으로, 키는 3m 정도이다. **일년생가지**에 털이 있으나 점차 없어지고, 턱잎이 변한 가시는 밑으로 약간 굽었으며 다주 달린다. **잎**은 어긋나고 9~10개의 잔잎으로 된 홀수깃꼴겹잎이며, 잔잎은 갈걀상 타원형에 물결 모양의 톱니가 있고 잎줄기에는 가시가 있다. **꽃**은 암수딴그루로 5~6월에 피고, 잎겨드랑이에서 나온 겹총상꽃차례에 연한 황록색 꽃이 달린다. **열매**는 구형의 삭과이며 9~10월에 적갈색으로 익는다.

성분　열매껍질에는 시트로넬알(citronellal), d-리모넨(d-limonene), 리날로올(linalool), 산쇼올(sanshool), 산쇼아마이드(sanshoamide), 타닌(tannin)이 있고 그 밖에 디펜텐(depentene), 게라니올(geraniol), 크산톡실린(xanthoxylin), 히페린(hyperin) 등이 함유되어 있다.

쓰임새　열매껍질은 생약명이 화초(花椒) 또는 천초(川椒)이며 온중, 산한, 제습, 지통, 살충, 해어성독(解魚腥毒)의 효능이 있고, 소화불량, 위내정수(胃內淨水), 심복냉통, 구토, 하리, 음부소양증을 치료한다. 잎은 생약명이 화초엽(花椒葉)이며 신경통, 타박상, 종기에 말린 것을 가루 내어 밀가루에 반죽해서 바른다. 탈모에는 생즙을 내어 바른다.

운향과

탱자나무
Poncirus trifoliata (L.) Raf.

식품안전정보포털		
사용부위	가능	제한
열매	○	×

- **이　　　명** : 야등자(野橙子), 취길자(臭桔子), 취극자(臭棘子), 지수(枳樹), 동사자(銅楂子)
- **생 약 명** : 구귤(枸橘), 지실(枳實), 지근피(枳根皮), 구귤엽(枸橘葉)
- **사용 부위** : 덜 익은 열매, 뿌리, 뿌리껍질, 잎
- **개 화 기** : 5~6월
- **채취 시기** : 열매는 익기 전인 8~9월, 뿌리와 뿌리껍질은 연중 수시, 잎은 봄·여름에 채취한다.

열매 (채취품)

열매 (약재)

생육특성

탱자나무는 중부와 남부지방의 마을 인근, 과수원, 울타리 등에 심어 가꾸는 낙엽활엽관목으로, 키는 3m 정도이다. **가지**가 많이 갈라지고 약간 편평하며 길이 3~5cm의 가시가 어긋난다. 가시와 가지가 녹색이므로 다른 식물과 쉽게 구별된다. **잎**은 어긋나고 3출엽이며, 잔잎은 달걀 모양에 가죽질로 가장자리에는 둔한 톱니가 있고 잎자루에 좁은 날개가 붙어 있다. **꽃**은 5~6월에 흰색으로 피고, **열매**는 둥근 장과이며 9~10월에 황색으로 익는다.

잎

꽃

성분

열매에는 폰시린(poncirin), 헤스페리딘(hesperidin), 로이폴린(rhoifolin), 나린긴(nalingin), 네오헤스피리딘 등의 플라보노이드가 함유되어 있으며 알칼로이드의 스킴미아닌(skimmianine)도 함유되어 있다. 열매껍질에 함유되어 있는 정유의 성분은 α-피넨(α-pinene), β-피넨, 미르센(myrcene), 리모넨(limonene), 캄펜(kaempfen), γ-테르피넨(γ-terpinene), p-시멘(p-cymen), 카리오필렌(caryophyllene) 등이다. 뿌리 및 뿌리껍질에는 리모닌(limonin), 마르메신(marmesin), 세셀린(seselin), β-시토스테롤, 폰시트린(poncitrin)이 함유되어 있다. 잎에는 폰시린, 네오폰시린, 나린진, 적은 양의 로이폴린이 함유되어 있고, 꽃에는 폰시티린(poncitirin)이 함유되어 있다.

쓰임새

덜 익은 열매는 생약명이 구귤(枸橘) 또는 지실(枳實)이며 진통, 건위작용이 있고 소화불량, 식욕부진, 변비, 식적(食積), 위통, 위하수, 자궁하수, 치질, 타박상, 주독 등을 치료한다. 뿌리 및 뿌리껍질은 생약명이 지근피(枳根皮)이며 치통, 치질을 치료한다. 잎은 생약명이 구귤엽(枸橘葉)이며 거풍(祛風), 제독(除毒)의 효능이 있다. 탱자나무의 추출물은 B·C형 간염과 항염, 항알레르기, 살충 등에 효과가 있다.

으름덩굴과

멀꿀
Stauntonia hexaphylla (Thunb.) Decne.

식품안전정보포털		
사용부위	가능	제한
열매	○	×

- **이 명** : 멀꿀나무, 멀굴, 육엽야목과(六葉野木瓜), 칠조매등(七租妹藤)
- **생 약 명** : 야목과(野木瓜)
- **사용 부위** : 덩굴줄기, 잎, 뿌리
- **개 화 기** : 5~6월
- **채취 시기** : 가을에 뿌리와 줄기를 채취해 껍질을 벗기고 햇볕에 말린다.

뿌리 (약재)

생육특성 멀꿀은 제주도를 포함한 남부지방의 산기슭이나 산 중턱 계곡에 분포하는 상록활엽 덩굴성 식물로, 덩굴 길이는 15m 내외이다. **잎**은 어긋나고, 손꼴겹잎으로 두꺼우며 5~7개의 잔잎은 타원형 또는 달걀 모양에 가장자리가 밋밋하다. **꽃**은 암수한그루이며 5~6월에 흰색 또는 담홍색으로 피는데 총상꽃차례에 2~4개씩 달리고, 꽃자루는 많은 껍질눈이 있어 거칠다. **열매**는 달걀 모양의 장과이고 8~10월에 적자색으로 익으며, 속에 검은색 종자가 많이 들어 있다.

잎

성분 줄기와 잎에는 사포닌, 페놀류, 아미노산이 함유되어 있다. 종자에서는 세 종류의 트리테르페노이드사포닌, 즉 무베닌(mubenin) A·B·C가 분리, 추출된다. 건조된 종자에는 지방이 들어 있다.

꽃

쓰임새 덩굴줄기와 잎, 뿌리 등은 생약명이 야목과(野木瓜)이며 강심, 이뇨, 진통의 효능이 있고 부종을 치료한다. 멀꿀 추출물은 간장보호, 피로해소, 숙취해소에 효과가 있는 것으로 밝혀졌다.

덩굴줄기

종자

나무껍질(약재)

으름덩굴과

으름덩굴
Akebia quinata (Houtt.) Decne.

식품안전정보포털		
사용부위	가능	제한
잎, 열매	○	×

- **이 명** : 으름, 목통, 통초(通草), 연복자(燕覆子)
- **생 약 명** : 팔월찰(八月札), 목통(木通), 목통근(木通根)
- **사용 부위** : 열매, 덩굴줄기와 목질, 뿌리
- **개 화 기** : 4~5월
- **채취 시기** : 열매는 9~10월, 덩굴줄기와 목질은 가을, 뿌리는 9~10월에 채취한다.

덩굴줄기 (약재)

열매 (약재)

생육특성

으름덩굴은 전국의 산기슭 계곡에서 자라는 낙엽활엽 덩굴나무로, 덩굴 길이는 5m 내외이고 **가지**는 회색에 가는 줄이 있으며 껍질눈이 돌출한다. **잎**은 새 가지에서는 어긋나고 오래된 가지에서 모여나고, 손꼴겹잎으로 잔잎은 보통 5장이며 거꿀달걀 모양 또는 타원형에 잎끝이 약간 오목하고 가장자리가 밋밋하다. **꽃**은 암수한그루로 4~5월에 피는데, 짧은 가지의 잎 사이에서 나오는 짧은 총상꽃차례에 암자색으로 달린다. **열매**는 긴 타원형의 장과로 9~10월에 갈색으로 익어 벌어진다.

암꽃

성분

열매에는 트리테르페노이드사포닌(triterpenoid saponin), 올레아놀산, 헤데라게닌(hederagenin), 콜린소니딘(collinsonidin), 칼로파낙스사포닌(kalopanaxsaponin) A, 덩굴줄기와 목질부에는 아케보시드(akeboside) st b~f, h~k, 퀴나토시드(quinatoside) A~D 등과 트리테르페노이드, 스티그마스테롤(stigmasterol), 스테롤, 뿌리에는 스티그마스테롤, β-시토스테롤, β-시토스테롤-β-d-글루코시드 등이 함유되어 있다.

수꽃

열매

쓰임새

열매는 생약명이 팔월찰(八月札)이며 진통, 이뇨, 활혈의 효능이 있고 번갈, 이질, 요통, 월경통, 헤르니아, 혈뇨, 탁뇨, 요로결석을 치료한다. 덩굴줄기와 목질은 생약명이 목통(木桶)이며 사화(瀉火), 진통, 진정, 이뇨, 항염, 항균의 효능과 병원성 진균에 대한 억제작용이 있으며 소변불리, 혈맥통리(血脈通利), 소변혼탁, 수종, 부종, 전신의 경직통, 유즙불통 등을 치료한다. 뿌리는 생약명이 목통근(木桶根)이며 거풍, 이뇨, 활혈, 행기(行氣), 보신, 보정의 효능이 있고 관절통, 소변곤란, 헤르니아, 타박상 등을 치료한다. 으름덩굴의 종자 추출물은 암 예방과 치료에 효과적이다.

은행나무과

은행나무
Ginkgo biloba L.

식품안전정보포털		
사용부위	가능	제한
견과	O	×
잎	×	O

- **이   명** : 공손수(公孫樹), 백과수(白果樹), 행자목(杏子木), 압각수(鴨脚樹), 백과목(白果木), 은행목(銀杏木)
- **생 약 명** : 백과(白果), 백과엽(白果葉), 백과수피(白果樹皮), 백과근(白果根)
- **사용 부위** : 종자, 잎, 나무껍질, 뿌리껍질
- **개 화 기** : 5월
- **채취 시기** : 종자와 잎은 9~10월, 나무껍질은 봄·가을, 뿌리껍질은 9~10월에 채취한다.

나무껍질 (약재)

종인 (약재)

생육 특성

은행나무는 전국의 공원이나 길가에 심어 가꾸는 낙엽침엽교목으로, 키가 40m 이상 자란다. **가지**는 길고 짧은 두 종류인데, **긴 가지의 잎**은 서로 어긋나고 깊이 갈라지며 **짧은 가지의 잎**은 모여나고 가장자리가 밋밋한 것이 많다. 잎자루가 긴 잎은 부채 모양이고 잎끝이 2개로 얕게 갈라지며 잎맥은 평행하다. **꽃**은 암수딴그루로 4~5월에 피는데, 수꽃은 아래로 늘어진 짧은 미상꽃차례에 4~6개가 달리고, 암꽃은 가지 하나에 6~7개가 모여나 그 끝에 2개의 밑씨가 달리는데, 그중 1개만이 성숙한다. **열매**는 10월에 황색으로 익고 열매살과 씨껍질은 악취가 나며 빨리 썩는다.

암꽃

수꽃

성분

종자에는 지베렐린(gibberellin), 사이토키닌(cytokinin), 종자껍질에는 독성 성분인 깅골산(ginkgolic acid), 빌로볼(bilobol), 긴놀(ginnol), 아스파라긴(asparagin), 프로피온산(propionic acid), 옥탄산(octanoic acic) 등이 함유되어 있다. 잎에는 이소람네틴(isorhamnetin), 켐페롤(kaempferol), 퀘르세틴(quercetin), 루틴(rutin), 퀘르시트린(quercitrin), 깅게틴(ginkgetin), 카테킨(catechin) 등 타닌류 성분이 함유되어 있다. 나무껍질에는 타닌, 내피에는 시킴산(shikimic acid), 목질부에는 셀룰로스, 헤미셀룰로스(hemicellulose), 리그난(lignan), 글루코만난(glucomannan), 다량의 라피노스(raffinose)가 함유되어 있다.

쓰임새

종자는 생약명이 백과(白果)이며 기관지 천식을 진정시키고 수렴작용과 진해, 거담작용이 있으며 천식, 담수(痰嗽), 벅대, 임병, 유정을 치료한다. 잎은 생약명이 백과엽(白果葉)이며 혈관확장 작용이 있어 혈액순환을 돕고 익심, 진해거담, 지사, 화습(化濕)의 효능이 있어 천식해수(喘息咳嗽), 수양하리(水樣下痢), 심장동통, 백대, 백탁을 치료한다. 나무껍질은 생약명이 백과수피(白果樹皮)이며 지사, 수렴의 효능이 있고 습진, 단독을 치료한다. 뿌리껍질은 생약명이 백과근(白果根)이며 기를 돋우고 허약을 보하는 효능이 있어 백대, 유정을 치료하며 과로로 인한 허약 증상을 다스린다. 뿌리의 추출액은 탈모 치료 효과가 있다.

인동과

딱총나무
Sambucus williamsii var. *coreana* (Nakai.) Nakai

- **이　　　명** : 접골초(接骨草), 당딱총나무, 청딱총나무, 고려접골목, 당접골목
- **생 약 명** : 접골목(接骨木), 접골목근(接骨木根), 접골목엽(接骨木葉), 접골목화(接骨木花)
- **사용 부위** : 줄기, 가지, 뿌리, 뿌리껍질, 잎, 꽃
- **개 화 기** : 4~5월
- **채취 시기** : 줄기와 가지는 연중 수시, 뿌리와 뿌리껍질은 9~10월, 잎은 4~10월, 꽃은 4~5월에 채취한다.

뿌리 (약재)

줄기 (약재)

생육특성

딱총나무는 전국 산골짜기 산기슭의 습지에 분포하는 낙엽활엽관목으로, 키는 3~4m이다. **나무껍질**은 암갈색이며 코르크질이 발달하고 세로로 깊게 갈라진다. **일년생가지**는 연한 초록색이며 마디 부분은 보라색을 띤다. **잎**은 마주나고 5~9개의 잔잎으로 된 홀수깃꼴겹잎이며, 긴 달걀 모양 또는 타원형으로 잎끝이 날카롭고 양면에 털이 없으며 가장자리에는 뾰족한 톱니가 있다. **꽃**은 흰색 또는 담황색으로 4~5월에 피는데, 가지 끝에 원추꽃차례를 이루며 꽃부리는 황록색이고 꽃받침은 종 모양에 5갈래로 갈라진다. **열매**는 둥근 핵과이며 7~8월에 붉은색으로 익는다.

잎

꽃

성분

α-아미린(α-amyrin), 알부틴(arbutin), 올레산(oleic acid), 우르솔산(ursolic acid), β-시토스테롤(β-sitosterol), 켐페롤(kaempferol), 퀘르세틴(quercetin), 타닌 등이 함유되어 있다.

쓰임새

줄기와 가지는 생약명이 접골목(接骨木)이며 거풍, 진통, 활혈의 효능이 있고 어혈, 타박상, 골절, 류머티즘에 의한 마비, 요통, 수종, 창상출혈, 심마진(尋麻疹: 두드러기), 근골동통 등을 치료한다. 뿌리 또는 뿌리껍질은 생약명이 접골목근(接骨木根)이며 류머티즘에 의한 동통, 황달, 타박상, 화상 등을 치료한다. 잎은 생약명이 접골목엽(接骨木葉)이며 진통, 활혈의 효능이 있고 어혈, 타박, 골절, 류머티즘에 의한 통증, 근골동통을 치료한다. 꽃은 생약명이 접골목화(接骨木花)이며 이뇨, 발한의 효능이 있다.

열매

줄기

인동과

인동덩굴
Lonicera japonica Thunb.

식품안전정보포털		
사용부위	가능	제한
꽃봉오리, 잎 및 줄기	×	○

- **이　　명** : 인동, 눙박나무, 능박나무, 털인동덩굴, 우단인동, 덩굴섬인동, 금은등(金銀藤), 이포화(二包花), 노옹수, 금채고
- **생 약 명** : 인동등(忍冬藤), 금은화(金銀花)
- **사용 부위** : 덩굴줄기, 잎, 꽃봉오리
- **개 화 기** : 6~7월
- **채취 시기** : 덩굴줄기와 잎은 가을·겨울, 꽃봉오리는 5~6월에 채취한다.

덩굴줄기와 잎(약재)

꽃봉오리(약재)

잎 꽃 열매

생육특성

인동덩굴은 전국 산기슭이나 울타리 근처에 자생하는 반상록활엽 덩굴성 관목으로, 덩굴줄기는 길이가 3m 내외이며 오른쪽으로 감아 올라간다. 일년생가지는 적갈색에 털이 나 있고, 줄기 속은 비어 있다. 잎은 마주나고 달걀 모양 또는 긴 달걀 모양으로 잎끝이 뾰족하며 가장자리가 밋밋하다. 꽃은 6~7월에 피는데 잎겨드랑이에 1~2개씩 달리고, 꽃부리는 흰색에서 노란색으로 되며 끝은 5갈래로 그중 1개가 깊게 갈라져서 뒤로 말린다. 열매는 둥근 장과이며 9~10월에 검은색으로 익는다. 꽃이 흰색을 띠는 은빛으로 피었다가 3~4일이 지나면 황금색으로 되어 '금은화(金銀花)'라는 이름이 붙었다고 한다.

성분

잎과 덩굴줄기에는 로니세린(lonicerin), 루테올린(luteolin) 등의 플라보노이드류가 함유되어 있으며, 줄기에는 타닌, 알칼로이드가 함유되어 있다. 그 외 로가닌(loganin), 세코로가닌(secologanin), 트리테르펜사포닌(triterpene saponin)의 로니세로시드(loniceroside) A~C 등도 함유되어 있다. 꽃봉오리에는 루테올린, 이노시톨(inositol), 로가닌, 세코로가닌, 로니세린, 사포닌 중에 헤데라게닌(hederagenin), 클로로겐산(chlorogenic acid), 긴놀(ginnol), 오로크산틴(auroxanthin) 등이 함유되어 있다.

쓰임새

덩굴줄기와 잎은 생약명이 인동등(忍冬藤)이며 달인 액은 황색포도상구균과 대장균 등에 대한 항균작용과 항염증작용이 있다. 또한 이뇨·소염약으로 종기의 부종을 삭여주고 버섯 중독의 해독제로 쓰이며 전염성 간염을 치료한다. 꽃은 생약명이 금은화이며 청열, 해독의 효능이 있고 특히 전염성 질환의 발열에 치료 효과가 있다. 또한 감기몸살의 발열, 해수, 장염, 종독, 세균성 적리, 이하선염, 염증, 패혈증, 외상감염, 종기, 창독 등을 치료한다. 인동덩굴의 추출물은 성장호르몬 분비 촉진, 자외선에 의한 세포변이 억제 효과가 있다.

자작나무과

개암나무

Corylus heterophylla Fisch. ex Trautv.

식품안전정보포털		
사용부위	가능	제한
열매	○	×

- **이   명** : 개암나무, 난티닢개암나무, 물개암나무, 깨금나무, 난퇴물개암나무, 쇠개암나무, 난티잎개암나무, 진수(榛樹), 산백과(山白果), 진율(榛栗), 진자수(榛子樹)
- **생 약 명** : 진인(榛仁), 진자(榛子)
- **사용 부위** : 종인
- **개 화 기** : 3~4월
- **채취 시기** : 9~10월에 잘 익은 열매를 채취한다.

종인
(약재)

생육특성 개암나무는 전국의 산기슭이나 산야에서 자생하는 낙엽활엽소교목 또는 관목으로, 키는 5m 내외이다. **나무껍질**은 윤이 나는 회갈색이며 작은 **가지**는 갈색으로 샘털이 있다. **잎**은 어긋나고 거꿀달걀 모양 또는 타원형으로 뒷면에 털이 있으며 가장자리에는 불규칙한 잔톱니가 있다. **꽃**은 암수한그루로 3월에 피는데, 수꽃차례는 전년지 끝에 2~5개가 총상으로 달려 밑으로 처지며 암꽃차례는 겨울눈 안에 있다. **열매**는 둥근 견과로, 종 모양 총포가 열매를 둘러싸고 있으며 9~10월에 갈색으로 익는다.

성분 종인에는 탄수화물, 단백질, 지방, 회분, 열매에는 전분, 잎에는 타닌(tannin)이 함유되어 있다.

쓰임새 종인은 생약명이 진인(榛仁) 또는 진자(榛子)이며 마음을 편안하고 고르게 하고 위를 좋게 도와주며 눈을 맑게 해준다. 몸과 마음을 유익하게 해주는 보익, 강장의 효능도 있다.

잎(좌: 앞면, 우: 뒷면)　　　　　　꽃

열매　　　　　　종자

작약과

모란
Paeonia suffruticosa Andrews

식품안전정보포털		
사용부위	가능	제한
꽃잎	○	×

- **이　　명** : 목단(牧丹), 부귀화, 모단(牡丹)
- **생 약 명** : 목단피(牧丹皮), 목단화(牧丹花)
- **사용 부위** : 뿌리껍질, 꽃
- **개 화 기** : 4~5월
- **채취 시기** : 뿌리껍질은 가을부터 이듬해 초봄(보통 4~5년생)에, 꽃은 4~5월에 채취한다.

뿌리 (채취품)

뿌리 (약재)

생육 특성 모란은 전국의 정원이나 꽃밭에 심어 가꾸는 낙엽활엽관목으로, 키는 1~1.5m이다. 뿌리는 굵고, 가지가 많이 갈라지며 굵고 튼튼하다. **잎**은 어긋나고 2회 3출엽으로 잔잎은 달걀 모양 또는 넓은 달걀 모양에 흔히 3개로 갈라지며, 표면에는 털이 없고 뒷면에는 잔털이 있다. **꽃**은 4~5월에 진홍색, 붉은색, 자주색, 흰색 등으로 피고, **열매**는 골돌과로 8~9월에 익으면 복봉선에서 터져 종자가 나온다.

잎

성분 뿌리와 뿌리껍질에는 파에오놀(paeonol), 파에오노시드(paeonoside), 파에오니플로린(paeoniflorin), 정유, 피토스테롤(phytosterol) 등이 함유되어 있다. 꽃에는 아스트라갈린(astragalin)이 함유되어 있다.

꽃

쓰임새 뿌리껍질은 생약명이 목단피(牧丹皮)이며 진정, 최면, 진통, 항균, 청열, 양혈, 지혈 등의 효능이 있고 어혈, 고혈압, 타박상, 옹양 등을 치료한다. 꽃은 생약명이 목단화(牧丹花)이며 조경, 활혈의 효능이 있고 월경불순, 경행복통(徑行腹痛)을 치료한다.

열매

열매 속 종자

종자

작약과

작약
Paeonia lactiflora Pall.

식품안전정보포털		
사용부위	가능	제한
뿌리	×	○

- **이 명** : 집함박꽃, 적작약(赤芍藥), 백작약(白芍藥), 관방(冠芳), 금작약(金芍藥)
- **생 약 명** : 작약(芍藥)
- **사용 부위** : 뿌리
- **개 화 기** : 5~6월
- **채취 시기** : 뿌리를 가을에 채취해 겉껍질을 제거한 후 음건하거나 햇볕에 말려 사용한다.

뿌리(채취품) 뿌리(약재)

생육특성 작약은 우리나라, 중국, 일본 등지에서 재배하는 여러해살이풀로, 키는 약 60cm이다. 꽃이 아름다워 약용 재배뿐 아니라 관상용으로 화분 재배도 많이 하고 있다. 뿌리는 방추형으로 곧고 길고 두꺼우며 절단면은 적색을 띤다. 줄기는 여러 개가 한 포기에서 나와 곧게 자란다. 잎은 어긋나고 밑부분의 것은 잔잎이 3장씩 두 번 나오는 겹잎이며, 윗부분의 것은 잔잎이 3장씩 나오는 잎 또는 홑잎이다. 꽃은 대형이며 5~6월에 홍색 또는 흰색으로 피는데, 가지 끝에 한 송이씩 정생(頂生)한다. 생김새가 모란과 비슷하나 꽃잎이 10~13장으로 더 많고 꽃이 피는 시기도 모란보다 조금 늦어 쉽게 구별할 수 있다. 열매는 달걀 모양이고 끝이 갈고리 모양으로 굽으며 내봉선을 따라 갈라진다. 흰색 꽃이 피는 것을 백작약(白芍藥), 붉은색 꽃이 피는 것을 적작약(赤芍藥)이라 부르기도 하지만, 이는 정확하지 않다(백작약 기원의 꽃이 적색인 것도 있음). 현재 우리나라, 중국, 일본 등 주요 재배국의 농가에서는 모두 적작약 기원의 *Paeonia albiflora* Pall.을 재배하고 있으며, *Paeonia japonica* Miyabe et Takeda를 비롯하여 백작약 기원의 작약은 그 수량성이 너무 낮아 농가에서 재배하지 않고 있다.

잎

꽃

종자

성분 뿌리에는 파에오니플로린(paeoniflorin), 파에오놀(paeonol), 파에오닌(paeonin), 안식향산, 아스파라긴, 지방유, 타닌, β-시토스테롤(β-sitosterol) 등이 함유되어 있다.

쓰임새 진통, 해열, 진경, 이뇨, 조혈, 지한 등의 효능이 있어 특히 복통, 위통, 두통 등의 치료에 좋으며 설사복통, 월경불순, 월경이 멈추지 않는 증세, 대하증, 식은땀을 흘리는 증세, 신체허약, 치통 등의 치료에 사용한다.

잔고사리과

산일엽초
Lepisorus ussuriensis (Regel & Maack) Ching

- **생 약 명** : 사계미(射鷄尾)
- **사용 부위** : 지상부
- **개 화 기** : 포자번식
- **채취 시기** : 연중 지상부(잎)를 채취하여 햇볕에 말린다.

전초
(약재)

생육특성 산일엽초는 전국 산지의 반그늘 돌틈에 붙어 무리 지어 자라는 상록성 여러해살이풀로 온대성 양치류에 속한다. 키는 20cm 미만으로 꽃을 피우지 않지만 잎이 날씬하여 관상 가치가 높다. 뿌리줄기가 옆으로 뻗으며 끝부분에 비늘 조각이 밀생하고 잎이 드문드문 나온다. **잎**은 피침 모양에 짙은 녹색이고 검은색 점이 있다. 잎몸은 길이 10~30cm, 너비 0.5~1.5cm이고 잎자루는 길이가 2~5cm이다. 잎 뒷면에 1~2줄로 갈색의 둥근 포자낭이 달려 그 속의 포자로 번식한다. 일엽초라는 이름은 잎이 하나라는 뜻이다.

잎

성분 곤충의 변태 호르몬인 엑디스테론(ecdysterone)을 함유한다.

쓰임새 열을 내리는 해열, 소변을 잘 나가게 하는 이뇨, 풍사를 없애서 풍을 치료하는 거풍, 혈액순환을 원활하게 하는 활혈, 출혈을 멈추는 지혈의 효능이 있어서 임질, 이질, 토혈, 해수, 정신병, 소변 배출이 원활하지 않은 소변불리, 월경불순, 타박상 등을 치료한다.

무리

장미과

돌배나무
Pyrus pyrifolia (Burm.f.) Nakai

식품안전정보포털		
사용부위	가능	제한
열매	○	×

- **이   명** : 꼭지돌배나무, 돌배, 산배나무
- **생 약 명** : 이(梨), 이수근(梨樹根), 이엽(梨葉)
- **사용 부위** : 열매, 뿌리, 잎
- **개 화 기** : 4~5월
- **채취 시기** : 열매는 9~10월, 뿌리는 연중 수시, 잎은 여름에 채취한다.

뿌리 (약재)

열매 (채취품)

생육특성 돌배나무는 우리나라의 강원도 이남과 중국, 일본에 분포하는 낙엽활엽소교목으로, 키는 5m 정도이다. 일년생가지는 갈색으로 처음에는 털이 있으나 점차 없어진다. 잎은 달걀상 긴 타원형으로, 뒷면은 회녹색을 띠며 털이 없고 가장자리에 바늘 같은 톱니가 있다. 잎자루는 길이가 3~7cm이며 털이 없다. 꽃은 양성화이며 4~5월에 흰색으로 피는데, 작은 가지 끝에 산방꽃차례를 이루며 달린다. 꽃잎은 달걀상 원형이며 암술대는 4~5개로 털이 없다. 열매는 둥근 이과로 지름이 3cm 정도이며 9~10월에 다갈색으로 익는다. 열매자루는 길이가 3~5cm이다.

성분 열매에는 사과산, 구연산, 과당, 포도당, 서당, 잎에는 알부틴, 타닌, 질소, 인, 칼륨, 칼슘, 마그네슘이 함유되어 있다.

쓰임새 열매는 생약명이 이(梨)이며 청열, 해독, 진해, 거담, 윤조(潤燥: 촉촉하게 함), 생진(生津: 진액을 생성함), 화담(化痰)의 효능이 있고 번갈, 소갈, 변비 등을 치료한다. 뿌리는 생약명이 이수근(梨樹根)이며 탈장을 치료한다. 잎은 생약명이 이엽(梨葉)이며 버섯중독, 탈장, 토사곽란, 설사 등을 치료한다.

잎

열매

줄기와 잎

장미과

마가목
Sorbus commixta Hedl.

식품안전정보포털		
사용부위	가능	제한
열매	○	×
나무껍질	×	○

- **이　　명** : 은빛마가목, 잡화추(雜花楸), 일본화추(日本花楸)
- **생 약 명** : 정공피(丁公皮), 마가자(馬家子)
- **사용 부위** : 나무껍질, 종자
- **개 화 기** : 5~6월
- **채취 시기** : 나무껍질은 봄, 종자는 9~10월에 채취한다.

나무껍질(약재)

종자(약재)

생육특성 마가목은 남부와 중부지방에서 자라는 낙엽활엽소교목으로, 키는 6～8m이다. **나무껍질**은 황갈색이며 일년생가지와 겨울눈에는 털이 없다. **잎**은 어긋나고 9～13개의 잔잎으로 된 깃꼴겹잎이며, 잔잎은 피침 모양으로 양면에 털이 없고 가장자리에 길고 뾰족한 겹톱니 또는 홑톱니가 있다. 가을에 황적색으로 단풍이 든다. **꽃**은 흰색으로 5～6월에 피는데, 가지 끝에 겹산방꽃차례로 달린다. **열매**는 둥근 이과이며 9～10월에 붉은색 또는 황적색으로 익는다.

성분 루페논(lupenone), 루페올(lupeol), β-시토스테롤(β-sitosterol), 리그난(lignan), 솔비톨(solbitol), 아미그달린(amygdalin), 플라보노이드(flavonoid) 류가 함유되어 있다.

쓰임새 나무껍질은 생약명이 정공피(丁公皮)이며 거풍, 진해, 강장의 효능이 있고 신체허약, 요슬산통(腰膝酸痛: 허리와 무릎이 저리고 아픈 증상), 풍습비통(風濕痺痛), 백발을 치료한다. 종자는 생약명이 마가자(馬家子)이며 진해, 거담, 이수, 지갈(止渴), 강장의 효능이 있고 기관지염, 폐결핵, 수종, 위염, 신체허약 등을 치료한다. 연구 결과 마가목의 추출물은 해독작용을 하는 것으로 밝혀졌다.

| 잎 | 꽃 |
| 열매 | 열매(채취품) |

장미과

모과나무
Chaenomeles sinensis (Thouin) Koehne

식품안전정보포털		
사용부위	가능	제한
열매	○	×

- **이　　명** : 모과, 산목과(酸木瓜), 토목과(土木瓜), 화이목(花梨木), 화류목(華榴木), 향목과(香木瓜), 대이(大李), 목이(木李), 목이(木梨)
- **생 약 명** : 목과(木瓜), 명사(榠樝)
- **사용 부위** : 열매
- **개 화 기** : 4~5월
- **채취 시기** : 열매는 9~10월에 익었을 때 채취한다.

열매 (채취품)

열매 (약재)

생육 특성　모과나무는 중부와 남부지방의 산야에서 자생하거나 과수로 재배하는 낙엽활엽소교목 또는 교목으로, 키는 10m 내외이다. **일년생가지**에는 가시가 없고 어릴 때는 털이 있으며, **이년지**는 자갈색으로 윤채가 있다. **잎**은 어긋나고, 타원상 달걀 모양 또는 긴 타원형으로 양끝이 좁고 가장자리에 뾰족한 잔톱니가 있으며, 어릴 때는 줄 모양이고 뒷면에 털이 있으나 점차 없어진다. **꽃**은 4~5월에 연한 붉은색으로 피고, **열매**는 원형 또는 타원형의 이과로 9~10월에 황색으로 익으며 그윽한 향기를 풍기지만, 열매살은 시큼하다.

성분　열매에는 사과산, 주석산, 구연산, 말산(malic acid), 시트르산(citric acid) 등의 유기산, 아스코르브산 등이 함유되어 있다.

쓰임새　열매는 생약명이 목과(木瓜) 또는 명사(榠樝)이며 소담(消痰), 거풍습(祛風濕)의 효능이 있고 오심, 이질, 근골통 등을 치료한다. 열매의 추출물은 당뇨병의 예방 치료에도 도움을 준다는 연구 결과가 나왔다.

잎　　　　　　　　　열매

암꽃　　　　　　　　수꽃

장미과

복분자딸기
Rubus coreanus Miq.

식품안전정보포털		
사용부위	가능	제한
열매	○	×

- **이　　　명** : 곰딸, 곰의딸, 복분자딸, 복분자, 교맥포자(蕎麥抛子), 조선현구자(朝鮮懸鉤子), 호수묘(胡須苗), 삽전포(揷田泡)
- **생 약 명** : 복분자(覆盆子), 복분자근(覆盆子根), 복분자경엽(覆盆子莖葉)
- **사용 부위** : 덜 익은 열매, 뿌리, 줄기, 잎
- **개 화 기** : 5~6월
- **채취 시기** : 열매는 익기 전인 7~8월, 뿌리는 연중 수시, 줄기와 잎은 봄부터 가을에 채취한다.

뿌리 (채취품)

열매 (약재)

생육특성

복분자딸기는 남부와 중부지방의 산기슭 계곡 양지에서 자생하거나 재배하는 낙엽활엽관목으로, 키는 3m 내외이다. **줄기**는 곧게 서지만 덩굴처럼 휘어져 땅에 닿으면 뿌리를 내리며 적갈색에 백분(白粉)이 덮여 있고 갈고리 모양의 가시가 나 있다. **잎**은 어긋나고 홀수깃꼴겹잎으로 잔잎은 3~7장이며 잎자루가 있다. 가지 끝에 붙어 있는 잔잎은 비교적 크고 달걀 모양으로

꽃

잎끝이 날카로우며 가장자리에는 불규칙하고 날카로운 톱니가 있다. **꽃**은 담홍색으로 5~6월에 가지 끝이나 잎겨드랑이에서 산방꽃차례로 핀다. **열매**는 둥근 취합과로 7~8월에 붉은색으로 달리고 나중에 검은색으로 익는다.

성분

열매에는 필수아미노산과 비타민 B_2, 비타민 E, 주석산, 구연산, 트리테르페노이드글리코시드(triterpenoid glycoside), 카르본산(carvonic acid), 소량의 비타민 C, 당류, 뿌리 및 줄기와 잎에는 플라보노이드(flavonoid) 배당체가 함유되어 있다.

쓰임새

덜 익은 열매는 생약명이 복분자(覆盆子)이며 보간(補肝), 보신(補腎), 명목(明目)의 효능이 있고 정력감퇴, 양위(陽痿), 유정 등을 치료한다. 뿌리는 생약명이 복분자근(覆盆子根)이며 지혈, 활혈의 효능이 있고 토혈, 월경불순, 타박상 등을 치료한다. 줄기와 잎은 생약명이 복분자경엽(覆盆子莖葉)이며 명목(明目), 지루(止淚) 등의 효능이 있고 다루(多淚), 치통, 염창(臁瘡) 등을 치료한다. 복분자 추출물은 골다공증, 기억력 개선, 비뇨기 기능 개선, 우울증, 치매 등의 예방 및 치료 효과도 인정되었다.

잎

열매

줄기에 난 가시

장미과

비파나무

Eriobotrya japonica (Thunb.) Lindl.

식품안전정보포털		
사용부위	가능	제한
열매(씨앗 제외)	○	×
잎	×	○

- **이 명** : 비파
- **생 약 명** : 비파(枇杷), 비파엽(枇杷葉), 비파화(枇杷花)
- **사용 부위** : 열매, 잎, 꽃
- **개 화 기** : 10~11월
- **채취 시기** : 열매는 6~7월, 잎은 연중 수시, 꽃은 10~11월에 채취한다.

잎 (약재)

열매 (채취품)

생육특성 비파나무는 제주도 및 남부지방에서 과수 또는 관상용으로 재배하는 상록활엽 소교목으로, 키는 10m 내외이다. **가지**가 많이 갈라지고 일년생가지는 굵으며 연갈색의 가는 털로 덮여 있다. **잎**은 어긋나고 긴 타원형 또는 거꿀달걀 모양으로 두꺼우며 가장자리에 치아 모양 톱니가 드문드문 있다. 잎의 표면은 광택이 나며 뒷면은 연갈색의 가는 털이 빽빽이 나 있다. **꽃**은 황백색으로 10~11월에 피는데, 수십 송이가 원추꽃차례로 한데 모여서 달린다. **열매**는 구형의 이과로 다음 해 6~7월에 황색 또는 등황색으로 익는다.

잎

꽃

성분 열매에는 수분, 질소, 탄수화물, 열매살에는 지방, 당류, 단백질, 셀룰로오스(cellulose), 펙틴(pectin), 타닌, 나트륨, 칼륨, 철분, 인, 비타민 B·C, 열매의 즙에는 포도당, 과당, 서당, 사과산이 함유되어 있다. 잎에는 정유가 들어 있는데 그 주성분은 네롤리돌(nerolidol) 및 파르네솔(farnesol)이다. 꽃에는 정유와 올리고당이 함유되어 있다.

열매

쓰임새 열매는 생약명이 비파(枇杷)이며 자양강장, 지갈(止渴), 윤폐(潤肺), 하기(下氣)의 효능이 있고 해수, 토혈, 비혈, 조갈, 구토를 치료한다. 잎은 생약명이 비파엽(枇杷葉)이며 건위, 청폐(淸肺), 강기(降氣), 화담(化痰), 진해, 거담의 효능이 있고 비출혈, 구토 등을 치료한다. 꽃은 생약명이 비파화(枇杷花)이며 감기, 해수, 혈담(血痰)을 치료한다.

종자

장미과

산복사나무
Prunus davidiana (Carrière) Franch.

식품안전정보포털		
사용부위	가능	제한
열매(씨앗 제외)	○	×

- **이   명** : 개복숭아, 돌복숭아
- **생 약 명** : 도근(挑根), 도백피(挑白皮), 도지(桃枝), 도실(桃實)
- **사용 부위** : 뿌리껍질, 줄기껍질, 가지, 열매
- **개 화 기** : 4월
- **채취 시기** : 뿌리껍질은 가을에서 봄, 줄기껍질은 봄, 가지는 봄에서 가을에 채취한다. 열매는 가을에 완전히 익기 전에 채취한다.

열매
(채취품)

생육 특성 산복사나무는 주로 산의 계곡 부근에 자생하는 낙엽활엽소교목으로, 흔히 개복숭아 또는 돌복숭아라고 부른다. 키는 약 5m이며, **일년생가지**는 회갈색에 약간 윤채가 있고, 껍질눈은 가늘며 길고 둥글다. **잎**은 어긋나고 좁은 달걀상 피침 모양이며 가장자리에 잔톱니가 있다. **꽃**은 4월에 잎보다 먼저 연한 홍색으로 피는데, 짧은 꽃자루가 있다. **열매**는 둥근 핵과이며 잔털이 있고 7~8월에 황색으로 익는다.

성분 꽃에는 켐페롤(kaempferol), 쿠마린(coumarin) 및 나린게닌(naringenin)이 함유되어 있다.

쓰임새 종인은 어혈을 제거하고 장을 윤활하게 하며 기가 위로 치밀어 오르는 것과 기침을 멎게 한다. 열매는 진액이 생기게 하고, 혈액순환을 촉진하며 장을 윤활하게 하고 적취를 해소한다.

잎 꽃

열매 나무껍질

장미과

산사나무
Crataegus pinnatifida Bunge

식품안전정보포털		
사용부위	가능	제한
열매	○	×
잎, 꽃	×	○

- **이   명** : 아가위나무, 아그배나무, 찔구배나무, 질배나무, 동배, 애광나무, 산사, 양구자(羊仇子)
- **생 약 명** : 산사(山査), 산사자(山査子), 산사근(山査根), 산사목(山査木)
- **사용 부위** : 열매, 뿌리, 목재, 나무껍질
- **개 화 기** : 4~5월
- **채취 시기** : 열매는 가을에 익었을 때, 뿌리는 봄·겨울, 목재는 연중 수시 채취한다.

뿌리(약재) 열매(약재)

꽃   열매   열매(채취품)

생육특성

산사나무는 전국의 산야, 촌락 부근에 자생하거나 심어 가꾸는 낙엽활엽교목으로, 키는 6m 정도이다. 줄기는 대부분 회색을 띠며 어린가지에는 예리한 가시가 있다. 잎은 어긋나고 넓은 달걀 모양 또는 삼각상 달걀 모양이며 깃꼴로 깊게 갈라지고 가장자리에 불규칙한 톱니가 있다. 꽃은 4~5월에 흰색으로 피며, 배꽃 같은 작은 꽃이 몇 송이씩 뭉쳐 달린다. 열매는 둥근 이과이며 흰색 반점이 있고 9~10월에 붉게 익는다.

성분

열매에는 히페로시드(hyperoside), 퀘르세틴(quercetin), 안토시아니딘(anthocyanidin), 올레아놀산(oleanolic acid), 당류, 산류 등이 함유되어 있고, 비타민 C가 많이 들어 있다. 그 외 타닌, 히페린(hyperin), 클로로겐산(chlorogenic acid), 아세틸콜린(acetylcholine), 지방유, 시토스테롤, 주석산, 사과산 등도 함유되어 있다. 종자에는 아미그달린(amygdalin), 히페린, 지방유가 함유되어 있고, 뿌리 및 나무껍질, 목재에는 에스쿨린(aesculin)이 함유되어 있다.

쓰임새

열매는 생약명이 산사자(山査子)이며 건위, 혈압강하, 항균작용이 있어 식적(食積)을 치료하고 어혈을 풀어주며 조충(條蟲: 촌충)을 구제하고 육고기 정체[肉積], 소화불량, 식욕부진, 담음(痰飮: 체내의 수액이 잘 돌지 못해 만들어진 병리적인 물질), 하리, 장풍(腸風: 대변을 볼 때 피가 나오는 증상), 요통, 선기(仙氣) 등을 치료한다. 뿌리는 생약명이 산사근(山査根)이며 소적(消積), 거풍, 지혈의 효능이 있고 식적, 이질, 관절염, 객혈을 치료한다. 목재는 생약명이 산사목(山査木)이며 심한 설사, 두풍(頭風), 가려움증을 치료한다. 산사 추출물은 최근에 지질 관련 대사성질환과 건망증 및 뇌질환 치료에 유용한 약학조성물이라는 연구 결과가 발표되었다.

장미과

산오이풀
Sanguisorba hakusanensis Makino

식품안전정보포털		
사용부위	가능	제한
순, 잎	○	×

- **이 명** : 근접지유
- **생 약 명** : 지유(地榆)
- **사용 부위** : 어린잎, 뿌리
- **개 화 기** : 8~9월
- **채취 시기** : 어린잎은 이른 봄에 채취하여 식용하고, 뿌리는 가을이나 봄에 채취하여 햇볕에 말린다.

뿌리(약재)

| 잎 | 꽃 |
| 종자 결실 | 전초 |

생육특성 산오이풀은 중부 이남의 산 정상이나 중턱의 햇빛이 잘 드는 곳에서 자라는 여러해살이풀로, 키는 50~70cm이다. **뿌리잎**은 잎자루가 길며 4~6쌍의 잔잎으로 된 홀수깃꼴겹잎이고, 잔잎은 타원형이며 가장자리에 치아 모양의 톱니가 있다. **줄기잎**은 더 작으며 뒷면의 밑부분에 흔히 누운털이 있다. **꽃**은 8~9월에 홍자색으로 피는데, 가지 끝에서 긴 원주형 꽃차례가 밑으로 처져 위에서부터 아래로 꽃이 다닥다닥 달리며 내려온다. **열매**는 네모진 수과로 10월경에 익는다. 산짐승들이 산오이풀의 뿌리를 좋아하여 자생지에서는 뿌리가 많이 파헤쳐져 있는 것을 볼 수 있다.

성분 상귀소르바(sanguisorba), 타닌(tannin), 트리테르페노이드계 사포닌, 크리산테민(chrysanthemin), 시아닌(cyanin) 등이 함유되어 있다.

쓰임새 혈분의 열을 식히는 양혈, 출혈을 멎게 하는 지혈, 독을 풀어주는 해독, 기를 거두어들이는 수렴(收斂), 종기를 삭이는 소종의 효능이 있어서 피를 토하는 토혈, 코피를 흘리는 육혈, 월경과다, 자궁출혈, 대장염, 치루, 대변에 피가 섞여 나오는 이질, 설사, 피부나 근육에 국부적으로 생기는 종기, 습진, 외상출혈 등을 치료한다.

장미과

양지꽃
Potentilla fragarioides var. *major* Maxim.

- **이   명** : 소시랑개비, 큰소시랑개비, 좀양지꽃, 애기양지꽃, 왕양지꽃
- **생 약 명** : 치자연(雉子筵), 연위릉(筵萎陵)
- **사용 부위** : 전초
- **개 화 기** : 4~6월
- **채취 시기** : 이른 봄에 어린순을 채취하고, 여름에 전초를 채취하여 햇볕에 말린다.

전초
(채취품)

생육 특성

양지꽃은 햇빛이 잘 드는 산과 들에서 자라는 여러해살이풀로, 키는 30~50cm이다. **줄기**는 비스듬히 옆으로 서고 전체에 긴 털이 있다. **뿌리잎**은 뭉쳐나와 사방으로 퍼지며 잎자루가 길고, 3~9개의 잔잎으로 된 깃꼴겹잎이다. **잔잎**은 양끝이 좁은 타원형으로 양면에 털이 있고 가장자리에는 거치가 있다. **꽃**은 노란색으로 4~6월에 피는데, 꽃줄기 끝에 취산꽃차례를 이루며 10개 정도가 달린다. **열매**는 달걀 모양의 수과로 가는 주름살이 있다.

성분

d-카테콜(d-catechol)이 함유되어 있다.

쓰임새

기를 더하는 익기, 출혈을 멈추는 지혈의 효능이 있으며 신체허약, 토혈, 코피, 기능성 자궁출혈, 자궁근종출혈, 월경과다 등을 치료한다.

잎   꽃

종자 결실   뿌리

장미과

오이풀
Sanguisorba officinalis L.

식품안전정보포털		
사용부위	가능	제한
잎	○	×

- **이   명** : 지우초, 수박풀, 외순나물, 백지유(白地榆), 서미지유(鼠尾地榆)
- **생 약 명** : 지유(地榆)
- **사용 부위** : 뿌리
- **개 화 기** : 7~9월
- **채취 시기** : 발아 전인 봄이나 가을에 줄기잎이 마른 다음 뿌리를 채취하여 햇볕에 말린다. 이물질을 제거하여 양혈지혈(凉血止血)에는 말린 것을 그대로 사용[生用]하고, 지혈, 수렴, 하리 등의 치료 효과를 높이고자 하면 초탄(炒炭: 프라이팬에 넣고 가열하여 불이 붙으면 산소를 차단해서 검은 숯을 만드는 포제 방법)하여 사용한다.

뿌리 (채취품)

뿌리 (약재)

생육특성 오이풀은 전국의 산야에서 자라는 숙근성 여러해살이풀로, 키는 30~150cm이다. 뿌리는 회갈색, 자갈색 또는 어두운 갈색으로 거칠고 세로 주름과 세로로 갈라진 무늬 및 곁뿌리의 자국이 있다. 원줄기는 곧게 자라고 윗부분에서 가지가 갈라지며 전체에 털이 없다. 잎은 잎자루가 길며 1회 깃꼴겹잎이고, 잔잎은 5~11개로 긴 타원형, 타원형 또는 달걀 모양에 삼각형의 톱니가 있다. 꽃은 7~9월에 검붉은색으로 피는데, 이삭꽃차례에 위에서부터 달려 내려온다. 열매는 사각형의 수과이고 꽃받침으로 싸여 있으며 10월에 익는다. 약재로 쓰이는 뿌리는 불규칙한 방추형으로 조금 구부러지거나 비틀려 구부러졌다. 질은 단단하고 껍질부에 황백색 또는 황갈색의 선상섬유(線狀纖維)가 많다. 유사종인 가는오이풀, 긴오이풀, 산오이풀, 큰오이풀의 뿌리도 모두 동일한 약재로 사용한다.

꽃

종자 결실

성분 지유사포닐(ziyusaponil), 상귀소르빈(sanguisorbir.), 타닌(tannin), 비타민 C, 포몰산(pomolic acid), 사포닌 등이 함유되어 있다.

쓰임새 혈을 식히는 양혈, 출혈을 멈추게 하는 지혈, 독을 푸는 해독, 기를 거두어들이는 수렴, 종기를 없애는 소종 등의 효능이 있어서 토혈, 코피, 월경과다, 혈붕, 대장염, 치루, 변혈, 치출혈, 혈리, 붕루, 물이나 불에 덴 데 등을 치료하고 그 밖에도 외상출혈이나, 습진 등을 치료하는 중요한 약이다. 특히 소염, 항균작용이 뛰어나서 소염제로 습진이나 생손앓이, 화상 치료 등에 아주 요긴하게 사용되던 민간약재였다. 소염제로 사용할 때에는 뿌리를 짓찧어서 따끈따끈하게 만들어 환부에 붙인다. 생손앓이에는 뿌리 달인 물에 손가락을 담근다. 또 화상 치료에는 뿌리를 가루 내어 끓는 식물성 기름에 넣고 풀처럼 되게 고루 섞은 다음 멸균된 병에 담아두고 환부에 고루 바르면 분비물이 줄어들고 통증도 멈추며 딱지가 생기면서 감염도 방지되고 새살이 빨리 돋아난다.

장미과

짚신나물
Agrimonia pilosa Ledeb.

식품안전정보포털		
사용부위	가능	제한
잎	○	×

- **이 명** : 선학초(仙鶴草), 등골짚신나물, 산짚신나물, 선주용아초(施州龍牙草), 황룡미(黃龍尾)
- **생 약 명** : 용아초(龍芽草)
- **사용 부위** : 전초
- **개 화 기** : 6~8월
- **채취 시기** : 여름철 줄기와 잎이 무성하고 꽃이 피기 직전에 전초를 채취하여 이물질을 제거하고 물을 뿌려 촉촉하게 만든 뒤 절단하여 사용한다.

전초
(약재)

생육특성

짚신나물은 각지의 산과 들에서 흔하게 자생하는 여러해살이풀로, 키는 30~100cm이며 전체에 부드러운 흰 털이 나 있고 가지가 갈라진다. **줄기**의 하부는 홍갈색의 둥근기둥 모양이고, 상부는 녹갈색의 각진 기둥 모양으로 4면이 약간 움푹하며 세로 골과 능선, 마디가 있다. 몸체는 가볍고 질은 단단하나 절단하기 쉽고 단면은 가운데가 비어 있다. **잎**은 어긋나고 홀수깃꼴겹잎이며 5~7개의 잔잎이 있는데 밑부분의 것은 점차 작아진다. 잔잎은 타원형, 거꿀달걀 모양 또는 달걀상 긴 타원형으로 양끝이 좁으며 가장자리에 톱니가 있다. 잎의 표면은 녹색으로 털이 성글게 있으며 뒷면은 담록색으로 털이 더 많다. **꽃**은 노란색으로 6~8월에 피며, 원줄기 끝과 가지 끝에 이삭꽃차례로 달린다. **열매**는 수과로 8~9월에 익으며, 갈고리 같은 가시가 있어 옷이나 짐승의 몸에 잘 달라붙는다. 옛날에는 짚신이나 버선에 잘 달라붙었다 하여 이 이름이 붙었다는 이야기도 전한다.

잎

꽃

성분

전초에 함유된 성분은 대부분 정유이며 아그리모닌(agrimonin), 아그리모놀라이드(agrimonolide), 루테올린-7-글루코사이드(luteolin-7-glucoside), 아피게닌-7-글루코사이드(apigenin-7-glucoside), 타닌(tannin), 탁시폴린(taxifolin), 바닐산(vanillic acid), 아그리모놀(agrimonol), 사포닌 등이 함유되어 있다.

종자 결실

쓰임새

기혈이 밖으로 흘러나가는 것을 막고 안으로 거두어들이는 수렴지혈(收斂止血), 설사를 멈추게 하는 지리(止痢), 독을 풀어주는 해독 등의 효능이 있어서 각종 출혈과 외상출혈, 붕루, 대하, 위궤양, 심장쇠약, 장염, 적백리(赤白痢), 토혈, 말라리아, 혈리(血痢) 등을 치료한다.

뿌리

장미과

찔레꽃
Rosa multiflora Thunb.

식품안전정보포털		
사용부위	가능	제한
순, 잎, 열매, 꽃잎	○	×

- **이　　　명** : 찔레나무, 설널네나무, 새버나무, 질꾸나무, 들장미, 가시나무, 질누나무, 자매화(刺梅花), 자매장미화(刺梅薔薇花)
- **생 약 명** : 장미화(薔薇花), 장미근(薔薇根), 영실(營實)
- **사용 부위** : 꽃, 뿌리, 열매
- **개 화 기** : 5~6월
- **채취 시기** : 꽃은 5~6월, 뿌리는 연중 수시, 열매는 익기 전인 9~10월에 채취한다.

꽃(약재)　　열매(약재)

| 잎 | 꽃 |
| 열매 | 뿌리(약재) | 줄기 |

생육특성

찔레꽃은 전국에 분포하는 낙엽활엽관목으로, 키는 2m 정도이다. 줄기와 가지에는 억센 가시가 많이 나 있고, **가지**는 덩굴처럼 밑으로 늘어져 서로 엉킨다. **잎**은 어긋나고 홀수깃꼴겹잎으로 잔잎은 5~9개인데, 타원형 또는 넓은 달걀 모양이며 가장자리에 잔톱니가 있다. **꽃**은 5~6월에 피는데, 흰색 또는 연한 붉은색으로 원추꽃차례에 달리고 방향성의 향기가 있다. **열매**는 둥근 수과이며 10~11월에 적색으로 익는다.

성분

꽃에는 아스트라갈린(astragalin), 정유, 뿌리에는 토르멘트산(tormentic acid), 뿌리껍질에는 타닌(tannin), 생잎에는 비타민 C, 열매에는 멀티플로린(multflorin), 루틴(rutin), 지방유가 함유되어 있는데 지방유에는 팔미트산(palmitic acid), 리놀산(linolic acid), 리놀렌산, 스테아르산 등이 들어 있다. 열매껍질에는 리코펜(licopene), α-카로틴(α-carotene)이 함유되어 있다.

쓰임새

꽃은 생약명이 장미화(薔薇花)이며 각종 출혈에 지혈 효과가 있고 여름철 더위를 타서 지쳤을 때나 당뇨로 입이 마를 때, 위가 불편할 때 치료 효과가 있다. 뿌리는 생약명이 장미근(薔薇根)이며 청열, 거풍, 활혈의 효능이 있고 신염, 부종, 각기, 창개옹종(瘡疥癰腫), 월경복통을 치료한다. 열매는 생약명이 영실(營實)이며 이뇨, 해독, 해열, 활혈의 효능이 있고 설사, 부종, 소변불리, 각기, 창개옹종, 월경복통, 신장염 등을 치료한다. 찔레나무의 추출물은 항산화 작용이 있어 노화방지, 성인병의 치료 효과가 있다.

장미과

해당화
Rosa rugosa Thunb.

식품안전정보포털		
사용부위	가능	제한
열매, 잎, 꽃잎, 꽃봉오리	○	×

- 이 명 : 해당나무, 해당과(海棠果)
- 생 약 명 : 매괴화(玫瑰花)
- 사용 부위 : 꽃
- 개 화 기 : 5~6월
- 채취 시기 : 5~6월에 막 피어난 꽃을 채취한다.

꽃 (약재)

생육 특성 해당화는 전국의 바닷가 및 산기슭에 자생하는 낙엽활엽관목으로, 키는 1.5m 내외이다. **줄기**는 굵고 튼튼하며 가시와 가시털 있고, 가시에도 작고 가는 털이 나 있다. **잎**은 어긋나고 5~9개의 잔잎으로 된 깃꼴겹잎이며, 잔잎은 타원형 또는 긴 거꿀달걀 모양으로 가장자리에는 잔톱니가 있다. **꽃**은 흰색 또는 홍색으로 5~6월에 피는데, 새 가지 끝에서 원추꽃차례를 이룬다. **열매**는 편구형의 수과이며 8~9월에 등홍색 또는 암적색으로 익는다. 열매 끝에 꽃받침이 붙어 있다.

잎

꽃

성분 뿌리에는 프리뮬라게닌(primulagenin), 전초에는 사포닌, 프림베라제(primverase) 등이 함유되어 있다.

쓰임새 꽃은 생약명이 매괴화(玫瑰花)이며 기를 다스려 우울한 정신을 맑게 해주고 어혈을 풀어주며 혈액순환을 원활하게 하는 효능이 있어 치통, 관절염, 토혈, 객혈, 월경불순, 적대하, 백대하, 이질, 종독 등을 치료한다. 잎차는 당뇨의 예방과 치료 및 항산화 효과가 있고, 줄기 추출물은 항암효과가 있는데, 특히 호르몬 수용체 매개암, 예를 들어 전립선암의 예방, 개선 또는 치료에 뛰어난 효과가 있다는 연구 결과도 나왔다.

나무껍질

줄기

열매

제비꽃과

제비꽃
Viola mandshurica W. Becker

식품안전정보포털		
사용부위	가능	제한
순, 잎	○	×

- **이 명** : 가락지꽃, 오랑캐꽃, 장수꽃, 씨름꽃, 병아리꽃, 옥녀제비꽃
- **생 약 명** : 자화지정(紫花地丁), 지정(地丁), 지정초(地丁草)
- **사용 부위** : 전초
- **개 화 기** : 4~5월
- **채취 시기** : 이른 봄에는 꽃을 채취하고, 5~8월 열매가 성숙하면 뿌리째 뽑아 이물질을 제거하고 말려서 가늘게 썰어서 사용한다.

전초 (약재)

생육특성 제비꽃은 전국의 산과 들에 자생하는 여러해살이풀로, 키는 10~15cm이다. 원줄기는 없고, 뿌리는 긴 원기둥 모양에 담황갈색이며 가는 세로 주름이 있다. **잎**이 뿌리에서 모여나고 긴 잎자루가 있으며, 바늘 모양 또는 달걀상 피침 모양으로 잎끝이 둔하고 가장자리에 둔한 톱니가 있다. 꽃이 핀 다음에 자라는 잎은 달걀상 삼각형이고 윗부분에 약간 뚜렷하지 않은 물결 모양의 톱니가 있으며 잎자루 윗부분에 날개가 있다. **꽃**은 4~5월에 보라색 또는 자주색으로 피는데, 잎 사이에서 나온 가늘고 긴

꽃

꽃줄기 끝에 1송이가 옆을 향해 달린다. 꽃잎은 5장이며 입술모양꽃부리는 구두주걱 모양으로 자색의 줄이 있다. **열매**는 타원형 삭과이며 3갈래로 갈라지고 안에는 담갈색 종자가 많이 들어 있다.

성분 전초에는 세로트산(cerotic acid), 플라본(flavone) 등이 함유되어 있고, 꽃잎에는 비타민 C가 오렌지의 4배 정도 많다. 뿌리에는 사포닌 성분이 함유되어 있다.

쓰임새 열을 식히고 독을 푸는 청열해독, 혈열을 시원하게 하며 종기를 가라앉히는 양혈소종 등의 효능이 있어서 종기와 부스럼, 종독을 치료하고, 단독이나 독사에 물린 데, 눈이 붉게 충혈되고 종기가 나서 아픈 목적종통(目赤腫痛)을 치료하는 데 사용한다.

잎

종자 결실

뿌리

주목과

비자나무

Torreya nucifera (L.) Siebold & Zucc.

식품안전정보포털		
사용부위	가능	제한
열매, 씨앗	○	×

- **이 명** : 비실(榧實), 향비(香榧)
- **생 약 명** : 비자(榧子)
- **사용 부위** : 종인
- **개 화 기** : 3~4월
- **채취 시기** : 9~10월에 열매를 채취한다.

종인
(약재)

잎 / 열매

암꽃 / 수꽃 / 열매(좌)와 종자(우)

생육특성 비자나무는 남부지방의 산 계곡에서 자라는 상록침엽교목으로, 키는 25m 내외로 자란다. **나무껍질**은 회갈색이며 줄기가 사방으로 퍼지고 오래된 것은 얇게 갈라져 떨어진다. **잎**은 선상 피침 모양에 깃 모양으로 배열되고 길이 1.2~1.5cm, 너비 0.2~0.3cm로 위로 갈수록 좁아져 끝은 가시 모양으로 뾰족해진다. **꽃**은 3~4월에 암수딴그루로 피는데, 수꽃은 달걀상 원형으로 꽃줄기 하나에 10여 개가 달리고 암꽃은 꽃줄기 없이 마주나며 1개의 배주가 곧게 달린다. **열매**는 타원형의 핵과이며 육질의 종의로 싸여 있고 다음 해 9~10월에 홍갈색으로 익는다.

성분 종인에는 지방유가 들어 있는데 그 속에 팔미트산(palmitic acid), 스테아르산(stearic acid), 올레산(oleic acid), 리놀레산(linoleic acid), 글리세라이드(glyceride), 스테롤(sterol), 타닌, 수산, 포도당, 다당류, 정유 등이 함유되어 있다.

쓰임새 종인은 생약명이 비자(榧子)이며 변비, 치질의 치창, 오래된 만성 소화불량과 적체된 위장 질환을 치료한다. 또한 기생충으로 인한 위장 내부의 경결(硬結)과 복통, 류머티즘으로 인한 종통(腫痛), 수종을 치료한다. 뱀에 물렸을 때에도 해독제로 사용한다. 비자나무의 추출물은 항균작용과 심장순환계 질환에 약효가 있다는 것이 밝혀졌다.

쥐방울덩굴과

족도리풀
Asarum sieboldii Miq.

- **이　　　명** : 족두리풀, 세삼, 소신(小辛/少辛), 세초(細草)
- **생 약 명** : 세신(細辛)
- **사용 부위** : 전초
- **개 화 기** : 4~6월
- **채취 시기** : 5~7월에 전초를 뿌리째 채취하는데 이물질을 제거하고 부스러지지 않도록 습기를 주어 부드럽게 만든 뒤 절단해서 햇볕에 말려 사용한다. 또는 봄·가을에 뿌리를 채취하여 같은 방법으로 약재로 가공한다.

전초
(약재)

잎

> **생육특성** 족도리풀은 전국 산지의 토양이 비옥한 반그늘 또는 양지에서 자라는 여러해살이풀로, 키는 15~20cm이다. 뿌리줄기는 마디가 많고 옆으로 비스듬히 기며 마디에서 뿌리가 내린다. **잎**은 줄기 끝에서 2개씩 나오는데 긴 자루가 있는 심장 모양에 가장자리가 밋밋하다. 잎의 표면은 녹색이고 뒷면에는 잔털이 많이 나 있다. **꽃**은 4~6월에 피는데, 잎 사이에서 올라온 꽃대에 홍자색 통 모양으로 달리며 끝이 3개로 갈라져 뒤로 조금 젖혀진다. **열매**는 장과로 8~9월에 맺히며 끝에 꽃받침조각이 달려 있다.

꽃

> **성분** 뿌리에 메틸유게놀(methylleugenol), 아사릴케톤(asarylketone), 사프롤, 1,8-시네올(1,8-cineol), 오이카르본(eucarvone), 아사리닌(asarinin), 히게나민(higenamine) 등이 함유되어 있다.

뿌리

> **쓰임새** 풍사를 제거하고 한사를 흩어지게 하는 거풍산한(祛風散寒), 구규(九竅: 몸의 9개의 구멍으로 눈, 코, 귀, 입, 요도, 항문 등을 가리키며 오장육부의 상태나 병증을 나타내는 창문의 역할)를 통하게 하고 통증을 멈추게 하는 통규지통(通竅止痛), 폐기를 따뜻하게 하고 음식을 잘 소화시키는 온폐화음(溫肺化飮) 등의 효능이 있어서 풍사와 한사로 인한 감기, 두통, 치통, 코막힘을 치료하며, 풍습비통(風濕痹痛)과 담음천해(痰飮喘咳: 가래와 천식, 기침)를 다스린다.

전초

족도리풀 · 347

쥐손이풀과

이질풀

Geranium thunbergii Siebold & Zucc.

- **이 명** : 개발초, 이질초, 방우아초, 오엽초(五葉草), 오판화(五瓣花)
- **생 약 명** : 현초(玄草), 노관초(老鸛草)
- **사용 부위** : 전초
- **개 화 기** : 8~9월
- **채취 시기** : 꽃이 피는 시기에 약효가 가장 좋기 때문에 이때 채취하여 말려두고 사용하면 된다.

전초
(약재)

생육특성 이질풀은 전국 각지의 산야에서 자라는 여러해살이풀로, 키는 50cm 정도이다. **줄기**는 옆으로 비스듬히 또는 기어가면서 뻗으며 곳곳에 마디가 있다. **잎**은 마주나고 잎자루가 있으며, 손꼴로 3~5개로 갈라진다. 갈래조각은 거꿀달걀 모양이고 얕게 3개로 갈라지며 윗부분에 불규칙한 톱니가 있다. **꽃**은 8~9월에 연한 홍색, 홍자색 또는 흰색으로 피는데, 꽃줄기에서 2개의 꽃자루가 갈라져 1개씩 달린다. **열매**는 삭과로, 10월에 익으면 5개로 갈라져서 위로 말리며 5개의 종자가 들어 있다. 이질풀 및 쥐손이풀의 동속 근연 식물 열매가 달린 전초는 모두 '노관초(老鸛草)'라 하며 약용하는데, 특히 이질에 걸렸을 때 달여 마시면 탁월한 효과가 있다고 하여 이질풀이라는 이름이 붙었다.

꽃

종자 결실

성분 타닌이 50~70%로 주성분은 게라닌(geraniin)이다. 디하이드로게라닌(dehydrogeraniin), 푸르신(furosin)이 소량 함유되어 있고, 쿼르세틴(quercetin), 켐페롤-7-람노사이드(kaempferol-7-rhamnoside), 켐페를 등의 플라보노이드(flavonoid) 성분이 함유되어 있다.

뿌리

쓰임새 수렴(收斂)하는 성질이 강하며, 풍을 제거하고, 활혈과 해독의 효능이 있어서 풍사와 습사로 인하여 결리며 쑤시고 아픈 풍습동통(風濕疼痛)과 구련마목(拘攣麻木), 장염, 이질, 설사 등을 다스리는 데 아주 유용하다. 이질풀은 설사에 최고의 효과가 있는데 위장의 점막을 보호하며 염증을 완화하는 효과도 있다. 설사를 멈추고, 장내세균을 억제하는 효과가 있어 식중독이 많이 발생하는 여름철에 아주 요긴한 약재이다. 차 대신 자주 마시면 건위와 정장약으로 뛰어난 효과가 있으며, 설사약으로 사용할 때에는 진하게 달여서 마셔야 한다.

지상부

쥐손이풀과

쥐손이풀
Geranium sibiricum L.

- 이　　명 : 손잎풀
- 생 약 명 : 노관초(老觀草)
- 사용 부위 : 전초
- 개 화 기 : 6~8월
- 채취 시기 : 여름부터 가을에 열매가 익기 전, 뿌리째 뽑아서 깨끗이 씻어 햇볕에 말린다. 50cm 정도로 자라고 꽃이 피는 시기가 약효가 가장 좋은데 이때 채취하여 말려 두고 사용하면 된다.

전초 (약재)

생육특성 쥐손이풀은 산과 들의 반그늘 또는 양지의 풀숲에서 자라는 여러해살이풀로, 키는 30~80cm이다. 줄기잎은 마주나고 뿌리잎과 밑부분의 잎은 긴 잎자루가 있다. **잎**은 손바닥 모양으로 깊게 갈라지며, 가장자리에 불규칙한 톱니가 있다. **꽃**은 6~8월에 연한 홍자색으로 피며, 줄기나 가지 윗부분의 잎겨드랑이에서 나온 꽃줄기에 1개씩 달린다. **열매**는 삭과이며 8~9월에 익으면 밑에서부터 위쪽을 올려다보며 5조각으로 벌어진다.

꽃

성분 코릴라긴(corilagin), 엘라그산(ellagic acid), 에틸브레비폴린카르복실레이트(ethyl brevifolincarboxylate), 갈산(gallic acid), 게라닌(geraniin), 켐페롤(kaempferol), 프로토카테큐산(protocatechuic acid), 퀘르세틴(quercetin), 크산톡실린(xanthoxylin) 등이 함유되어 있다.

쓰임새 수렴성이 강하며 위장의 점막을 보호하고 염증을 완화하는 효능이 있다. 또한 풍사를 없애며 혈액순환을 원활하게 하고 독성을 풀어주는 효능이 있어서 풍사와 습사로 인하여 결리고 쑤시고 아픈 풍습동통(風濕疼痛)과 구련마목(拘攣麻木: 경련과 마비), 타박상, 장염, 이질, 설사 등을 치료하는 데 아주 유용하다. 장내세균을 억제하는 효과가 있어서 식중독이 자주 발생하는 여름철에 요긴한 약재로 쓰인다.

잎

종자 결실

진달래과

진달래
Rhododendron mucronulatum Turcz.

식품안전정보포털		
사용부위	가능	제한
꽃	○	×

- **이 명** : 진달내, 왕진달래, 진달래나무, 참꽃나무, 만산홍(滿山紅), 영산홍(映山紅), 참꽃나무, 두견화(杜鵑花), 백화두견(白花杜鵑)
- **생 약 명** : 백화영산홍(白花映山紅)
- **사용 부위** : 꽃, 뿌리, 줄기, 잎
- **개 화 기** : 4~5월
- **채취 시기** : 꽃은 4~5월, 뿌리는 9~10월, 줄기는 봄부터 가을, 잎은 여름에 채취한다.

뿌리 (약재)

꽃 (채취품)

| 잎 | 꽃 |
| 열매 | 나무껍질 |

생육특성 　진달래는 전국의 양지바른 산지에 자생하는 낙엽활엽관목으로, 키는 2~3m이다. **줄기**는 연한 갈색으로 비늘 조각이 있고 어린가지에는 회색의 굵은 털이 있다. **잎**은 거의 돌려나고 가장자리는 밋밋하다. **꽃**은 연한 붉은색으로 4~5월에 잎보다 먼저 피고, 꽃부리는 벌어진 깔때기 모양이다. **열매**는 원통 모양의 삭과로 9~10월에 익는다.

성분 　잎에는 플라보노이드(flavonoid), 퀘르세틴(quercetin), 고시페틴(gossypetin), 켐페롤(kaempferol), 미리세틴(myricetin), 아잘레아틴(azaleatin), 디하이드로퀘르세틴(dehydroquercetin), 로도덴드롤(rhododendrol), p-하이드록시벤조산(p-hydroxybenzoic acid), 프로토카테큐산(protocatechuic acid), 바닐산(vanillic acid), 시링산(syringic acid)이 함유되어 있다. 꽃에는 아잘레인(azalein) 및 아잘레아틴이 함유되어 있다. 줄기, 뿌리 속에는 o-프로토카테큐산이 조금 함유되어 있다.

쓰임새 　꽃, 뿌리, 줄기와 잎은 생약명이 백화영산홍(白花映山紅)이며 타박상으로 멍든 어혈을 풀어주고 피를 맑게 하며 토혈, 장풍하혈(腸風下血), 이질, 혈붕을 치료한다.

질경이과

질경이
Plantago asiatica L.

식품안전정보포털		
사용부위	가능	제한
잎, 씨앗껍질	○	×

- **이 명**: 길장구, 빼뿌쟁이, 길짱귀, 차전초(車前草)
- **생 약 명**: 차전(車前), 차전자(車前子)
- **사용 부위**: 전초, 종자
- **개 화 기**: 6~8월
- **채취 시기**: 전초는 여름에 잎이 무성할 때 채취하여 물에 씻고 햇볕에 건조하여 그대로 썰어서 사용한다. 종자는 가을에 성숙하면 채취하여 말린 다음 이물질을 제거하고 살짝 볶아서 사용하거나 소금물에 침지한 후 볶아서 사용한다.

전초(약재)

종자(약재)

생육특성 질경이는 각지의 들이나 길가에서 흔하게 자라는 여러해살이풀로, 키는 10~50cm이다. 원줄기는 없고 뿌리에서 많은 잎이 뭉쳐나 옆으로 비스듬히 퍼진다. 뿌리줄기는 짧고 수염뿌리가 있다. **잎**은 타원형 또는 달걀 모양으로 끝이 날카롭거나 뭉뚝하고 5~7개의 나란히맥이 있으며 가장자리가 물결 모양이다. 잎자루는 길이가 일정하지 않으나 대개 잎과 길이가 비슷하고 밑부분이 넓어져서 서로 감싼다. **꽃**은 6~8월에 흰색으로 피며, 잎 사이에서 나온 꽃대에 이삭꽃차례로 달린다. **열매**는 삭과이며 익으면 옆으로 갈라지면서 6~8개의 흑갈색 종자가 나온다. 마차가 지나간 바퀴자국 옆에서 잘 자란다고 하여 차전초(車前草) 또는 차과로초(車過路草)라는 이름이 붙었다.

꽃

종자 결실

성분 전초에는 헨트리아콘탄(hentriacontane), 플란타긴-인(plantagin-in), 우르솔산(ursolic acid), 아우쿠빈(aucubin), β-시토스테롤(β-sitosterol)이 함유되어 있다. 종자에는 숙신산(succinic acid), 콜린(choline), 팔미트산(palmitic acid), 올레산(oleic acid) 등이 함유되어 있다.

뿌리

쓰임새 전초는 생약명이 차전(車前)이며 소변을 잘 나가게 하는 이뇨, 간의 독을 풀어주는 청간, 열을 내리게 하는 해열, 담을 제거하는 거담의 효능이 있어 소변불리, 수종, 혈뇨, 백탁, 간염, 황달, 감기, 후두염, 기관지염, 해수, 대하, 이질 등을 치료한다. 종자는 생약명이 차전자(車前子)이며 소변을 잘 나가게 하는 이뇨, 간의 기운을 더하는 익간(益肝), 기침을 멈추게 하는 진해, 담을 제거하는 거담의 효능이 있어 소변불리, 복수(腹水), 임탁(淋濁), 방광염, 요도염, 해수, 간염, 설사, 고혈압, 변비 등을 치료한다.

지상부

차나무과

노각나무
Stewartia pseudocamellia Maxim.

식품안전정보포털		
사용부위	가능	제한
가지, 잎, 수액	○	×

- **이 명** : 조선자경, 비단나무, 노가지나무, 금수목
- **생 약 명** : 모란(帽蘭)
- **사용 부위** : 줄기껍질, 잔가지
- **개 화 기** : 6~7월
- **채취 시기** : 가을부터 겨울까지 줄기껍질과 잔가지를 채취한다.

잔가지 (약재)

잎 (채취품)

생육특성

노각나무는 경북, 충북 이남의 해발 200~1200m 산중턱에서 자생하는 낙엽활엽교목으로, 키는 7~15m이다. **나무껍질**은 검은 적갈색으로 벗겨져 매끈해지고 **일년생가지**에는 털이 없다. **잎**은 어긋나고 타원형으로 가장자리에 물결 모양의 톱니가 있으며 가을에 황색으로 단풍이 든다. **꽃**은 6~7월에 흰색으로 피는데, 새 가지의 기부에 동백꽃과 비슷한 꽃이 액생한다. **열매**는 삭과로 모서리가 5개로 갈라지고 9~10월에 황적색으로 익으며, 갈색의 종자가 들어 있다.

꽃

성분

잎에는 3-헥센-1-올(3-hexen-1-ol), 열매에는 크리산테민(chrysanthemin)이 함유되어 있다.

쓰임새

말린 줄기껍질 또는 뿌리껍질은 서근활혈(舒筋活血)의 효능이 있고, 타박상, 풍습마목(風濕麻木)을 치료한다.

잎 · 나무껍질 · 열매 꼬투리 · 종자

차나무과

동백나무
Camellia japonica L.

식품안전정보포털		
사용부위	가능	제한
잎, 꽃잎, 열매	○	×

- **이 명** : 동백, 뜰동백나무, 산다수(山茶樹), 동백목(冬栢木), 산다목(山茶木)
- **생 약 명** : 산다화(山茶花)
- **사용 부위** : 꽃
- **개 화 기** : 1~4월
- **채취 시기** : 꽃은 1~4월 꽃이 피기 전에, 열매는 10~11월에 채취한다.

꽃
(약재)

잎 꽃

열매 종자

생육특성 동백나무는 남부와 중부지방의 해안 산지에서 분포하는 상록활엽소교목으로, 키는 7~10m이다. **줄기**는 기부에서 갈라져 관목상으로 되는 것이 많고 **나무껍질**은 회갈색으로 평활하다. **잎**은 어긋나고 달걀 모양 또는 타원형으로 잎끝이 뾰족하며 가장자리에 물결 모양의 잔톱니가 있다. **꽃**은 1~4월에 잎겨드랑이 또는 가지 끝에서 붉은색으로 핀다. **열매**는 공 모양 삭과로 10~11월에 달리고 3갈래로 벌어지며, 안에 암갈색 종자가 들어 있다.

성분 꽃에는 안토시아닌(anthocyanin), 류코안토시아닌(leucoanthocyanin), 열매에는 지방유, 카멜린(camellin), 추바키-사포닌(tsubaki-saponin), 잎에는 l-에피카테콜(l-epicatechol), d-카테콜(d-catechol), 열매 속 증자에는 지방유인 올레산(oleic acid), 리놀레산(linoleic acid), 포화지방산 등이 함유되어 있다.

쓰임새 꽃은 생약명이 산다화(山茶花)이며 지혈, 양혈의 효능이 있고 어혈, 타박상, 화상을 치료한다. 잎의 추출물은 항산화 및 항알레르기 작용을 한다는 연구 결과가 있다. 열매 속의 종자에서 얻은 기름을 동백유(冬柏油)라 하며 연고제, 경고제, 리니멘트제 등으로 사용한다. 옛날에는 이 기름을 머릿기름으로 사용하였다.

차나무과

차나무
Camellia sinensis L.

식품안전정보포털		
사용부위	가능	제한
줄기, 잎, 꽃, 씨앗	○	×

- **이 명** : 차, 다수(茶樹), 다엽수(茶葉樹), 원다(元茶), 고다(苦茶), 차명(茶茗)
- **생 약 명** : 다엽(茶葉), 다수근(茶樹根), 다자(茶子)
- **사용 부위** : 잎, 뿌리, 열매
- **개 화 기** : 10~11월
- **채취 시기** : 잎은 이른 봄·초여름에 채취하고, 뿌리는 연중 수시, 열매는 가을에 채취한다.

잎
(약재)

열매
(채취품)

| 꽃 | 열매 | 뿌리 | 잎(채취품) |

생육특성

차나무는 남부지방의 산야 또는 사찰 주변에 자생하거나 재배하는 상록 활엽관목으로, 키는 1~5m이다. 가지가 많이 갈라지고 새 가지에는 가는 털이 있으나 점차 없어진다. **잎**은 어긋나고, 장타원형, 타원상 피침 모양으로 두껍고 광택이 있다. 잎끝은 뭉툭하고 밑부분은 날카로우며 가장자리에 둔한 톱니가 있다. **꽃**은 10~11월에 흰색으로 피는데, 1~3개가 잎겨드랑이에 달리며 방향성 향기가 있다. **열매**는 구형의 삭과로 암갈색을 띠며 목질화되어 딱딱하고 다음 해 가을에 익는다.

성분

잎에는 퓨린(purine)류의 알칼로이드가 함유되어 있으며 주성분은 카페인이다. 그 외에 테오브로민(theobromine), 테오필린(theophylline), 크산틴(xanthine), 타닌과 방향 성분도 조금 함유되어 있다. 뿌리에는 스타키오스(stachyose), 라피노오스(raffinose), 글루코오스(glucose), 프룩토오스(fructose), 서당 등의 당류와 소량의 폴리페놀 화합물이 함유되어 있다. 잎, 줄기, 가지, 뿌리 등 전체에 플라바놀(flavanol)과 카페인이 함유되어 있으며 줄기에는 L-에피카테킨(L-epicatechin)이 함유되어 있다. 열매에는 종자 속에 사포닌이 함유되어 있고 어린 싹에는 테아닌(theanine)이 함유되어 있다.

쓰임새

어린잎을 다용(茶用), 식용, 약용하는데 생약명은 다엽(茶葉)이며 항균작용, 혈관확장 작용, 수렴작용이 있다. 또한 머리와 눈과 정신을 맑게 해 주고 이뇨, 해독, 화담(化痰), 소식(消食) 등의 효능이 있어 두통, 목현(目眩), 번갈, 다면증, 심번구갈(心煩口渴), 식적담체(食積痰滯), 말라리아, 하리(下痢) 등을 치료한다. 뿌리는 생약명이 다수근(茶樹根)이며 심장병, 구창(口瘡), 건선(乾癬)을 치료한다. 열매는 생약명이 다자(茶子)이며 천식으로 인한 해수(咳嗽), 기침과 가래를 삭여준다.

참나무과

구실잣밤나무
Castanopsis sieboldii (Makino) Hatus.

식품안전정보포털		
사용부위	가능	제한
열매	○	×

- **이　　　명** : 새불잣밤나무, 구슬잣밤나무
- **생 약 명** : 구실자(球實子)
- **사용 부위** : 열매, 나무껍질
- **개 화 기** : 5~6월
- **채취 시기** : 10월에 열매를 채취한다.

열매
(채취품)

생육특성 구실잣밤나무는 섬이나 바닷가 산기슭에 자라는 상록활엽교목으로, 키는 약 15m이다. 줄기는 곧고 가지가 많으며, **나무껍질**은 흑갈색이고 평활하다. **잎**은 어긋나고 피침 모양 또는 긴 타원형이며 가장자리에 물결 모양의 잔톱니가 있다. 잎의 뒷면은 갈색의 비늘털로 덮여 있다. **꽃**은 암수한그루로 6월에 피며 연한 노란색이다. **열매**는 달걀 모양의 견과이고 총포로 쌓여 있으며 이듬해 10월에 익으면 3갈래로 벌어진다.

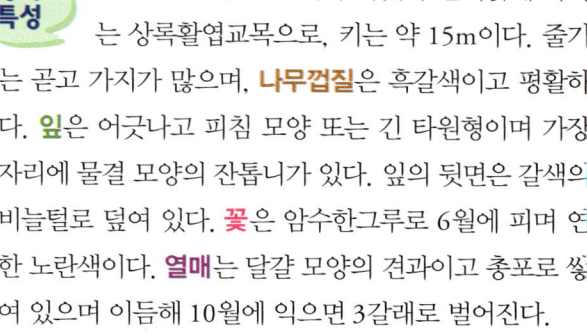
암꽃

수꽃

성분 열매에는 유기산인 옥살산(oxalic acid), 포름산(formic acid), 사과산, 구연산, 숙신산(succinic acid)이 함유되어 있다.

쓰임새 열매가 구슬처럼 둥글고 열매에서 밤맛이 난다고 하여 붙여진 이름이다. 가을에 맺는 열매는 다른 나무들에 비해 달콤하여 먹을 수 있는 것이 특징이다. 열매를 민간에서 자양강장(滋養强壯), 수렴약(收斂藥)으로 사용한다.

잎 나무껍질

열매

종자

구실잣밤나무

참나무과

붉가시나무
Quercus acuta Thunb.

- **이　　명** : 북가시나무, 가랑닢, 가새나무
- **생 약 명** : 면자(麪子), 면자피엽(麪子皮葉)
- **사용 부위** : 열매, 나무껍질, 잎
- **개 화 기** : 5월
- **채취 시기** : 열매는 10월에, 나무껍질과 잎은 봄·여름에 채취한다.

열매
(채취품)

잎　　　암꽃　　　수꽃
열매(1년생)　　　열매(2년생)　　　나무껍질

생육특성 붉가시나무는 주로 양지바른 산기슭과 계곡에서 자라는 상록활엽교목으로, 키는 20m 정도이다. 줄기가 굵고 곧게 자라며 **나무껍질**은 흑갈색으로 약간 벗겨진다. **일년생가지**에는 갈색 털이 빽빽이 나 있다. **잎**은 어긋나고 긴 달걀 모양 또는 긴 타원형이며, 처음에는 갈색 털로 덮여 있으나 곧 사라진다. **꽃**은 암수한그루로 5월에 피는데, 수꽃차례는 새 가지의 기부에서 밑으로 처지며 암꽃차례는 윗부분에서 곧게 나와 2~5개의 꽃이 달린다. **열매**는 타원형 또는 넓은 타원형 견과이고 깍정이는 반구형이며 이듬해 10월에 익는다.

성분 갈로타닌(gallotannin), 바닐린(vanillin), D-만니톨(D-mannitol), 퀘르세틴(quercetin), 3-프리델라논(3-friedelanone), β-시토스테롤(β-sitosterol) 등이 함유되어 있다.

쓰임새 열매의 속씨는 생약명이 면자(麵子)이며 청혈, 지갈, 지혈, 수렴, 해독, 이뇨, 진통 등의 효능이 있고 종독, 신경통, 관절통을 치료한다. 나무껍질과 잎은 생약명이 면자피엽(麵子皮葉)이며 산모의 지혈제로 쓰이고, 어린잎은 종양을 치료하는 데 쓰인다.

참나무과

상수리나무
Quercus acutissima Carruth.

식품안전정보포털		
사용부위	가능	제한
열매	○	×

- **이　　　명** : 참나무, 도토리나무, 보충나무, 상두자(橡斗子)
- **생 약 명** : 상실(橡實), 상자(橡子), 상실각(橡實殼), 상목피(橡木皮)
- **사용 부위** : 열매, 깍정이, 나무껍질, 뿌리껍질
- **개 화 기** : 5~6월
- **채취 시기** : 열매와 깍정이는 9~10월, 나무껍질과 뿌리껍질은 연중 수시로 채취한다.

나무껍질
(약재)

열매와
깍정이
(채취품)

생육특성 상수리나무는 전국의 구릉지나 산지, 산자락에 자생하거나 심어 가꾸는 낙엽활엽교목으로, 키는 15~20m이다. **나무껍질**은 회갈색으로 불규칙하고 깊게 갈라지며, 겨울눈은 원뿔형에 회갈색이고 비늘 조각은 넓은 달걀 모양에 털이 나 있다. **잎**은 어긋나고 타원상 피침 모양 또는 타원상 달걀 모양에 잎끝이 날카로우며 가장자리에 가시 모양의 톱니가 있다. **꽃**은 암수한그루로 5~6월에 노란빛을 띤 초록색으로 피며, **열매**는 둥근 견과로 비늘 같은 억센 털의 깍정이에 둘러싸여 있으며 다음 해 9~10월에 익는다.

성분 열매와 깍정이에는 타닌이 다량 함유되어 있으며, 열매에는 전분을 비롯해서 지방유가 소량 함유되어 있다.

쓰임새 열매는 생약명이 상실(橡實) 또는 상자(橡子)이며 치질, 탈항, 치출혈을 치료한다. 깍정이는 생약명이 상실각(橡實殼)이며 수렴, 지사, 지혈의 효능이 있고 장풍하혈(腸風下血), 사리탈항(瀉痢脫肛), 붕중대하(崩中帶下)를 치료한다. 나무껍질 또는 뿌리껍질은 생약명이 상목피(橡木皮)이며 사리(瀉痢), 정장, 악창(惡瘡)을 치료한다.

잎 꽃

열매 뿌리(약재)

참나무과

참가시나무
Quercus salicina Blume

- **이 명** : 백가시나무, 쇠가시나무
- **생 약 명** : 이백저(裏白櫧)
- **사용 부위** : 잎, 가지, 열매
- **개 화 기** : 4~5월
- **채취 시기** : 잎과 잔가지는 봄·가을에 채취하고 열매는 10월에 채취한다.

가지 (약재)

열매 (채취품)

> **생육 특성**

참가시나무는 주로 섬이나 바닷가의 산기슭에 자라는 상록활엽교목으로, 키는 약 10m이다. **나무껍질**은 잿빛을 띤 검은색이고 흰색의 둥근 껍질눈이 있으며, **일년생가지**에 털이 있으나 점차 없어진다. **잎**은 어긋나고 피침 모양 또는 긴 타원형이며 잎끝이 뾰족하고 가장자리에 예리한 톱니가 있다. 잎의 뒷면은 흰색이다. **꽃**은 암수한그루로 5월에 피는데, 수꽃은 새 가지 밑부분에서 밑으로 처지고 암꽃은 잎겨드랑이에 3~4개 달린다. **열매**는 견과로 타원형 또는 넓은 타원형이고 끝에 잔털이 있으며 이듬해 10~11월에 진갈색으로 익는다.

암꽃

수꽃

> **성분**

잎에는 타닌질인 엘라그산(ellagic acid), 디메틸엘라그산(dimethy ellagic acid), B-D-글루코갈린(B-D-glucogallin), 카테콜(catechol), 피로갈롤(pyogallol)과 몰식자산으로 트리테르펜(triterpene), 프리델린(friedelin), 프리델라놀, 에피-프리델라놀, 이 밖에 플라보놀(flavonol), 퀘르세틴(quercetin), 켐페롤(kaempferol), 환상폴리알코올인 시클로이노시톨, 호박산이 있다.

열매

> **쓰임새**

가지, 잎, 껍질의 물 추출액은 결석을 녹이는 효과가 있다. 잎과 어린가지의 달임약은 담석증, 신석증 치료에 쓰인다. 설사와 이질을 멎게 하며 먹으면 시장기가 없어지고, 보행 기능이 강해지며 악혈(惡血)을 제거하고 갈증을 멎게 한다.

나무껍질

천남성과

반하
Pinellia ternata (Thunb.) Breitenb.

- **이 명** : 끼무릇
- **생 약 명** : 반하(半夏)
- **사용 부위** : 덩이줄기
- **개 화 기** : 5~7월
- **채취 시기** : 가을에 덩이줄기를 채취하여 껍질을 벗기고 햇볕에 말린다.

덩이줄기 (채취품)

덩이줄기 (약재)

생육 특성   반하는 물 빠짐이 좋은 반음지 또는 양지에서 나는 여러해살이풀로, 키는 20~40cm이다. 땅속에 지름 1cm의 덩이줄기가 있고 1~2개의 잎이 나온다. **잎**은 잔잎이 3장이고 잎자루가 거의 없으며 가장자리가 밋밋하다. 밑부분 안쪽에 1개의 눈이 달리는데 끝에 달리기도 있다. **꽃**은 5~7월에 노란빛을 띤 흰색으로 피는데, 암꽃은 꽃차례 밑부분에 달리고 수꽃은 윗부분에 달리며 대가 없는 꽃밥만으로 이루어져 있다. **열매**는 녹색의 장과이며 8~10월에 결실한다.

잎

성분   정유, 소량의 지방, 전분, 점액질, 아스파라긴산(asparaginic acid), 글루타민(glutamine), 캄페스테롤(campesterol), 콜린(choline), 니코틴, 다우코스테롤(daucosterol), 피넬리아렉틴(pinellia lectin), β-시토스테롤(β-sitosterol) 등이 함유되어 있다.

꽃

쓰임새   구토를 가라앉히고 기침을 멎게 하며 담을 없애는 효능이 있다. 또한 습사를 다스리는 조습(燥濕), 결린 것을 낫게 하고 맺힌 것은 흩어지게 하는 소비산결(消痞散結), 종기를 삭이는 소종 등의 효능이 있어 오심, 구토, 반위(反胃: 음식물을 소화시켜 아래로 내리지 못하고 위로 올리는 증상으로 위암 등의 병증이 있을 때 나타남), 여러 가지 기침병, 담다불리(痰多不利: 가래가 많고 이를 뱉어내지 못하는 증세), 가슴이 두근거리면서 불안해하는 심계(心悸), 급성 위염, 어지럼증(현기증), 구안와사, 반신불수, 간질, 경련, 부스럼이나 종기 등을 다스린다.

종자 결실

지상부

천남성과

석창포
Acorus gramineus Sol.

식품안전정보포털		
사용부위	가능	제한
뿌리줄기	×	○

- **이 명** : 석장포, 창포(菖蒲), 창본(昌本), 창양(昌陽), 구절창포(九節菖蒲)
- **생 약 명** : 석창포(石菖蒲)
- **사용 부위** : 뿌리줄기
- **개 화 기** : 6~7월
- **채취 시기** : 가을과 겨울에 뿌리줄기를 채취하여 수염뿌리와 이물질을 제거하고 깨끗이 씻어서 햇볕에 말린다.

뿌리줄기 (채취품)

뿌리줄기 (약재)

생육특성

석창포는 제주도와 전남에 분포하는 여러해살이풀로, 일부 농가에서 재배하기도 한다. 뿌리줄기는 옆으로 뻗고 마디가 많으며 밑부분에서 수염뿌리가 돋는다. **잎**은 뿌리줄기에서 모여나며 길이 30~50cm, 너비 0.2~0.8cm의 줄 모양이다. **꽃**은 6~7월에 연한 황색으로 피는데, 잎과 비슷하고 꽃대에 측면에 이삭꽃차례로 밀생한다. **열매**는 달걀상 원형의 삭과로 녹색이고 밑부분에 꽃덮이조각이 붙어 있다. 약재로 쓰는 뿌리줄기는 표면이 자갈색 또는 회갈색으로 거칠고 고르지 않은 마디가 있으며 마디와 마디 사이에 고운 세로 주름이 있다. 잎 흔적은 삼각형으로 좌우로 어긋나게 배열되었고 그 위에 비늘 모양의 잔기가 붙어 있다. 질은 단단하고 단면은 섬유성으로 유백색 또는 엷은 홍색이며 층환(層環)이 뚜렷하고 많은 유관속과 갈색의 유세포를 볼 수 있다.

성분

정유, β-아사론(β-asarone), 아사론(asarone), 카리오필렌(caryophyllene), 세키숀(sekishone) 등이 함유되어 있다.

쓰임새

담을 없애고 막힌 곳을 뚫어주는 화담개규(化痰開竅), 습사를 없애고 기를 통하게 하는 화습행기(化濕行氣), 풍사를 제거하고 결리고 아픈 증상을 다스리는 거풍이비(祛風利痺), 종기를 다스리고 통증을 없애는 소종지통(消腫止痛) 등의 효능이 있어서 열병으로 정신이 혼미한 증상, 심한 가래, 배가 그득하게 차오르며 통증이 있는 증상, 풍사와 습사로 인하여 결리고 아픈 증상, 간질 발작, 광증(狂症), 건망증, 이명, 이농(耳膿: 귓속의 농), 타박상, 기타 부스럼과 종창, 옴 등을 치료한다.

꽃

줄기

천남성과

창포
Acorus calamus L.

- 이   명 : 장포, 향포, 왕창포
- 생 약 명 : 백창(白菖)
- 사용 부위 : 뿌리줄기
- 개 화 기 : 6~7월
- 채취 시기 : 봄부터 겨울까지 뿌리줄기를 채취하여 그늘에서 말린다.

뿌리줄기
(약재)

잎
(채취품)

생육특성 창포는 호수나 연못가, 햇빛이 잘 드는 물웅덩이나 물이 잘 빠지지 않는 습지에서 자라는 여러해살이풀로, 키는 70cm 정도이다. 뿌리줄기는 굵고 옆으로 뻗으며 마디가 많고 밑부분에 수염뿌리가 돋는다. **잎**은 뿌리줄기 끝에서 모여나며 길이 약 70cm, 너비 1~2cm의 줄 모양으로 가운데 뚜렷한 선이 있다. **꽃**은 흰색으로 6~7월에 피며, 잎 사이에서 비스듬히 올라온 꽃대에 이삭꽃차례로 달린다. **열매**는 타원형이며 7~8월에 적색으로 달린다.

성분 아사론(asarone), 아사릴알데하이드(asaryladehyde), 칼라메온(calameone), 칼라멘(calamene), 오이게놀(eugenol), 메틸오이게놀(methyleugenol) 등의 정유도 함유되어 있다.

쓰임새 담을 제거하는 거담, 체내 기혈이 울체된 것을 뚫어주는 개규(開竅), 비를 튼튼하게 하는 건비(健脾), 습사를 이롭게 하는 이습 등의 효능이 있어서 소화불량, 간질, 깜짝깜짝 자주 놀라는 경계(驚悸)와 건망증, 신지불청(神志不淸: 정신이 맑지 못한 증상), 설사, 류머티즘성 동통, 종기, 피부병(옴)을 치료하는 데 사용한다.

꽃   뿌리줄기   뿌리

천남성과

천남성
Arisaema amurense f. *serratum* (Nakai) Kitag.

- **이 명** : 가새천남성, 남성, 치엽동북천남성, 천남생이, 청사두초, 남생이, 남셍이
- **생 약 명** : 천남성(天南星)
- **사용 부위** : 덩이줄기
- **개 화 기** : 5~7월
- **채취 시기** : 가을과 겨울에 덩이줄기를 채취하여 잔가지와 수염뿌리 및 겉껍질을 제거하고 햇볕 또는 건조기에 말린다.

덩이줄기 (채취품)

덩이줄기 (약재)

생육특성

천남성은 전국 산지의 습하고 그늘진 곳에 자라는 여러해살이풀로, 키는 15~30cm이다. 줄기는 곧게 서며, 겉은 녹색이나 때로 자색 반점이 있기도 하다. 덩이줄기는 편평한 구형이며 수염뿌리가 사방으로 퍼지고, 비늘 조각은 얇은 막질이다. 잎은 3~5개의 잔잎으로 되며 양끝이 뾰족하고 가장자리에 톱니가 있다. 꽃은 5~7월에 피며, 깔때기 모양의 불염포(佛焰苞: 육수꽃차례의 꽃을 싸는 포가 변형된 것)는 판통의 길이가 8cm 정도이고 녹색이며 윗부분이 모자처럼 앞으로 꼬부라지고 끝이 뾰족하다. 열매는 장과이며 옥수수 알처럼 달리고 10~11월에 붉은색으로 익는다. 땅속 덩이줄기는 약용하지만 독성이 있으므로 주의를 요한다. 덩이줄기는 표면이 유백색 또는 담갈색이고, 질은 단단하여 잘 파쇄되지 않으며, 단면은 평탄하지 않고 흰색이며 분성(粉性)이다.

성분

덩이줄기에는 안식향산, 녹말, 아미노산, 사포닌, 트리테르페노이드(triterpenoid) 등이 함유되어 있다.

쓰임새

습사를 말리고 담을 삭이는 조습화담(燥濕化痰), 풍사를 제거하고 경련을 멈추게 하는 거풍지경(祛風止痙), 뭉친 것을 흩어지게 하고 종기를 없애는 산결소종(散結消腫) 등의 효능이 있어서 담을 무르게 하고 해수를 치료하며, 풍담현훈(風痰眩暈: 풍담과 어지럼증), 중풍담옹(中風痰壅), 입과 눈이 돌아가는 구안와사, 반신불수, 전간(癲癇), 경풍(驚風), 파상풍, 뱀이나 벌레 물린 상처인 사충교상의 치료에 사용한다.

잎

꽃

열매

초롱꽃과

더덕

Codonopsis lanceolata (Siebold & Zucc.) Benth. & Hook. f. ex Trautv.

식품안전정보포털		
사용부위	가능	제한
뿌리, 줄기, 잎	○	×

- 이   명 : 참더덕, 노삼(奴蔘), 통유초(通乳草), 사엽삼(四葉蔘)
- 생 약 명 : 양유(羊乳), 산해라(山海螺)
- 사용 부위 : 뿌리
- 개 화 기 : 8~9월
- 채취 시기 : 가을철에 뿌리를 채취하여 품질별로 정선하는데 식용할 것은 저온저장하며, 약용할 것은 말린 뒤 저장한다.

뿌리(채취품) 뿌리(약재)

덩굴줄기와 잎　　　　　　　종자

생육특성 　더덕은 전국 산야에서 자생하거나 농가에서 재배하는 여러해살이 덩굴식물로, 길이는 2m 이상이다. 덩굴줄기는 왼쪽 또는 오른쪽으로 감아 올라가며 자르면 유액(乳液)이 나온다. 덩이뿌리는 방추형으로 비대하며 오래될수록 껍질에 혹들이 더덕더덕하게 달린다. **잎**은 어긋나는데 짧은 가지 끝에서는 4개의 잎이 마주나서 모여 달린 것 같고, 피침 모양 또는 긴 타원형으로 양끝이 좁고 가장자리가 밋밋하다. **꽃**은 8~9월에 피는데, 짧은 가지 끝에서 밑을 향해 작은 종처럼 달리며 꽃받침은 5개로 갈라진다. 꽃부리는 겉은 연한 녹색이고 안쪽에 갈자색 반점이 있다. **열매**는 원뿔 모양의 삭과이며 9~10월에 익는다.

성분 　전초에는 아피게닌(apigenin), 루테올린(luteolin), α-스피나스테롤(α-spinasterol), 스티그마스테롤(stigmastenol), 올레아놀산(oleanolic acid), 에키노시스트산(echinocystic acid), 알비겐산(albigenic acid), 뿌리에는 레오이친(leoithin), 펜토산(pentosane), 피토데린(phytoderin), 사포닌이 함유되어 있다.

쓰임새 　가래를 제거하는 거담, 고름을 배출하는 배농(排膿), 몸을 튼튼하게 하는 강장, 젖이 잘 나오게 하는 최유(催乳), 독을 푸는 해독, 종기를 삭이는 소종, 진액을 만들어내는 생진(生津) 등의 효능이 있으며, 해수, 인후염, 폐농양(肺膿瘍), 유선염, 장옹(腸癰), 옹종, 유즙 부족, 뱀에 물린 상처 등을 치료한다.

초롱꽃과

도라지
Platycodon grandiflorum (Jacq.) A. DC.

식품안전정보포털		
사용부위	가능	제한
뿌리, 잎	○	×

- **이 명** : 약도라지, 고경(苦梗), 고길경(苦桔梗)
- **생 약 명** : 길경(桔梗)
- **사용 부위** : 뿌리
- **개 화 기** : 7~8월
- **채취 시기** : 봄과 가을에 뿌리를 채취하여 이물질을 제거하고 잘게 잘라 건조기에 말린다.

뿌리(채취품)

뿌리(약재)

생육특성　도라지는 전국의 산야에서 자생하거나 재배되는(특히 경북 봉화, 충북 단양, 전북 순창과 진안 등지에서 많이 재배하고 있다) 여러해살이풀로, 키는 40~100cm이다. 줄기는 곧게 서고 털이 없으며 전체가 회녹색을 띤다. **줄기**를 자르면 흰색 유액이 나온다. **잎**은 마주나기, 어긋나기 또는 돌려나기하며, 잎자루가 없고 긴 달걀 모양으로 끝이 뾰족하며 가장자리에 예리한 톱니가 있다. **꽃**은 보라색 또는 흰색으로 7~8월에 원줄기 끝에서 1송이 또는 여러 송이가 위를 향해 끝이 퍼진 종 모양으로 핀다. **열매**는 거꿀달걀 모양의 삭과이며 꽃받침조각이 달려 있다. 뿌리는 원기둥 모양이나 약간 방추형으로 하부는 차츰 가늘어지고 약간 구부러지며 분지된 것도 있다. 뿌리 표면은 흰색 또는 엷은 황백색으로 비틀린 세로 주름이 있고 가로로 긴 구멍과 곁뿌리의 흔적이 있다. 꼭대기에는 짧은 뿌리줄기가 있으며 그 위에 줄기의 흔적이 있다.

성분　뿌리에는 당질, 철분, 2% 정도의 사포닌과 칼슘이 함유되어 있다. 그 밖에 이눌린(inulin), 스테롤(sterols), 베툴린(betulin), α-스피나스테롤(α-spinasterol), 플라티코도닌(platycodonin)이 함유되어 있다. 줄기와 잎에도 사포닌 성분이 함유되어 있고 뿌리에는 식이섬유가 많아 변비를 예방할 수 있다.

쓰임새　폐의 기운을 이롭게 하고 인후부에 도움을 주며 담과 농을 배출하는 효능이 있어 해수와 담이 많은 데, 가슴이 답답하고 꽉 막힌 데, 인후부의 통증, 폐에 옹저(癰疽)가 있거나 농을 토하는 증상 등을 치료하는 데 유용하다.

잎

꽃봉오리와 꽃

열매

종자

초롱꽃과

잔대

Adenophora triphylla var. *japonica* (Regel) H. Hara

식품안전정보포털		
사용부위	가능	제한
뿌리, 순	○	×

- **이 명** : 갯딱주, 남사삼(南沙蔘), 지모(知母), 사엽사삼(四葉沙蔘)
- **생 약 명** : 사삼(沙蔘)
- **사용 부위** : 뿌리
- **개 화 기** : 7~9월
- **채취 시기** : 가을에 뿌리를 채취하여 이물질을 제거하고 씻은 다음 두껍게 절편하여 건조해서 사용한다.

뿌리(채취품)

뿌리(약재)

잎과 줄기

꽃

종자 결실

전초

생육특성

잔대는 전국 산야에서 자생하는 여러해살이풀로, 키는 40~120cm이다. 뿌리는 굵고 도라지처럼 황백색을 띠며, 질은 가볍고 절단하기 쉽다. 절단면은 유백색을 띠고 빈틈이 많다. 줄기는 곧게 서고 잔털이 많이 나 있다. **뿌리잎**은 잎자루가 긴 원심형이며 꽃이 필 때쯤 없어지고, **줄기잎**은 돌려나기, 마주나기 또는 어긋나기하며 긴 타원형, 달걀상 타원형, 피침 모양으로 양끝이 좁고 톱니가 있다. **꽃**은 보라색이나 분홍색으로 7~9월에 피는데, 원줄기 끝에 엉성한 원추꽃차례를 형성하며 꽃부리는 종 모양이다. **열매**는 삭과로 끝에 꽃받침이 달린 채 익으며 먼지 같은 작은 종자가 많이 들어 있다. 뿌리를 '사삼(沙蔘)'이라 하며 약용한다.

성분

뿌리에는 사세노사이드(shashenoside) Ⅰ~Ⅲ, 시린지노사이드(siringinoside), β-시토스테롤글루코사이드(β-sitosterolglucoside), 리놀레산(linoleic acid), 메틸스테아레이트(methylstearate), 6-하이드록시오이게놀(6-hydroxyeugenol), 사포닌(saponin), 이눌린(inulin) 등이 함유되어 있다.

쓰임새

강장, 청폐(淸肺), 진해, 거담, 소종의 효능이 있어서 폐결핵성 해수나 해수, 옹종 등의 치료에 유용하다. 특히 각종 독성을 해독하는 효능이 뛰어나고 자궁의 수축 기능이 있어 출산 후 회복기의 산모에게 매우 유용하다.

층층나무과

산수유
Cornus officinalis Siebold & Zucc.

식품안전정보포털		
사용부위	가능	제한
열매	○	×

- **이 명** : 산수유나무, 산시유나무, 실조아(實棗兒), 촉산조(蜀酸棗), 약조(藥棗), 홍조피(紅棗皮), 육조(肉棗), 계족(鷄足)
- **생 약 명** : 산수유(山茱萸)
- **사용 부위** : 열매살
- **개 화 기** : 3~4월
- **채취 시기** : 9~10월에 열매를 채취한다.

씨를 제거한 열매살 (약재)

384

생육특성 산수유는 전국의 산비탈이나 인가 부근에 자생하거나 재배하는 낙엽활엽소교목으로, 키는 7m 정도이다. **나무껍질**은 연한 갈색으로 잘 벗겨지고 **일년생가지**는 처음에 짧은 털이 있으나 떨어진다. **잎**은 마주나고 달걀 모양으로 잎끝이 날카로우며 밑은 둥글거나 넓은 쐐기형이고 가장자리는 밋밋하다. **꽃**은 황색으로 3~4월에 잎보다 먼저 피고, 작은 꽃이 산형꽃차례로 20~30개씩 달린다. **열매**는 긴 타원형의 장과이며 9~10월에 붉게 익는다.

성분 열매살의 주성분은 코르닌(cornin), 즉 베르베날린사포닌(verbenalin saponin)이고 타닌, 우르솔산(ursolic acid), 몰식자산, 사과산, 주석산, 비타민 A가 함유되어 있으며, 종자의 지방유에는 팔미트산(palmitic acid), 올레산(oleic acid), 리놀산(linolic acid) 등이 함유되어 있다.

쓰임새 열매살은 생약명이 산수유(山茱萸)이며 항균, 혈압강하, 이뇨작용이 있고 보간, 보신, 정기수렴의 효능이 있으며 요슬둔통(腰膝鈍痛), 이명, 양위, 유정, 빈뇨, 간허한열 등을 치료한다. 산수유 추출물은 협전증, 항산화, 노화방지 등에 약효가 있다는 것이 연구 결과 밝혀졌다.

| 잎 | 꽃 |
| 열매 | 열매(채취품) |

콩과

고삼
Sophora flavescens Aiton

- 이　　　명 : 도둑놈의지팡이, 수괴(水槐), 지괴(地槐), 토괴(土槐), 야괴(野槐)
- 생 약 명 : 고삼(苦蔘)
- 사용 부위 : 뿌리
- 개 화 기 : 6~8월
- 채취 시기 : 뿌리를 봄과 가을에 채취하는데, 이물질과 남아 있는 줄기를 제거한 다음 흙을 깨끗이 씻고 물에 적셔 수분이 잘 스미게 한 후에 얇게 잘라서 햇볕이나 건조기에 말려 사용한다.

뿌리
(채취품)

뿌리
(약재)

생육특성 고삼은 전국 각지에서 자라는 여러해살이풀로, 키는 1m 내외이다. **줄기**가 곧게 서며 윗부분에서 가지를 치고 일년생가지는 털이 있으나 점차 없어진다. 줄기는 녹색이지만 어릴 때는 검은빛을 띤다. **잎**은 어긋나고 잎자루가 길며, 15~40개의 잔잎으로 된 홀수깃꼴겹잎이다. 잔잎은 긴 타원형 또는 긴 달걀 모양이고 뒷면에만 털이 있으며 가장자리가 밋밋하다. **꽃**은 6~8월에 연황색으로 피며, 원줄기 끝과 가지 끝의 총상꽃차례에 많은 꽃이 달린다. **열매**는 줄 모양의 협과로 3~7개의 종자가 들어 있으며, 8~9월에 익지만 갈라지지 않는다. 약재로 사용하는 뿌리는 회갈색 또는 황갈색에 긴 원기둥 모양으로 가로 주름과 세로로 긴 피공(皮孔)이 있다. 단면은 섬유질로 단단하여 절단하기 어렵다.

성분 알칼로이드류인 마트린(matrine), 옥시마트린(oxymatrine), 트리테르페노이드(tritepenoids)류인 소포라플라비오시드(sophoraflavioside), 소야사포닌(soyasaponin), 플라보노이드류인 쿠라놀(kurarnol), 비오카닌(biochanin), 퀴논(quinones)류인 쿠쉔퀴논(kushenquinone) 등이 함유되어 있다.

쓰임새 열을 식히고 습과 풍을 제거하며 벌레를 죽인다. 또한 소변을 잘 나가게 하고 혈변, 적백대하, 피부소양증(가려움증), 옴 등을 치료한다.

잎

꽃 열매 지상부

콩과

골담초
Caragana sinica (Buc'hoz) Rehder

식품안전정보포털		
사용부위	가능	제한
꽃	○	×

- **이 명** : 금계아(金鷄兒), 황작화(黃雀花), 양작화(陽雀花), 금작근(金雀根), 백심피(白心皮)
- **생 약 명** : 금작화(金雀花), 골담근(骨擔根)
- **사용 부위** : 꽃, 뿌리
- **개 화 기** : 4~5월
- **채취 시기** : 꽃은 4~5월, 뿌리는 연중 수시로 채취한다.

뿌리(약재)

꽃(약재)

| 잎 | 꽃 |
| 꽃과 열매 | 줄기 |

생육특성   골담초는 중부와 남부지방의 산지에 자생하거나 재배하는 낙엽활엽관목으로, 키는 1~2m이다. 줄기는 곧게 뻗거나 대부분 모여나고, 작은가지는 가늘고 길게 늘어지며 변형된 가시가 있다. 잎은 어긋나고 깃꼴겹잎이며, 잔잎은 5장으로 거꿀달걀 모양에 잎끝은 둥글거나 오목하게 들어가고 돌기가 있는 것도 있다. 꽃은 단성(單性: 암수 어느 한쪽의 생식기관만 있는 것)으로 4~5월에 아래로 늘어져 피는데, 황색으로 피었다가 3~4일 지나면 적갈색으로 변한다. 수술은 10개이고 암술이 1개로 씨방에는 자루가 없고 암술대는 곧게 선다. 열매는 협과이며 속에 종자 4~5개가 들어 있으나 결실하지 못한다.

성분   뿌리에는 알칼로이드, 사포닌, 스티그마스테롤(stigmasterol), 브라시카스테롤(brasicasterol), 캄페스테롤(campesterol), 콜레스테롤, 스테롤, 배당체, 전분 등이 함유되어 있다.

쓰임새   꽃은 생약명이 금작화(金雀花)이며 자음(滋陰), 화혈(和血), 건비(健脾), 소염 등의 효능이 있고 타박상, 신경통으로 인한 통증, 저림, 마비 등을 치료한다. 뿌리는 생약명이 골담근(骨膽根)이며 청폐, 활혈의 효능이 있고 신경통, 관절염, 해수, 고혈압, 두통, 타박상, 급성 유선염, 백대 등을 치료한다.

콩과

비수리
Lespedeza cuneata G. Don

식품안전정보포털		
사용부위	가능	제한
줄기, 잎	○	×

- **이 명** : 철소파(鐵掃把), 철선팔초(鐵線八草), 야계초(野鷄草)
- **생 약 명** : 야관문(夜關門)
- **사용 부위** : 전초
- **개 화 기** : 8~9월
- **채취 시기** : 꽃이 피는 8~9월에 전초를 채취한다.

전초
(약재)

생육특성

비수리는 전국의 산야, 산기슭, 도로변에 자생하거나 재배하는 여러해살이풀 또는 낙엽활엽반관목으로, 키는 1m 내외이다. 줄기는 곧게 자라고 위쪽에서 가지가 많이 갈라지며 짧은 가지는 능선과 털이 있다. **잎**은 어긋나고 3출엽이며, 잔잎은 선상 거꿀피침 모양으로 가장자리가 밋밋하고 뒷면에만 잔털이 있다. **꽃**은 흰색으로 8~9월에 피는데, 꽃잎 중앙에 자색 줄이 있고 꽃받침 조각은 밑부분까지 갈라지며 각 열편은 1개의 맥과 견모가 있다. **열매**는 넓은 달걀 모양의 협과이며 1개의 종자가 들어 있고 10월에 암갈색으로 익는다.

잎

성분

피니톨(pinitol), 플라보노이드, 페놀, 타닌, β-시토스테롤(β-sitosterol)이 함유되어 있고, 플라보노이드에서는 퀘르세틴(quercetin), 켐페롤(kaempferol), 비텍신(vitexin), 오리엔틴(orientin) 등이 분리된다.

꽃(확대)

쓰임새

전초는 생약명이 야관문(夜關門)인데, 이는 '밤에 문이 열린다'는 뜻으로 정력작용에 좋다는 것을 강조한 듯하다. 그 밖에 간장과 신장을 돕고 폐음(肺陰)을 보익(補益)하며 종기, 유정(遺精), 유뇨(遺尿), 백대(白帶), 위통, 하리, 타박상, 시력감퇴, 목적(目赤), 결막염, 급성 유선염 등을 치료한다. 비수리의 추출물은 항산화 작용, 세포손상 보호, 피부 노화 방지 등의 효과가 있다.

뿌리

콩과

싸리
Lespedeza bicolor Turcz.

식품안전정보포털		
사용부위	가능	제한
순, 잎	○	×

- **이　　명** : 싸리나무, 형조(荊條), 수군차(髓軍茶)
- **생 약 명** : 호지자(胡枝子), 호지자근(胡枝子根)
- **사용 부위** : 줄기, 잎, 뿌리
- **개 화 기** : 7~8월
- **채취 시기** : 줄기와 잎은 7~8월, 뿌리는 4~10월에 채취한다.

뿌리 (채취품)　　줄기 (약재)

잎　　　　　　　　　　　꽃

열매　　　　　　　　　나무껍질

생육특성　싸리는 전국의 산야에 자생하는 낙엽활엽관목으로, 키는 3m 내외이다. 가지가 많이 갈라지며 **일년생가지**는 능선이 있고 털이 있으나 점차 없어진다. **잎**은 3출엽이며 넓은 달걀 모양에 잎끝이 둥글면서 뭉툭하고 가장자리는 밋밋하다. **꽃**은 7~8월에 홍자색으로 피는데, 잎겨드랑이나 가지 끝에 총상꽃차례로 달린다. **열매**는 넓은 타원형의 협과로 끝이 부리처럼 길고 종자는 콩팥 모양이며 9~10월에 익는다.

성분　줄기, 잎에는 퀘르세틴(quercetin), 켐페롤(kaempferol), 트리폴린(trifolin), 이소퀘르세틴(isoquercetin), 이소오리엔틴(isoorientin), 호모오리엔틴(homo-orientin), 오리엔틴(orientin), 뿌리에는 플라보놀(flavonol)의 퀘르세틴 배당체가 함유되어 있다.

쓰임새　줄기와 잎은 생약명이 호지자(胡枝子)이며 청열, 진통, 이수(利水), 윤폐(潤肺)의 효능이 있고 백일해, 해수, 비출혈, 임병을 치료한다. 뿌리는 생약명이 호지자근(胡枝子根)이며 관절통, 타박상, 대하증, 종독을 치료한다. 싸리의 추출물은 항산화, 항염, 미백 효과가 있다.

콩과

자귀나무
Albizia julibrissin Durazz.

식품안전정보포털		
사용부위	가능	제한
잎, 꽃	○	×

- **이 명** : 합환목, 애정목, 합환수
- **생 약 명** : 합환피(合歡皮), 합환화(合歡花), 합환미(合歡米)
- **사용 부위** : 나무껍질, 꽃, 꽃봉오리
- **개 화 기** : 6~7월
- **채취 시기** : 나무껍질은 여름·가을, 꽃과 꽃봉오리는 6~7월에 채취한다.

나무껍질 (약재)

꽃과 꽃봉오리 (약재)

잎   잎 오므라든 모습

꽃   열매

생육특성   자귀나무는 전국적으로 분포하는 낙엽활엽소교목으로, 키는 3~5m이다. 줄기가 굽거나 약간 드러누우며, 큰 가지가 드문드문 나와 관목상으로 퍼진다. **일년생가지**는 털이 없으며 능선이 있다. **잎**은 어긋나고 2회 깃꼴겹잎이며, 잔잎은 원줄기를 향해 낫처럼 굽어 좌우가 같지 않은 긴 타원형으로, 양면에 털이 없거나 뒷면 맥 위에 털이 있다. 밤에는 잎이 접힌다. **꽃**은 6~7월에 담홍색으로 피는데, 가지 끝에 15~20개씩 산형으로 달린다. **열매**는 길이 15cm 정도의 편평한 협과로 5~6개의 종자가 들어 있으며 9~10월에 갈색으로 익는다.

성분   나무껍질에는 사포닌, 타닌(tannin)이 함유되어 있으며, 새로 나온 신선한 잎에는 비타민 C가 많이 함유되어 있다.

쓰임새   나무껍질은 생약명이 합환피(合歡皮)이며 심신불안을 안정화하고 근심, 걱정을 덜어주며 마음을 편안하게 하여 우울불면, 신경과민, 히스테리 등을 치료한다. 또한 종기를 삭이고 근골절상, 옹종종독을 치료한다. 꽃은 생약명이 합환화(合歡花)이고, 꽃봉오리는 생약명이 합환미(合歡米)이며 불안, 초조, 불면, 건망, 옹종, 타박상, 동통 등을 치료한다. 자귀나무 추출물은 항암작용이 있다.

콩과

칡
Pueraria lobata (Willd.) Ohwi

식품안전정보포털		
사용부위	가능	제한
뿌리	○	×
꽃봉오리	×	○

- **이　　명**: 칡, 칡덤불, 칡덩굴, 칡넝굴, 갈등(葛藤), 갈마(葛麻)
- **생 약 명**: 갈근(葛根), 갈화(葛花)
- **사용 부위**: 뿌리, 꽃
- **개 화 기**: 8~9월
- **채취 시기**: 뿌리는 봄·가을, 꽃은 8월 상순경 꽃이 피기 전에 채취한다.

뿌리(약재)　　꽃(약재)

생육특성

칡은 전국의 산야, 계곡, 초원의 음습지 등에서 자생하는 낙엽활엽 덩굴성 목본으로, 덩굴줄기는 길이가 10m 내외이고 아랫부분은 목질화하여 가지가 잘 갈라지며 다른 물체를 왼쪽으로 감아 올라간다. **잎**은 3출엽으로 잎자루가 길고, 잔잎은 마름모꼴이며 가장자리가 밋밋하거나 얕게 3갈래로 갈라진다. **꽃**은 홍자색 혹은 홍색으로 8~9월에 잎 겨드랑이의 총상꽃차례에 달린다. **열매**는 넓은 줄 모양의 협과로 편평하고 굳은 털이 있으며 9~10월에 익는다.

잎

꽃

성분

뿌리에는 식물성 에스트로겐, 이소플라본 성분의 푸에라린(puerarin), 푸에라린크실로시드(puerarin xyloside), 다이드제인(daidzein), β-시토스테롤(β-sitosterol), 아락킨산, 전분 등이 함유되어 있다. 잎에는 로비닌(robinin)이 함유되어 있다.

열매

쓰임새

뿌리는 생약명이 갈근(葛根)이며 해열, 진경, 지갈, 지사, 진정, 항암, 항균, 항산화 등의 효능이 있고 두통, 발한, 감기, 이질, 고혈압, 협심증, 난청, 골다공증, 당뇨 등을 치료한다. 특히 에스트로겐과 다이드제인(daidzein) 등의 성분이 여성호르몬 기능을 하여 여성의 갱년기장애와 칼슘 흡수 촉진 등 골다공증 예방 및 치료에 도움을 주고, 남성의 전립선암과 전립선 비대 예방 및 치료에도 도움을 준다. 꽃은 생약명이 갈화(葛花)이며 주독을 풀어주고 속쓰림과 오심, 구토, 식욕부진 등을 치료하며 치질의 내치 및 장풍하혈, 토혈 등의 치료에 효과적이다. 칡 추출물은 암, 폐경기질환, 골다공증의 예방 및 치료에 사용할 수 있다.

덩굴줄기

뿌리

콩과

회화나무
Styphnolobium japonicum (L.) Schott

식품안전정보포털		
사용부위	가능	제한
열매	×	○

- **이　　명** : 과나무, 회나무, 괴수(槐樹), 괴화수(槐花樹)
- **생 약 명** : 괴화(槐花), 괴미(槐米), 괴백피(槐白皮), 괴각(槐角)
- **사용 부위** : 꽃, 꽃봉오리, 뿌리껍질, 나무껍질, 열매
- **개 화 기** : 8월
- **채취 시기** : 꽃과 꽃봉오리는 개화 전과 직후인 7~8월, 나무껍질은 봄·여름, 뿌리껍질은 연중 수시, 열매는 10월에 채취한다.

뿌리껍질 (약재)

꽃봉오리 (약재)

생육특성

회화나무는 인가 근처나 도로변에 심어 가꾸는 낙엽활엽교목으로, 키는 25m 내외이다. 줄기는 바로 서서 굵은 가지를 내고 **나무껍질**은 회갈색이며 세로로 갈라진다. **일년생가지**는 녹색을 띠며 자르면 냄새가 난다. **잎**은 어긋나고 홀수깃꼴겹잎이며, 잔잎은 7~15개로 달걀 모양 또는 달걀상 피침 모양에 가장자리가 밋밋하고 뒷면에 잔털이 있으며, 흔히 작은 턱잎이 있다. **꽃**은 8월에 황백색으로 피는데, 가지 끝에 원추꽃차례로 달린다. **열매**는 협과이며 염주 모양으로 마디가 있고 10월에 익으면 벌어진다.

잎

꽃

성분

꽃 또는 꽃봉오리에는 트리테르펜(triterpene)계의 사포닌과 베툴린(betulin), 소포라디올(sophoradiol), 포도당, 글루쿠론산(glucuronic acid), 소포린(sophorin) A·B·C, 타닌 등이 함유되어 있다. 나무껍질 및 뿌리껍질에는 d-마악키아닌-모노-베타-d-글루코시드(d-maackianin-mono-β-d-glucoside), dl-마악키아인(dl-maackiain)이 함유되어 있다. 열매에는 9종의 플라보노이드와 이소플라보노이드가 함유되어 있다.

열매

쓰임새

꽃은 생약명이 괴화(槐花), 꽃이 피기 전의 꽃봉오리는 생약명이 괴미(槐米)이며 혈압강하 작용과 지혈, 진경(鎭痙), 항궤양, 청열, 양혈의 효능이 있고 장풍에 의한 혈변, 치질, 혈뇨, 대하증, 눈의 충혈, 창독, 중풍 등을 치료한다. 나무껍질 및 뿌리껍질은 생약명이 괴백피(槐白皮)이며 진통, 소종, 거풍, 제습의 효능이 있고 신체강경(身體强硬: 몸이 굳어짐), 근육마비, 열병구창(熱病口瘡), 장풍하혈(腸風下血), 종기, 치질, 음부 가려움증, 화상 등을 치료한다. 열매는 생약명이 괴각(槐角)이며 항균작용과 청열, 윤간(潤肝), 양혈(凉血), 지혈의 효능이 있고 장풍출혈(腸風出血), 치질출혈, 출혈성 하리, 심흉번민(心胸煩悶), 풍현(風眩) 등을 치료한다. 꽃 추출물은 여드름, 폐경기질환, 피부노화 등의 예방 및 치료, 피부주름 개선의 효과가 있다. 그리고 탈모의 예방 및 개선 효과도 있다.

택사과

택사

Alisma canaliculatum A. Br. & Bouche

- **이 명** : 수사(水瀉), 택지(澤芝), 급사(及瀉), 천독(天禿)
- **생 약 명** : 택사(澤瀉)
- **사용 부위** : 덩이줄기
- **개 화 기** : 7~8월
- **채취 시기** : 겨울에 잎이 마른 다음에 덩이줄기를 채취하여 수염뿌리와 겉껍질인 조피(粗皮)를 제거하고 건조한다. 이물질을 제거하고 절편하여 볶거나 소금물에 담갔다가 볶는 염수초(鹽水炒: 약재 무게의 2~3% 정도의 소금을 물에 풀어 약재에 흡수시킨 다음 약한 불에서 프라이팬에 볶아냄)를 하여 사용한다.

뿌리 (채취품)

덩이줄기 (약재)

생육특성

택사는 경남 이북에서 자생하는 여러해살이풀로, 키는 60~90cm이다. **잎**은 뿌리에서 모여나고 잎자루 밑부분이 넓어져서 서로 감싸며, 피침 모양 또는 넓은 피침 모양으로 끝이 뾰족하고 가장자리는 밋밋하다. **꽃**은 7~8월에 흰색으로 피는데, 잎 사이에서 나온 꽃대의 마디에 돌려 피어 전체적으로는 원추꽃차례로 된다. **열매**는 수과이며 9~10월에 환상(環狀)으로 달린다. 약재로 사용하는 덩이줄기는 겉껍질이 갈색이고 수염뿌리가 닿다. 뿌리 밑부분에는 혹 모양의 눈 흔적이 있다. 질은 견실하고 단면은 황백색의 분성(粉性)이며 작은 구멍이 많이 있다.

성분

덩이줄기에는 알리솔(alisol) A와 B, 폴리사카라이드(polysaccharide), 알리솔 모노아세테이트(alisol monoacetate), 세스퀴테르펜(sesquiterpene), 트리테르펜(triterpene), 글루칸(glucan), 에피알리솔 A(epialisol A=essential oil) 등이 함유되어 있다.

쓰임새

수도를 이롭게 하여 소변을 잘 나가게 하며 습사를 조절하는 이수삼습(利水滲濕), 열을 내리게 하는 설열 등의 효능이 있으며, 소변이 잘 나가지 않는 증상, 몸 안에 습사가 머물러 온몸이 붓고 배가 몹시 불러오면서 그득한 느낌을 주는 수종창만(水腫脹滿), 설사와 소변량이 줄어드는 설사요소(泄瀉尿少), 담음현훈(痰飮眩暈: 담음은 여러 가지 원인으로 몸 안의 진액이 순환하지 못하고 일정 부위에 머물러 생기는 증상), 열림삽통(熱淋澁痛: 습열사가 하초에 몰려 소변을 조금씩 자주 누면서 잘 나오지 않고 요도에 작열감이 있는 증상), 고지혈증 등을 치료한다.

잎

꽃

종자 결실

포도과

담쟁이덩굴
Parthenocissus tricuspidata (Siebold & Zucc.) Planch.

- **이   명** : 돌담장이, 담장넝쿨, 담장이덩굴, 장춘등(長春藤), 낙석(絡石), 토고등(土鼓藤)
- **생 약 명** : 지금(地錦), 상춘등(常春藤)
- **사용 부위** : 잎
- **개 화 기** : 6~7월
- **채취 시기** : 7~8월에 잎을 채취한다.

전초
(약재)

줄기
(채취품)

줄기와 잎　　　　　꽃　　　　　열매

생육특성　담쟁이덩굴은 중국, 대만, 일본과 우리나라 전역에 분포하는 낙엽활엽 덩굴식물로, 덩굴줄기는 길이가 10m 정도이다. 덩굴손이 잎과 마주나며 가지가 많이 갈라지고 덩굴손 끝에 둥근 흡착근이 있다. 덩굴손으로 다른 물체에 달라붙으며 곁뿌리는 잔뿌리로 발달한다. **잎**은 어긋나고 넓은 달걀 모양이며 끝이 3개로 갈라진다. 잎의 뒷면 맥 위에는 잔털이 있고 가장자리에 불규칙한 톱니가 있다. 어린 잎자루의 잎은 3장의 잔잎으로 된 겹잎으로 잎자루가 잎보다 길다. **꽃**은 6~7월에 황록색으로 피는데, 잎겨드랑이나 짧은 가지 끝에서 많은 꽃이 취산꽃차례를 이루며 달린다. **열매**는 공 모양이며 흰색 가루로 덮여 있고 8~10월에 흑자색으로 익는다.

성분　잎에는 미퀠리아닌(miquelianin), 이소퀘르세틴(isoquercetin), 파르테노신(parthenocin), 델피니딘(delpinidin) 등의 플라보노이드(flavonoid)와 안토시안(anthocyan) 색소가 함유되어 있다.

쓰임새　잎은 생약명이 지금(地錦) 또는 상춘등(常春藤)이며 지혈, 진통의 효능이 있고 종기, 종통(腫痛), 타박상 등을 치료한다. 외용할 경우에는 달인 액이나 생즙을 환부에 바른다.

현삼과

오동나무
Paulownia coreana Uyeki

- **이 명** : 오동, 동목(桐木), 백동(白桐), 포동(泡桐), 붉동나무
- **생 약 명** : 동피(桐皮), 동엽(桐葉), 포동과(泡桐果)
- **사용 부위** : 나무껍질, 잎, 열매
- **개 화 기** : 5~6월
- **채취 시기** : 나무껍질은 연중 수시, 잎은 봄·여름, 열매는 10~11월에 채취한다.

나무껍질 (약재)

생육특성 오동나무는 인가 부근에 심어 가꾸는 낙엽활엽교목으로, 키는 15m 정도이다. **나무껍질**은 담갈색이며 거친 줄이 세로로 나 있다. **잎**은 마주나고 달걀상 원형 또는 타원형이지만 오각형도 있다. 잎의 표면에는 털이 거의 없고 뒷면에는 다갈색 털이 있으며 가장자리에는 톱니가 없다. **꽃**은 자주색으로 5~6월에 피는데, 가지 끝의 원추꽃차례에 달리며 꽃받침은 5개로 갈라진다. **열매**는 둥글고 끝이 뾰족한 삭과이며 10~11월에 익는다.

잎

성분 나무껍질에는 시린진(syringin), 잎에는 우루솔산(ursolic acid), 글루코시드(glucoside), 폴리페놀(polyphenol), 열매에는 엘레오스테아르산(eleostearic acid), 지방산, 플라보노이드, 알칼로이드(alkaloid) 등이 함유되어 있다.

꽃

쓰임새 나무껍질은 생약명이 동피(桐皮)이며 종기, 타박상, 단독, 습진, 피부염, 치질, 어혈, 위염, 장염을 치료한다. 잎은 생약경이 동엽(桐葉)이며 옹종, 창상출혈, 정창 등을 치료한다. 열매는 생약명이 포동과(泡桐果)이며 진해, 거담의 효능이 있고 천식, 기관지염을 치료한다. 또한 황색포도상구균 및 티푸스균, 대장균에 대한 항균작용을 가지고 있다.

열매

열매껍질

뿌리(약재)

현호색과

산괴불주머니
Corydalis speciosa Maxim.

- **이　　명** : 암괴불주머니
- **생 약 명** : 황근(黃菫), 습지자근(濕地紫菫)
- **사용 부위** : 전초
- **개 화 기** : 4~6월
- **채취 시기** : 여름부터 가을까지 뿌리를 포함한 전초를 채취하여 햇볕에 말린다. 때로는 생풀을 채취하여 쓰기도 한다.

전초
(채취품)

생육특성 산괴불주머니는 산이나 들의 습기가 많은 반그늘에서 자라는 두해살이풀로, 키는 40cm 정도이다. **줄기**는 분백색을 띠고 곧게 서며 가지가 갈라지고 속이 비어 있다. **잎**은 어긋나고 잎자루가 있으며 2회 깃꼴겹잎으로 끝이 뾰족하다. **꽃**은 노란색으로 4~6월에 원줄기와 가지 끝의 총상꽃차례에 달린다. **열매**는 줄 모양의 삭과로 7~8월에 달리고, 10~15개의 마디마다 종자가 있다. 그해에 떨어진 종자는 가을에 발아하여 겨울에 잎이 떨어지고 이듬해에 꽃을 피운다.

성분 알칼로이드(alkaloid), 사포닌이 함유되어 있다.

쓰임새 열을 식히는 청열, 독을 푸는 해독, 어혈을 풀어주는 산어(散瘀), 종기를 삭이는 소종 등의 효능이 있어 부스럼이나 종기를 낫게 한다. 또한 진통, 경기와 경련을 진정시키는 진경(鎭痙), 월경을 고르게 하는 조경(調經)의 효능이 있어 이질, 복통, 탈항, 허리와 무릎의 마비 증상, 타박상, 종기, 뱀에 물린 상처, 옴이나 벌레 독에 의한 피부염 치료에 효과적이다.

잎

꽃

지상부

현호색과

현호색
Corydalis remota Fisch. ex Maxim.

- **이   명** : 연호색(延胡索), 연호(延胡), 원호색(元胡索)
- **생 약 명** : 현호색(玄胡索)
- **사용 부위** : 덩이뿌리
- **개 화 기** : 4월
- **채취 시기** : 5~6월에 줄기와 잎이 고사한 후 덩이뿌리를 채취하여 바깥쪽의 얇은 껍질은 제거하고 씻은 다음 끓는 물에 넣고 위아래로 저어가면서 내부의 백심이 없어지고 황색이 될 때까지 삶아지면 건져내어 햇볕에 말린다. 이물질을 제거하고 수침포(水浸泡)하여 윤투(潤透)하고 절편하여 사용하거나 식초를 흡수시켜 약한 불로 볶아서 사용한다. 이때 현호색 100g에 식초 20~30g의 비율을 유지한다.

덩이뿌리 (채취품)

덩이뿌리 (약재)

생육특성 현호색은 전국의 산지, 특히 산록의 습기가 있는 곳에서 자생하는 여러해살이풀로, 키는 20cm 정도이다. 덩이줄기는 약간 깊게 묻혀 있으며, 밑부분에서 몇 개의 뿌리가 나온다. **잎**은 어긋나고 잎자루가 길며 3개씩 1~2회 갈라지고 윗부분은 깊게 또는 결각상으로 갈라진다. **꽃**은 4월에 연한 홍자색으로 피는데, 원줄기 끝에서 5~10송이가 총상꽃차례로 달리며 거(距)의 끝이 약간 밑으로 굽는다. **열매**는 긴 타원형의 삭과로 끝에 암술머리가 달려 있다. 약용하는 덩이뿌리는 불규칙하게 납작하고 둥글며, 황색 또는 황갈색으로 불규칙한 그물 모양의 주름이 있고 정단에 약간 들어간 줄기 흔적이 있다. 질은 단단하며 부스러지기 쉽고, 단면은 황색의 각질 모양이며 광택이 있다.

잎

꽃

성분 코리달린(corydaline), dl-테트라하이드로팔마틴(dl-tetrahydropalmatine), 코리불민(corybulmine), 콥티신(coptisine), l-코리클라민(l-coryclamine), 코나딘(conadine), 프로토핀(protopine), l-테트라하이드콥티신(l-tetrahydrocoptisine), dl-테트라하이드로콥티신, l-이소코리팔민(l-isocorypalmine), 디하이드로코리달린 등이 함유되어 있다.

종자 결실

쓰임새 진통, 진정 및 진경(鎭痙), 활혈, 구어혈(驅瘀血), 자궁수축, 이기(理氣), 지통 등의 효능이 있어서 흉협완복동통을 치료하고, 폐경이나 월경통, 산후의 어혈복통, 요슬산통, 타박상 등의 치료에 사용된다.

전초

협죽도과

마삭줄
Trachelospermum asiaticum (Siebold & Zucc.) Nakai

식품안전정보포털		
사용부위	가능	제한
순	○	×

- **이   명** : 마삭나무, 조선마삭나무, 왕마삭줄, 민마삭나무, 겨우사리덩굴, 왕마삭나무, 민마삭줄, 마삭덩굴, 마삭풀, 낙석(洛石), 내동(耐冬), 백화등(白花藤)
- **생 약 명** : 낙석등(絡石藤), 낙석과(絡石果)
- **사용 부위** : 줄기, 잎, 열매
- **개 화 기** : 5~6월
- **채취 시기** : 줄기와 잎은 가을, 열매는 8~9월에 덜 익었을 때 채취한다.

줄기(약재)   열매(약재)

잎　　　　　　　　　　　꽃

열매　　　　　　　　　　줄기

생육특성　마삭줄은 남부지방의 산지나 울타리에서 다른 물체를 감아 올라가며 자라는 상록활엽 덩굴성 목본으로, 덩굴 길이는 5m 이상이다. **나무껍질**은 적갈색이며 줄기에서 뿌리가 내려 다른 물체에 잘 붙는다. **잎**은 마주나고 달걀 모양 또는 긴 타원형으로, 표면은 짙은 녹색이며 윤채가 있고 뒷면은 털이 있거나 없으며, 가장자리는 밋밋하다. **꽃**은 5~6월에 흰색으로 피는데, 줄기 끝이나 잎겨드랑이의 취산꽃차례에 달려 차츰 황색으로 변한다. **열매**는 골돌과이며 2개가 아래로 늘어지고 9~10월에 익는다.

성분　줄기에 아르크티인(arctiin), 마타이레시노사이드(matairesinoside), 트라켈로사이드(tracheloside), 담보니톨(dambonitol), β-시토스테롤-글루코시드(β-sitosterol-glucoside), 노르트라켈로시드(nortracheloside) 등이 함유되어 있는데 이 중 아르크티인은 혈관확장, 혈압강하 작용이 있어 냉혈 및 온혈동물에게 경련을 일으키고 쥐의 피부를 발적(發赤: 피부나 점막에 염증이 생겼을 때 그 부분이 발갛게 부어오르는 현상)시키거나 설사를 일으킨다.

쓰임새　줄기 또는 잎은 생약명이 낙석등(絡石藤)이며 거풍, 지혈, 진통의 효능이 있고 통경(痛經: 월경 기간 전후 하복부와 허리에 생기는 통증) 등을 치료한다. 열매는 생약명이 낙석과(絡石果)이며 근골통을 치료한다.

부록

아는 만큼 보이는
산나물과
독초

01 산나물과 독초 구별하기

봄철 산나물 채취 시기만 되면 독초를 산나물로 잘못 알고 먹는 사고가 해마다 반복적으로 발생한다. 산나물은 대부분이 어린순 위주로 사용되고 있으나, 식물의 어린순만으로는 전문가조차 독초와 산나물을 구별하기가 쉽지 않다. 산나물을 채취할 때는 산나물과 독초에 대한 명확한 특성을 파악한 후 채취하여야 한다.

02 산나물과 독초의 기본적인 차이점

- 산나물은 잎이나 줄기를 따면 향긋한 냄새가 나는 경우가 많지만 독초는 좋지 않은 냄새가 나며 짙은 색의 즙액이 나올 수 있으니 주의한다.
- 잎의 모양이 이상하거나 꽃의 색이 어둡고 불쾌한 색이라면 조심한다. 잎에 유난히 윤이 나는 풀도 의심한다.
- 소나 벌레가 먹는 풀이면 사람도 먹는 나물이라고 하지만 아닌 경우도 있으니 유의한다.
- 독초가 피부에 닿으면 대부분 나쁜 반응이 일어난다. 때에 따라서 가렵고 물집이나 발진이 생긴다.
- 맛으로 독초를 구별하는 것은 위험하다. 심한 독성의 독초는 혀에 닿기만 해도 중독 현상이 일어난다.
- 산나물 구별이 어려울 때는 채취하지 않는다.
    ※ 산나물 채취는 법적으로 허가된 장소에서만 해야 하고 그 외의 장소에서 무단 채취할 경우 법적 처벌을 받을 수 있다.

출처: 산이 주는 보약 산나물과 산약초, 한국임업진흥원

03 독초를 먹었을 경우 응급처치법

- 독초를 한 입 먹었을 때 혀에 자극을 주고 이상하다면 바로 뱉는다.
- 독초는 설사, 복통, 구토, 어지러움, 경련, 호흡곤란의 증세를 일으킨다.
- 중독 증상이 나타나면 우선 입안에 손가락을 넣어 위장의 내용물을 토한다.
- 독초를 먹고 1시간 이내인 경우 몸의 왼쪽이 땅에 닿드록 옆으로 누워 독이 소장으로 넘어가는 것을 지연시킨다.
- 증상이 심하면 병원으로 바로 간다.

출처: 산이 주는 보약 산나물과 산약초, 한국임업진흥원

04 산나물과 독초의 비교

■ **원추리(산나물)와 여로(독초)**

원추리는 털과 주름이 없는 반면, 독초 여로는 잎에 털이 많으며, 길고 넓은 잎은 대나무처럼 나란히맥이 많고 주름이 깊다. 원추리는 산나물이지만 자랄수록 독성분이 강해지기 때문에 가급적 어린순을 먹는 게 좋다.

■ **머위(산나물)와 털머위(독초)**

머위는 우리나라 산과 들판의 해가 잘 드는 곳에서 자라고 꽃이 핀 후 잎이 나온다. 호박잎과 유사하여 잎이 부드럽고 잔털이 있으며 잎의 가장자리는 날카로운 톱니 모양이다. 반면에 독초인 털머위는 우리나라 남부지역에서 주로 자라며 잎이 짙은 녹색이고 두꺼우며 갈색 털이 많고 겉면에 윤기가 난다. 잎의 가장자리는 둔한 톱니 모양이다.

■ 산마늘(산나물)과 박새(독초)

산마늘은 강한 마늘 냄새가 나며 뿌리는 파 뿌리와 비슷하고 길며 한 줄기에 2~3장의 잎이 난다. 반면에 독초인 박새는 잎이 여러 장 촘촘히 어긋나며, 잎 가장자리에 털이 많고 주름이 뚜렷하며 윤기가 있어 번들거린다.

■ 곰취(산나물)와 동의나물(독초)

곰취는 잎이 얇으며 부드럽고 고운 털이 있으며 잎 가장자리에 톱니가 깊고 불규칙하게 갈라져 있다. 반면에 독초인 동의나물은 잎이 두껍고 잎 뒷면에 광택이 나며 주로 습지에서 볼 수 있다.

■ **우산나물**(산나물)**과 삿갓나물**(독초)

우산나물은 펼친 우산살처럼 한곳에서 여러 개의 잎이 돌려나는 특징이 있고 잎이 두 갈래로 갈라지며, 가장자리에 톱니가 있다. 반면에 독초인 삿갓나물은 잎이 우산나물과 유사하나 갈라지지 않고 톱니가 없다.

■ **참나물**(산나물)**과 피나물**(독초)

참나물은 잎이 부드러워 보이고 잎을 잘랐을 때 향긋한 냄새가 난다. 독초인 피나물은 잎이 억세 보이고 줄기를 잘랐을 때 주황색 액이 나온다.

국명으로 찾아보기

ㄱ

가래나무	12
가죽나무	264
감국	32
감나무	22
개감수	114
개구리발톱	170
개나리	162
개다래	108
개암나무	308
갯기름나물	244
갯방풍	246
계요등	70
고들빼기	34
고삼	386
골담초	388
관중	152
광나무	164
광대나물	74
괭이밥	30
구기자나무	16
구릿대	248
구실잣밤나무	362
구절초	36
굴거리나무	68
궁궁이	250
까마중	18
꽃향유	76
꾸지뽕나무	234
꿀풀	78

ㄴ

노각나무	356
노루귀	172
노루발	90
노루오줌	214
노박덩굴	92
녹나무	98
누리장나무	142

ㄷ

다래	110
닥나무	236
닭의장풀	112
담쟁이덩굴	402
댕댕이덩굴	186
더덕	378
도라지	380
돈나무	120
돌배나무	316
동백나무	358
동백나무겨우살이	26
두릅나무	124
두충	134
둥굴레	188
등대풀	116
딱총나무	304

ㅁ

마가목	318
마삭줄	410

마타리	140	복수초	174
말나리	190	부들	226
맥문동	192	붉가시나무	364
머위	38	붉나무	280
멀구슬나무	146	붓꽃	230
멀꿀	298	비비추	196
메꽃	148	비수리	390
모감주나무	158	비자나무	344
모과나무	320	비파나무	324
모란	310	뽕나무	240
목련	154		
무릇	194		

ㅅ

무화과나무	238	사위질빵	176
무환자나무	160	사철나무	94
물푸레나무	166	산괴불주머니	406
미역취	40	산국	44
민들레	42	산복사나무	326
		산사나무	328
		산수국	218

ㅂ

		산수유	384
바위떡풀	216	산오이풀	330
바위손	228	산일엽초	314
바위솔	122	산자고	198
박주가리	182	산초나무	288
반하	370	삽주	46
배암차즈기	80	상산	290
배초향	82	상수리나무	366
번행초	212	생강나무	100
보리수나무	224	생달나무	102
보춘화	88	석류나무	258
복분자딸기	322		

422

석잠풀	84
석창포	372
세뿔석위	28
소나무	262
소태나무	266
송악	126
쇠뜨기	268
쇠무릎	232
쇠비름	270
수리취	48
순비기나무	144
시호	252
실새삼	150
싸리	392
쑥부쟁이	50
쓴풀	284

ㅇ

애기똥풀	276
양지꽃	332
어수리	254
억새	220
얼레지	200
엉겅퀴	52
연꽃	272
예덕나무	118
오갈피나무	128
오동나무	404
오미자	278
오이풀	334
옻나무	282
왕고들빼기	54
용담	286
원추리	202
유자나무	292
으름덩굴	300
은방울꽃	204
은행나무	302
음나무	130
이고들빼기	56
이삭여뀌	136
이질풀	348
익모초	86
인동덩굴	306

ㅈ

자귀나무	394
작약	312
잔대	382
제비꽃	342
조릿대	222
족도리풀	346
쥐똥나무	168
쥐손이풀	350
지칭개	58
진달래	352
진득찰	60
질경이	354
짚신나물	336
찔레꽃	338

ㅊ

차나무	**360**
참가시나무	**368**
참나리	**206**
참나물	**256**
참느릅나무	**106**
참취	**62**
창포	**374**
천남성	**376**
천문동	**208**
천선과나무	**242**
청미래덩굴	**210**
초피나무	**294**
치자나무	**72**
칡	**396**

ㅋ

큰까치수염	**274**
큰조롱	**184**

ㅌ

택사	**400**

탱자나무	**296**
털머위	**64**

ㅍ

패랭이꽃	**260**

ㅎ

하늘타리	**180**
하수오	**138**
한련초	**66**
할미꽃	**178**
함박꽃나무	**156**
해당화	**340**
헛개나무	**20**
현호색	**408**
호두나무	**14**
호랑가시나무	**24**
화살나무	**96**
황칠나무	**132**
회화나무	**398**
후박나무	**104**

학명으로 찾아보기

A

Achyranthes japonica (Miq.) Nakai 232
Acorus calamus L. 374
Acorus gramineus Sol. 372
Actinidia arguta (Siebold & Zucc.) Planch. ex Miq. 110
Actinidia polygama (Siebold & Zucc.) Planch. et Maxim. 108
Adenophora triphylla var. japonica (Regel) H. Hara 382
Adonis amurensis Regel & Radde 174
Agastache rugosa (Fisch. & Mey.) Kuntze 82
Agrimonia pilosa Ledeb. 336
Ailanthus altissima (Mill.) Swingle 264
Akebia quinata (Houtt.) Decne. 300
Albizia julibrissin Durazz. 394
Alisma canaliculatum A. Br. & Bouche 400
Angelica dahurica (Fisch. ex Hoffm.) Benth. & Hook. f. ex Franch. & Sav. 248
Angelica polymorpha Maxim. 250
Aralia elata (Miq.) Seem. 124
Arisaema amurense f. serratum (Nakai) Kitag. 376
Asarum sieboldii Miq. 346
Asparagus cochinchinensis (Lour.) Merr. 208
Aster scaber Thunb. 62
Aster yomena (Kitam.) Honda 50
Astilbe rubra Hook. f. & Thomson 214
Atractylodes ovata (Thunb.) DC. 46

B

Broussonetia kazinoki Siebold 236
Bupleurum falcatum L. 252

C

Calystegia sepium var. japonicum (Choisy) Makino 148
Camellia japonica L. 358
Camellia sinensis L. 360
Caragana sinica (Buc'hoz) Rehder 388
Castanopsis sieboldii (Makino) Hatus. 362
Celastrus orbiculatus Thunb. 92
Chaenomeles sinensis (Thouin) Koehne 320
Chelidonium majus var. asiaticum (H. Hara) Ohwi 276
Cinnamomum camphora (L.) J. Presl 98
Cinnamomum yabunikkei H. Ohba 102

Cirsium japonicum var. *maackii*
(Maxim.) Matsum. **52**
Citrus junos Siebold ex Tanaka **292**
Clematis apiifolia DC. **176**
Clerodendrum trichotomum Thunb.
142
Cocculus trilobus (Thunb.) DC. **186**
Codonopsis lanceolata (Siebold &
Zucc.) Benth. & Hook. f. ex Trautv.
378
Commelina communis L. **112**
Convallaria keiskei Miq. **204**
Cornus officinalis Siebold & Zucc. **384**
Corydalis remota Fisch. ex Maxim.
408
Corydalis speciosa Maxim. **406**
Corylus heterophylla Fisch. ex Trautv.
308
Crataegus pinnatifida Bunge **328**
Crepidiastrum denticulatum (Houtt.)
Pak & Kawano **56**
Crepidiastrum sonchifolium (Maxim.)
Pak & Kawano **34**
Cudrania tricuspidata (Carr.) Bureau ex
Lavallée **234**
Cuscuta australis R. Br. **150**
Cymbidium goeringii (Rchb. f.) Rchb. f.
88
Cynanchum wilfordii (Maxim.) Hemsl.
184

D

Daphniphyllum macropodum Miq. **68**
Dendranthema boreale (Makino) Ling
ex Kitam. **44**
Dendranthema indicum (L.) Des Moul.
32
Dendranthema zawadskii var. *latilobum*
(Maxim.) Kitam. **36**
Dendropanax morbiferus H. Lév. **132**
Dianthus chinensis L. **260**
Diospyros kaki Thunb. **22**
Dryopteris crassirhizoma Nakai **152**

E

Eclipta prostrata (L.) L. **66**
Elaeagnus umbellata Thunb. **224**
Eleutherococcus sessiliflorus (Rupr. &
Maxim.) S. Y. Hu **128**
Elsholtzia splendens Nakai ex F. Maek.
76
Equisetum arvense L. **268**
Eriobotrya japonica (Thunb.) Lindl.
324
Erythronium japonicum (Balrer) Decne.
200
Eucommia ulmoides Oliv. **134**
Euonymus alatus (Thunb.) Siebold **96**
Euonymus japonicus Thunb. **94**
Euphorbia helioscopia L. **116**

Euphorbia sieboldiana Morren & Decne.   114

F

Fallopia multiflora (Thunb.) Haraldson   138
Farfugium japonicum (L.) Kitam.   64
Ficus carica L.   238
Ficus erecta Thunb.   242
Forsythia koreana (Rehder) Nakai   162
Fraxinus rhynchophylla Hance   166

G

Gardenia jasminoides J. Ellis   72
Gentiana scabra Bunge   286
Geranium sibiricum L.   350
Geranium thunbergii Siebold & Zucc.   348
Ginkgo biloba L.   302
Glehnia littoralis F. Schmidt ex Miq.   246

H

Hedera rhombea (Miq.) Siebold & Zucc. ex Bean   126
Hemerocallis fulva (L.) L.   202
Hemistepta lyrata Bunge   58
Hepatica asiatica Nakai   172
Heracleum moellendorffii Hance   254

Hosta longipes (Franch. & Sav.) Matsum.   196
Hovenia dulcis Thunb.   20
Hydrangea serrata f. *acuminata* (Siebold & Zucc.) E. H. Wilson   218

I

Ilex cornuta Lindl. & Paxton   24
Iris sanguinea Donn ex Horn   230

J

Juglans mandshurica Maxim.   12
Juglans regia L.   14

K

Kalopanax septemlobus (Thunb.) Koidz.   130
Koelreuteria paniculata Laxmann   158
Korthalsella japonica (Thunb.) Engl.   26

L

Lactuca indica L.   54
Lamium amplexicaule L.   74
Leonurus japonicus Houtt.   86
Lepisorus ussuriensis (Regel & Maack) Ching   314
Lespedeza bicolor Turcz.   392
Lespedeza cuneata G. Don   390

Ligustrum japonicum Thunb.   **164**
Ligustrum obtusifolium Siebold & Zucc.
    168
Lilium distichum Nakai ex Kamib.   **190**
Lilium lancifolium Thunb.   **206**
Lindera obtusiloba Blume   **100**
Liriope platyphylla F. T. Wang & T.
    Tang   **192**
Lonicera japonica Thunb.   **306**
Lycium chinense Mill.   **16**
Lysimachia clethroides Duby   **274**

M

Machilus thunbergii Siebold & Zucc.
    104
Magnolia kobus DC.   **154**
Magnolia sieboldii K. Koch   **156**
Mallotus japonicus (L. f.) Müll. Arg.
    118
Melia azedarach L.   **146**
Metaplexis japonica (Thunb.) Makino
    182
Miscanthus sinensis var. *purpurascens*
    (Andersson) Rendle   **220**
Morus alba L.   **240**

N

Nelumbo nucifera Gaertn.   **272**

O

Orixa japonica Thunb.   **290**
Orostachys japonica (Maxim.) A.
    Berger   **122**
Oxalis corniculata L.   **30**

P

Paederia scandens (Lour.) Merr.   **70**
Paeonia lactiflora Pall.   **312**
Paeonia suffruticosa Andrews   **310**
Parthenocissus tricuspidata (Siebold &
    Zucc.) Planch.   **402**
Patrinia scabiosifolia Fisch. ex Trevir.
    140
Paulownia coreana Uyeki   **404**
Persicaria filiformis (Thunb.) Nakai ex
    Mori   **136**
Petasites japonicus (Siebold & Zucc.)
    Maxim.   **38**
Peucedanum japonicum Thunb.   **244**
Picrasma quassioides (D. Don) Benn.
    266
Pimpinella brachycarpa (Kom.) Nakai
    256
Pinellia ternata (Thunb.) Breitenb.
    370
Pinus densiflora Siebold & Zucc.   **262**
Pittosporum tobira (Thunb.) W.T.Aiton
    120
Plantago asiatica L.   **354**

Platycodon grandiflorum (Jacq.) A. DC. 380

Polygonatum odoratum var. *pluriflorum* (Miq.) Ohwi 188

Poncirus trifoliata (L.) Raf. 296

Portulaca oleracea L. 270

Potentilla fragarioides var. *major* Maxim. 332

Prunella vulgaris var. *lilacina* Nakai 78

Prunus davidiana (Carrière) Franch. 326

Pueraria lobata (Willd.) Ohwi 396

Pulsatilla koreana (Yabe ex Nakai) Nakai ex Mori 178

Punica granatum L. 258

Pyrola japonica Klenze ex Alef. 90

Pyrrosia hastata (Thunb.) Ching 28

Pyrus pyrifolia (Burm.f.) Nakai 316

Q

Quercus acuta Thunb. 364

Quercus acutissima Carruth. 366

Quercus salicina Blume 368

R

Rhododendron mucronulatum Turcz. 352

Rhus javanica L. 280

Rhus verniciflua Stokes 282

Rosa multiflora Thunb. 338

Rosa rugosa Thunb. 340

Rubus coreanus Miq. 322

S

Salvia plebeia R. Br. 80

Sambucus williamsii var. *coreana* (Nakai.) Nakai 304

Sanguisorba hakusanensis Makino 330

Sanguisorba officinalis L. 334

Sapindus mukorossi Gaertn. 160

Sasa borealis (Hack.) Makino 222

Saxifraga fortunei var. *incisolobata* (Engl. & Irmsch.) Nakai 216

Schisandra chinensis (Turcz.) Baill. 278

Scilla scilloides (Lindl.) Druce 194

Selaginella tamariscina (P.Beauv.) Spring 228

Semiaquilegia adoxoides (DC.) Makino 170

Sigesbeckia glabrescens (Makino) Makino 60

Smilax china L. 210

Solanum nigrum L. 18

Solidago virgaurea subsp. *asiatica* Kitam. ex H. Hara 40

Sophora flavescens Aiton 386

Sorbus commixta Hedl. 318

Stachys japonica Miq.   **84**
Stauntonia hexaphylla (Thunb.) Decne.   **298**
Stewartia pseudocamellia Maxim.   **356**
Styphnolobium japonicum (L.) Schott   **398**
Swertia japonica (Schult.) Griseb.   **284**
Synurus deltoides (Aiton) Nakai   **48**

T

Taraxacum platycarpum Dahlst.   **42**
Tetragonia tetragonoides (Pall.) Kuntze   **212**
Torreya nucifera (L.) Siebold & Zucc.   **344**
Trachelospermum asiaticum (Siebold & Zucc.) Nakai   **410**

Trichosanthes kirilowii Maxim.   **180**
Tulipa edulis (Miq.) Baker   **198**
Typha orientalis C. Presl   **226**

U

Ulmus parvifolia Jacq.   **106**

V

Viola mandshurica W. Becker   **342**
Vitex rotundifolia L. f.   **144**

Z

Zanthoxylum piperitum (L.) DC.   **294**
Zanthoxylum schinifolium Siebold & Zucc.   **288**

참고문헌

- 국가생물종지식정보시스템(2014). 산림청. 국립수목원
- 국가표준식물목록(2014). 산림청. 국립수목원
- 식물의 쓰임새 백과 (2015). 구자옥, 김창석, 오찬진 등. 자원식물연구회
- 남도의 특산식물(2016). 전라남도산림자원연구소. 푸른행복
- 남도의 희귀식물(2015). 전라남도산림자원연구소. 푸른행복
- 대한식물도감(1979). 이창복. 향문사
- 열대나무 쉽게 찾기(2011). 윤주복. 진선Books
- 한국약초도감(2004). 박종희. 신일상사
- 한국의 약용식물(2000). 배기환. 교학사
- 한국의 나무 바로 알기(2014). 이동혁. 이비락
- 한국의 양치식물도감(2005). 한국양치식물연구회. 지오북
- 동의보감 약초대백과(2018). 곽준수, 성환길. 푸른행복
- 사람을 살리는 약초(2014). 조경남, 심성애. 푸른행복
- 산이 주는 보약 산나물과 산약초. 김남균. 한국임업진흥원
- 식품안전정보포털 식품안전나라(www.foodsafetykorea.go.kr) 식품원료목록 〈식품의 기준 및 규격〉(제2017-102호, 2017.12.15.)